U0275320

北冥有鱼：

人类学家的田野故事

郑少雄 李荣荣 主编

2018年·北京

图书在版编目(CIP)数据

北冥有鱼:人类学家的田野故事/郑少雄,李荣荣主编.—北京:商务印书馆,2016(2018.4重印)
ISBN 978-7-100-12494-2

Ⅰ.①北… Ⅱ.①郑…②李… Ⅲ.①人类学—调查研究 Ⅳ.①Q98

中国版本图书馆CIP数据核字(2016)第196783号

北冥有鱼:人类学家的田野故事

郑少雄 李荣荣 主编

商 务 印 书 馆 出 版
(北京王府井大街36号 邮政编码100710)
商 务 印 书 馆 发 行
北京顶佳世纪印刷有限公司印刷
ISBN 978-7-100-12494-2

2016年9月第1版 开本880×1230 1/32
2018年4月北京第6次印刷 印张12⅛
定价:36.00元

Go ahead as you did in the past

路径依赖

赵汀阳

目录

第二部分　文化逻辑

第三部分　行走与责任

第四部分　素描与速写

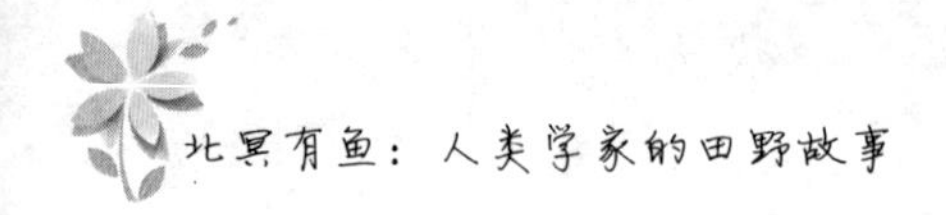

回归自然

寄 语

2012年我有机会重访台湾地区，期间经师姐黄智慧介绍，认识了台湾大学谢世忠教授——一位视觉上心宽体胖的人类学家。他送了我一本书，名为《喂鸡屋人类学——迷你论述101》(2011)。本书挥洒洋洋30余万字，记录了自1990以来至今的20余载始终如一的一种关怀——审视人类学（者），我是谁？作者将美国西雅图的韦奇伍德(Wedgwood)度假村称为“喂鸡屋”，每年暑期“躲进小楼成一统”，整理、书写他从事人类学后邂逅他者的心路历程。与卷宗浩繁、理论沉重的八股作相比，作者以第一人称，以鲜活的文笔，真实地记述了作为人类学者围绕他者和自我的事件和情感流动，给读者以游学悟道的感觉，并能够感受其中丰富的经验和想象力。“浦序——寻常事的真知灼见”中这样评价道：莫因“迷你论述”篇幅短小、文笔诙谐而忽略其中真意。如果说自然科学的产出是物质性的话，那么社会科学的产出则是人性和思想性。我相信本书中的众多作者也同样，在各自的田野中表达了自己的人性。在田野里，我们不应该用一种恰似培养植物人式的技术性客观主义的方法去主体化，或者把研究者自我的意志掩藏起来，还要声称所谓的“客观性”。没有意志的客观性是一个伪命题！

借人类学的一个经典词汇“库拉圈”来表述人类学界不分男女老少、相互见文见志的学术批评活动是恰如其分的。它事出有因。人类学者常常独自一个人在外做长时段的田野工作，所获不仅是民族志，还有与其田野及其研究对象割舍不下的那份情感。这份情感渗透于作为人类学者的学术立场之中，具有鲜活的、充满喜怒哀乐的情绪流动。这说明在田野中的人类学者并非仅仅以“科学者”的姿态出现，他（她）首先是以一位与自己研究对象本质上并无差别的主体人的身份出现，客观上形成他者双方在田野中的邂逅。就我个人的体验来说，与田野工作过程中结识的当地人一样，人类学者也同样有血有肉、有情有义，也正因为如此，在田野中的人类学者起码要过四关，即语言关、生理关、生活方式关和价值关，他（她）不可能“净身”为一种唯科学主义式的“技术性客观主义”者，因为在人类学视野里，所谓的“客观性”表现在研究对象的主体性特征上，因而才会有人类学者对各自田野的那份真情。正如本次征文中所说：“这种经历既是个体的，同时也是因为遭遇异文化所导致的公共事件。人类学知识洞见正是在这些貌似荒诞不经的经历中形成并积累起来”的文化自觉的产物。人类学者与当地居民一样，尽善尽美地成就各自作为文化人的角色，于是喜怒哀乐的情感也伴随着整个田野工作的过程，其“理解”也是在这样一种相互作用的过程中得以呈现，作为产出的民族志也是在这种意义上具有公共性。

本书以微型故事为体裁，作者都是从事人类学研究的学人，他们中间有院士，也有刚出徒的研究生；但他们在异文化中邂逅他者，经历了文化摩擦、文化理解，其中记录了活在田野中的人类学者的喜怒哀乐——成功、失败、喜悦、沮丧、无奈……这些又被调侃为作为人类学者“成人礼”的修行。这一过程充满了作为他者进入另一个他者世界的情绪与反思，给从事人类学研究工作的年轻学者提供了借鉴、反观的素材。它可读性强，同时又对学习人类学专业的学人有“前车之鉴”的意义。与正式的讲座、论文等相比较，本书中看似个人的故事，其背后折射出对异文化理解的寓意。坦率地说，这样的短文，如若没有丰富的田野经历也就不会有对文化的自觉，要么成为现象上的“奇闻异事”，要么就会成为后期出版的马林诺夫斯基《日记》中那种藏在背后的窃窃私语和谩骂……理解应当是建立在具有自由意志的人际交往的结果之上。同理，文化在相关关系中相互定位，因而我们也是他者的一部分。本书中的逸事将告诉读者，人类学的民族志是在鲜活的人际交往中形成的，是在学习他者文化的实践过程中形成的，他者对人类学者的贡献不是以客体身份，而是以主体身份成就的，这恰恰也因为我们每一个人都是承载各自文化的主体。正因为人际交往具有传承和传播两大功能，所以我们可以说：以史为鉴意在当下，他山之石意在自我。

罗红光

北京库拉圈“六号贡院”岛

二〇一五年三月三日

序：看，那些胡天胡地的人类学者们

当罗红光教授在我们的小范围里宣布即将发起这本《北冥有鱼：人类学家的田野故事》征文时，我的心中窃喜道：我们蹿红的机会来了！至少名气超过你罗老师怕是小菜一碟吧？

凭啥？没搞错吧？

奈杰尔·巴利（Nigel Barley）是哪根葱？相信国际人类学界的大多数人都要面面相觑。但是有一篇导读文章里提到，就是这位奈杰尔·巴利，竟然是英国大学生最熟悉的人类学家，其知名度甚至高出列维－斯特劳斯。我的乖乖，这位老兄干了什么骇人听闻的事？答案很简单，就是因为他写过两本叫作《天真的人类学家：小泥屋笔记》与《虫灾：重返非洲丛林》的书，极尽嬉笑怒骂、装疯卖傻之能事，曾经引起了不大不小的风波。要命的是这两本书只不过是关于喀麦隆多瓦悠人的人类学田野逸事汇集而已。

好了，这下该有眼力见儿了吧？写写田野逸事就可以让自己的名声一举超过师辈，只要你够刻薄，够麻辣，够有反思、反讽乃至反对的“三反”勇气。但是，当收到了本书最初的一些篇章之时，我和小伙伴们——至少是我，可能也只是我——气馁了。原因呢，一是罗老师亲自下手了，不仅如此，他还抖出了自己“鬼门关上走过一回”的猛料来，相比之下我们的田野经历是多么乏善可陈。二是我们自己屡屡打开电脑又一再掷“笔”兴叹：这样的文类其实真不会写呀！作为吃这碗饭的年轻一代职业人类学者，我们的唯一使命似乎只剩下用貌似高深的理论来引领支离破碎的民族志材料——或反之，以道听途说的材料来创造自以为是的理论，或干脆两者皆有——从而在十几个人的会议上色厉内荏地宣读（其中至少有一半儿听众在打哈欠），或者，在专业期刊上缩头缩脑地露个小脸（引用率则都是靠小伙伴们友情支持）。

让我们细细反省一下。上述职业性的压力，也就是所谓学术论文的规范性训练（秀逗了吧，谁不知道我们许多人的学术论文东拉西扯得比散文还“散”），是否已经使我们的日常写作变得言语无味、面目可憎了？但这还不是最重要的，写作天赋好坏是祖师爷赏饭与否的范畴，此处暂且略去不论。更要紧的是，我们是否对活生生、具有主体性的当地人和社区也缺乏真切的热爱与由衷的关注？而这种热爱和关注不但是书写人类学田野逸事的关键所在，某种意义上更是决定我们是否应该留在这个行当里的终极凭借。即使热爱和关注最终导致了奈杰尔·巴利式的辛辣嘲讽，但却仍不改他对多瓦悠人的温情与怀旧。没见他仅仅六个月之后就又屁颠儿屁颠儿地重返非洲丛林了吗？

下面让我们回到本书吧。我深知我们大多数的人类学者其实既不缺真知灼见，亦不乏丹心热血。尤其是巾帼人类学者们表现出了过人的勇气与识见，随便举几个人来说，比如郭于华对环保运动的执着参与，对于当代社会治理的尖锐反思；丁宏勇闯北极冻土带，挑战自己的身体极限；刘绍华在大山里与吸毒及艾滋病感染者的常年共处；罗杨在异国他乡的深夜独自涉过洪水去空寂无人的寺庙等，几乎都值得大书特书。相比之下，像我这样的男学者的此生作为大约只能够得上“抽烟、喝酒、吹牛皮”“吃饭、睡觉、打婆娘”的庸常层次。

我无意通过贬低男性人类学者来取悦女学者们，否则大概会因为刻意的矫枉过正而仍然招致女权主义人士的抗议或批判。男人们的表现也很棒啊！你看，作为在儒家礼教文化中成长起来的华人，马腾岳已经能够老练自如地拥抱陌生女士了；作为法学（人类学）研究者，赵旭东对骗术已经得心应手了；身为大学里的教授，张士闪却一身江湖习气，动辄与人拳脚相加；更绝的是，作为高傲不羁的纳西人，鲍江已经跪得习焉不察了。

想想真是有趣，人类学究竟是一门什么样的学科，它能让女从业者气概变得如此刚猛，男从业者身段变得如此“柔软善变”——也即，都变成自己的“他者”？还是说，这并非人类学的功效，只是应了刘新的结论，当代中国人实际上都具备“自我的他性”？

罪过罪过，我在这里似乎仍在不遗余力地调侃男性人类学者们。既然收不住，那就在语言的原野上继续信马由缰地驰骋吧，也不管男女长幼尊卑了，这就像本书的篇目安排，并不说明任何作者的重要与否。这个花了三年时间的小集子，真正展示了一种极其难得的多元性：一方面，当然是人类学者与“他者”遭遇之后的文化震撼和相互理解，这也构成了本书的主体。其中既有半个世纪前徐杰舜对侗寨老太的病痛连声说“好得很”的笑料，也有30年前黄树民到邹平充当义务啤酒推销员的“义举”；虽是日本人，奈仓京子却找到了与归国华侨的相互认同，那就是似乎都“非中非日”，而刘正爱作为中国人，却屡屡被目为日本特务；从未出过象牙塔的Yeon Jung Yu与偏远南方的发廊妹们混得如鱼得水，而有过社会经验的汉子褚建芳在傣家寨子里却屡屡委屈得掉眼泪；吴乔在帕米尔高原啃吃生蛆的塔吉克死羊肉，他的恩师蔡华则在日内瓦和欧盟的官员品茗论道；张亚辉说晋水流域的村民去扑救山林火灾简直就是一场仪式和社交，何贝莉认为“和蝇共饮一杯茶”实际上是修行；夏循祥目睹绝食后从此不再说圣诞快乐，张原从地震灾区回来却主张要拜“观世音”了；初出茅庐的高美慧还有机会随时回访她的访谈对象并喝到家养羊肉汤，景军则只能浩叹他的中文专著出版之时，14位报导人已经凋零到只剩一人；吴晓黎和林红在田野中只因为坐了青年异性的摩托车就暗自伤神良久，彭文斌却有理由对某位同行（哈哈，也在本书中）在田野中言行不端居然还振振有词而愤怒痛惜不已。除此之外，不管是田野中的衣食住行、厕上马下，还是研究者自身的言谈举止、情感纠葛，都被人类学家写出了百般风情旖旎、万种回肠曲折。

另一方面，则是人类学家或深情或不堪的回忆，其中既有他们经历过的人与事，也有他们看到过的世间风景。众目睽睽之下，王建民在广州的汽车上被“劫掠”了数月辛苦收集到的资料，这一段公案与他的《中国民族学史》几乎同样著名；罗红光历经数年准备，意欲往前东德研究社会主义制度与文化的关系，不料柏林墙一夜坍塌，“田野消失了”，不免令人唏嘘人世之无常。陈刚作为多年的大学英语教师，在美国读博为专业词汇而疲于奔命；吕晓宇则在非洲加纳的菜市场和小“面的”上已经能够老练地讨价还价了。读者为纳日碧力戈描摹的林耀华先生的音容笑貌捧腹不已，也扼腕痛惜于“金沙江之子”萧亮中和心不在焉的洋教授王富文（Nick）的遽然早逝。王铭铭勾画了他满世界浪游的一幅幅浮世绘，潘蛟则在他熟稔的老巢魏公村一再试图转熟为生。黄剑波描写一只高傲的怒江公鸡，显然是在排解胸中之块垒；郁丹发现不吃大米的德国鸟，意欲表达的则是宗教转型在不同社会的不同特质。看似个人化的回忆，却无处不在文化深描之中。

本书刚开始征稿时，我们初拟的名字是《芝麻开门》，意指人类学家总是自以为手握密码，能够轻易推开一扇扇异文化之门；待到辑录成书时，发现人类学家所窥伺到的其实只是不同文化之一斑，而即使这一点点，也还不免令人疑窦丛生。文化几乎就是庄子笔下的北冥之鱼，一则广大无匹，“不知其几千里”；二则形象善变，“化而为鸟”；三则空间易移，“将徙于南冥”。可以说，每一种文化都是善做逍遥游的鲲鹏，要把握它真实、完整的面貌殊非易事，故而改为现名。而且，如果说“芝麻开门”体现了一种主位观点的话，“北冥有鱼”则是对客位视角的强调。

最后值得一提的是，赵汀阳教授慨然应允为本书创作封面和书内插图，简直令本书蓬荜生辉。而一群人类学家愿意把自己的思想交给一位哲学家来进行重新诠释，一则表明人类学家服膺于哲学家的思想，二则意味着人类学自认亦有哲学之根。简直就是人类学家既谦卑又骄傲的双重心态的真实写照。

2013年年初，由中国社会科学院社会文化人类学研究中心首倡并承办了“第一届京城人类学雅集”，得到了众多单位的鼎力支持。雅集之创设，乃模仿南岛渔人之“库拉圈”，意欲使京城人类学研究、教学机构形成一个无中心、多节点、强关系的交换链环。雅集试图形成的传统之一，就是让尚显弱小的人类学圈子（可怜见，自然是和社会学、民族学相比。杨清媚在田野中不就一直念念叨叨着“如何与社会学竞争？”），在特定的仪式场合，形成一种相互调侃戏谑的氛围，以激励同人诸君自励自强。首届之后，中央民族大学、中国人民大学、清华大学相继举办了第二、第三、第四届，规模或未扩大，但组织形式日趋完善，年轻辈人类学者在这个过程中也已逐渐羽翼丰满。譬如曾倡导在企业中设立“首席人类学家”（我很赞叹随喜这个创意，认为Chief Anthropological Officer之简称CAO尤妙）的朱靖江老兄，参加完第四届雅集后，就不免傲娇地在朋友圈自矜：“回想三年前第一次参加雅集，人是新人，视觉/影视人类学也几乎没有在主流学界的视野之内。还好，如今多少有了一点起色”。

按照我们的自我界定，这本书算是“第一届京城人类学雅集”的延伸品之一。不管如何，我们现在已经把中国人类学界的初次尝试较为完整地呈现在这里。在库拉交换中，送出的一方要显得粗暴无礼，近乎愠怒，而接收的一方也要同样地表现出憎恶、冷淡。犹记当时各岛各村群贤毕至，虽间或略有机锋，但大多还仅限于互相赞美对方之宝物。为砥砺吾等共同厕身的人类学，切望学界同人以及读者诸君，送出最“粗暴、愠怒”之批评。

郑少雄

于太舟坞

丙申年春改定

第一部分　相处之道

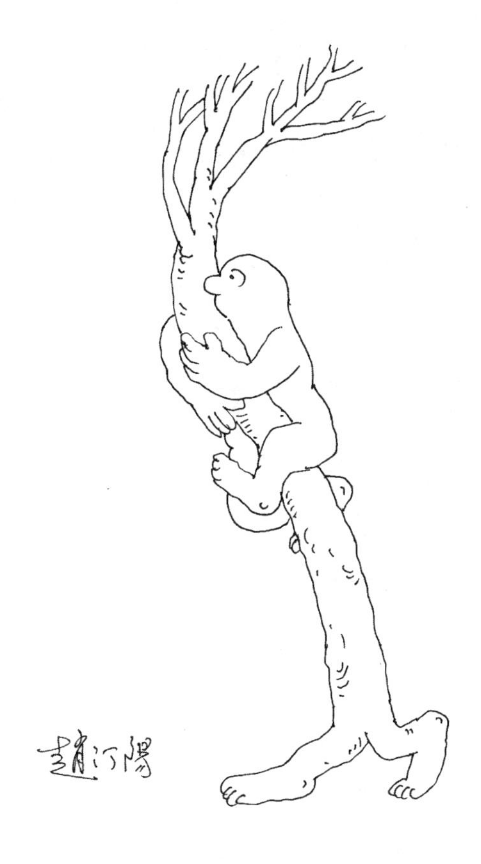

行自然之道

邹平田野调查趣事

黄树民（台湾"中央研究院"　民族学研究所）

1985年我收到美国和中华人民共和国学术交流委员会（以下称CSCPRC）的通知，为将在山东省邹平县预设的长期田野调查点，征求研究课题。我决意参加这个研究项目，但需写出具体研究计划，以便赢得CSCPRC的支持。若从中国农村合作化运动的解体，来探讨市场改革的深化，许多研究议题便随之而来。在此情形下要写一篇成功的研究计划，并非困难任务。政府对人民日常生活的干预缩减了，取而代之的是在农民家庭田地和市场机制中实施三级乡镇行政制度，这必然会促使农村经济的多样化以及家庭企业的崛起。就人类学家而言，我们必须要问：过去20年的公社经验（约1958～1978），如何改变了根深蒂固的农村生产模式？在这方面进一步考虑之后，我们会问：农村合作化运动的解体，能在多大程度上解决中国的“农民问题”？

我怀揣着这个研究框架，开始招揽可能的研究伙伴。我很快就收到了医学社会学家盖尔·亨德森教授和医学人类学者冯姝娣教授的肯定答复，他们都是北卡罗来纳大学的教授。通过书信和电话（那时网上通信还不畅通），我们就研究领域的分工问题达成一致：亨德森教授负责整个县的总体健康状况，冯姝娣教授关注全县和地方的中药在现今医疗保健上的运用情况，而我则负责在冯家村观察儿童的营养和成长状况。我们向 CSCPRC 提交了一个 5 年的长期研究计划，几个月后，我们被告知计划成功通过审查，我们在 1987 年夏季进入研究基地。

1987 年 6 月，我首先到北京会见了 CSCPRC 北京办事处主任和中国社科院负责这个项目的官员。第二天我连夜搭火车到了山东的省会济南，会见山东社科院官员，商讨我在冯家村两个月期间的安排。在济南办好了必要的公文手续，诸如在省公安厅注册登记了驻留农村的许可证等，接着第二天我就来到邹平。邹平县政府所在地发展兴旺，大约有 4 万居民居住。县政府官员简单地介绍了县城的大致情形，以及在改革开放政策下所做的雄心勃勃的发展计划。晚上的官方欢迎酒会上，我们品尝到市场改革的最新产物：县政府新建啤酒厂所生产的瓶装酒。啤酒厂是地方政府投资的一项新工业，即“地方企划主义”。每当我检视这滑腻的液体或举杯和做东的官员干杯时，总会有相机灯光闪过。对此我并未特别留意，认为县政府拍照只是为访问团留念的惯常做法。而一个月后，我再次来到县上，才明白了拍照的实质。

次日到达冯家村，此时美国佛罗里达大学的动物学教授史都・奥登豪教授和密西根大学环境卫生系的章以本教授已在村中展开研究工作。奥登豪主要研究华北的牛，计算一日之内牛吃进的饲料（以斤为单位）和产出物（排泄物）。他说要来中国之前，某个国际兽医协会邀请他写一篇关于中国北方生猪生产的论文。在他到济南后，他询问山东社科院官员是否可以将研究项目扩展到猪，但这一请求被断然拒绝了。这一事件让我和章以本嘲笑他是只能研究牛而不够资格研究猪的兽医学者。

在冯家村的第一个月的月底，我和章以本完成了村里的工作，决定回邹平县，于是县政府派车来接我们。此时我决定换换环境，花一天时间去县上参观。与县政府官员一同参加晚宴时，我发现县酿酒厂把我上个月来拜访时拍的照片用在了广告宣传册上。我品酒、与县政府官员干杯的彩照下面有烫金的汉字："著名美国教授黄树民品尝邹平啤酒！"章以本看到宣传册后半开玩笑地说："现在我们确信当某些教授不会设计研究模型时，他自己就会成为广告模型！"

凭什么跪你！

鲍　江（中国社会科学院　社会学研究所）

1999到2000年，我在云南大学东亚影视人类学研究所学习，老师来自德国。教摄像机操作的Udo老师是个大高个小伙子，年纪应该不比我们这帮学生大多少，人很随和，跟我们处得来。他以前主要为电视台做摄影师，喜欢跟我们讲他拍体育比赛的往事：拍赛马要跟马的节奏，拍足球要跟球的路线，总之非常难。

一天上拍摄实践课，学手持拍摄的技巧。Udo对一个同学说："你过来，面朝我，跪下。"一听这话，嗡的一下，我脑子瞬间充血，要发火。看我那个同学，扭扭捏捏，一反平常的做派，跪也不是，不跪也不是。

后来，练习多了，你跪我，我跪你，就习以为常了，"下跪"作为拍摄技巧之一，已内化为我们身体的一部分了。随着摄影语境里"下跪"及其意义的沉淀，我们曾经固执的"跪谁不跪谁"的儒学意义烟消云散，对此也就不再有一丁点儿的血气冲动。

语境一变，象征的意思也跟着变。这似乎只是人类学入门常识之一，但从书本上习得常识到心领神会仍旧需要一些个人的切身体验来感悟。

发自心底的尊重

景　军（清华大学）

最近，本人于 1996 年在美国出版的人类学田野志《神堂记忆》一书的中文版终于面世了。在经过中国大陆数家出版社的拒绝之后，该书的中文版经由福建教育出版社发行，引致了本人无穷感慨。其中最触动我的是书中提到的 14 位关键报导人。在英文版出版时，这些人仅有一人去世，而到中文版出版时，仅有一人在世。

《神堂记忆》中文版的面世迫使我思考的问题之一就是如何反思我与这些关键报导人建立的关系。自从人类学者习惯用“田野”描述自己研究对象的生存情境后，从田野中采集的文化果实一直被珍惜，而田野调查过程反而较少受到审视。诚然，每一个人类学者在结束田野调查之后都会留下厚厚一沓调查笔记、日志及照片，但我们从中挑选、使用的内容往往是我们认为能够体现被调查者的生活事实的，即便我们的描述或分析可能以象征性、思维活动或情感为重点。有关我们与调查对象的个人关系，尤其是我们如何与关键报导人建立亲密关系，屡屡只能在引言、附录或后记中蜻蜓点水般地被提到。所以能够专门提笔撰写一些调查者和当事人的关系之类的文章，既是反思，也是一次重访当年情感状

态的旅程。

1989 年 6 月初，我与北京大学的几个学生决定前往甘肃省永靖县做水库移民调查。既然在北京无奈且闲散，不如主动走向乡下，完成领导原来开设的一个社会调查题目，即黄河中上游水库移民工程遗留问题。抵达兰州的第一个夜晚，警察的突然造访使得我们完全失去了睡意，第二天就起身赶赴永靖县城。看到来自北京的几位师生，县乡领导不知所措，甚至不想让我们去水库移民村调查。但县长却坚定地支持了我们，而且将一部分移民上访报告与我们分享。次日，我与一位研究生到了大川村。这是盐锅峡水库淹没的最大村落，也是一个以孔姓人家为主的村子。在村外一片白茫茫的盐碱地中，我们遇到了村支书孔换德和村长孔维科，两个人都 40 岁出头，十分精明强干。

在村长和书记的协助下，我们走访了十多户移民家庭，为本人的后续研究打下了基础。1991 年夏天，我又一次来到大川，发现村民中的孔氏家族成员正在重建大成殿，也是孔姓人家的祠堂。第二年，我以该祠堂的重建过程为研究重点开始了长达 8 个月的田野调查。之后，我连续几年的夏天出现在大川，与 12 位最了解大成殿重建过程的老者以及村长和书记形成了调查者和当事人的微妙关系。这里所谓的微妙关系指从陌生人的关系转为理解、信任、熟悉、亲密的关系，虽然这些关系也充斥了一度的误解和艰难的沟通。

当我在哈佛大学做论文答辩时，一位教授问道：“人类学家在田野调查中会有很多感触，你最深的感触是什么？”听到这个问题，在我的脑海中瞬间出现了马林诺夫斯基在《一本严格意义上的日记》中提到的极度孤独问题、拉比诺在《摩洛哥田野作业反思》一书中讨论的他者的代表性问题，以及一部分专门从事中国研究的人类学家常常坦言的在中国大陆调查遇到的行政干预问题。但这些都不是我感触最深的问题。我脱口而出的是这样一句话："我的报导人是我的老师，我无比地尊重他们。"之后，我简单解释了我的报导人如何生活在一个他者的世界，一个我同样作为中国人而不熟悉的生存境遇。这是因为中国巨大的城乡差异、地区语言差异、我与他们的社会阅历差异、个人命运的差异、价值观的差异以及激进社会主义时期带给我们的不同生活体验。作为一个在部队大院长大、在特权小学读书、在大饥荒时仍然有肉吃、在"文革"中没有受到冲击、在1977年就正好赶上恢复高考并进入大学、最终能到哈佛大学攻读博士学位的个体，我对我的关键报导人而言是纯粹陌生的他者，他们对我而言更是遥远的他者，彼此之间的各种反差大得难以想象。

这些报导人之所以成了我的老师，那是因为他们为我解释了许多我从来没有严肃思考过的问题。其中之一即如何理解"文革"后在甘肃（乃至全国许多农村）出现的大规模宗教信仰热潮。在我的论文中，我以他们的亲身经历为基础，将人们经历的社会苦难作为解释的主要依据。换言之，假如我们不考虑个人和集体的苦难史，我们将无法理解这场宗教信仰热潮的历史成因。一个又一个关键报导人的个人经历——至少对我而言——构建了大川村集体经历的苦难史，一部来自底层的诉苦历史，一部在当时乃至如今仍然少见的、有关激进社会主义的苦难叙述。这一历史叙述的升华恰恰同大成殿的重建过程重合，而且受到庙宇重建引发的话语、故事、回忆、事件以及仪式的重新建构。而我的关键报导人正是这一历史叙事的代言人。

多年之后的我并不认定我当年撰写的大川田野志在方方面面可能真切，但我对那14名关键报导人的感情和敬佩一如既往，仍然鲜活真实。在越来越多的人类学研究质疑真实可能性的这个时代，我的感触也许错位，但我希望它留在那个个人感觉属于真切的位置。

一举两得

罗红光（中国社会科学院　社会学研究所）

为实施陕北黑龙潭的田野工作，我经介绍住进了黑龙潭龙王庙的宿舍里。由于它是民间信仰的一个庙宇，不同于单位，没有服务，没有发票，加之我是通过人脉进入这块田野的，因此吃住很难用正式的手续处理。虽然庙里的饭菜不好吃，但这毕竟是用当地人的辛苦钱做的，而且与来访的记者、官员不同，人类学者的田野工作不是一两天，日子久了，它还是一笔钱。我问庙宇的人如何付食宿费，他们告诉我说，不要！好像在庙宇这样的地方讨论钱财是件很俗气的事情，更何况这里还有浓郁的宗教习俗味儿，连讨饭的人到此地都是免费吃喝的。于是，我为如何付费犯难了。我很讨厌一些官员和记者的“三白作风”（白吃、白喝、白拿），当地百姓也经常用这些措辞批判来访的官员和记者。我一有机会就声明我不是记者（因为当地人分不清记者和人类学者的区别）也是出于这个原因。

终于有一天我有了主意：看到每天来庙里抽签的百姓，每当抽一次签都要给龙王上布施，无钱者可以不上布施或者许愿在这里义务劳动，义务劳动的时间长短由信徒自己定，于是我就想到给龙王上布施！

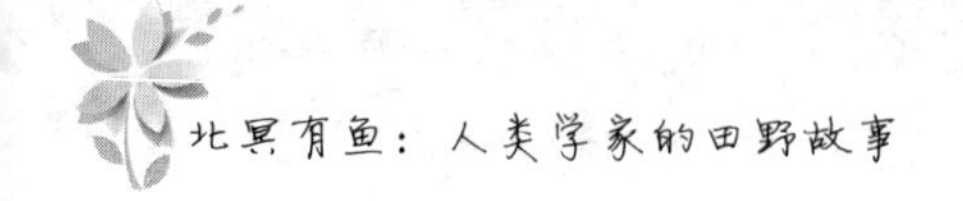

我知道庙里的开支均来自于信徒的布施。他们对我上布施从不反对，相反还加深了情感和信任，此举真可谓“一举两得”！

在我之后进入黑龙潭进行田野调查的英国剑桥大学的人类学家周越（Adam Chau），当时还在斯坦福大学读人类学，他来到这里，也和我一样，“白吃、白住”。他的办法更具周越特色：因为他喜欢吃肉，但是庙里不可能常有大鱼大肉，于是当他想吃肉的时候，就去集市买一头生猪，赶回来送给灶房……我俩一个上布施，一个送生猪，无形中与那些来访的官员和记者形成了对比，当地百姓也终于能够区分出谁是记者谁是人类学者了，我们的事也被传颂开了。

田野、文化与身体：Aloha，夏威夷给我抱抱！

马腾岳（云南大学　西南边疆少数民族研究中心）

中国的文化特色之一，是性别（gender）角色清楚，与身体（body）和性（sex）的距离严格。老祖先流传下来的一些道德话语，即便是在今日，也仍深深地烙印在当代人的生活之中，成为习惯和规范，时时制约着我们的生活。举例来说，就性别而言："男女有别，夫妇有分"；就身体与性而言："发乎于情，止乎于礼"。还有"瓜田李下，不欺暗室"等。这种种的礼教名言，千百年来捆绑了中国人的身体，也压抑着中国人的性。在这种文化传统下，凡君子也必温良恭俭让，而女子则大门不出、二门不迈，三从四德，缺一不可。今日虽然民智大开，女权高涨，但是中国人公开场所男女两性的礼貌交流，最高也仅限于四眼对望，握手寒暄，而且不宜超过三秒钟。至于 give me a hug，即来个公开、热情的拥抱，小则流言闲语，多则上法院吃官司，被告性骚扰大罪一条。

2008 年笔者从中国台湾地区来到夏威夷进行当地政治活动与民族认同的人类学田野调查，并在当地大学任访问学者数年。早期人类学的奠基是缘于西方殖民主义的扩张，当代的人类学则被视为是一个无所不包的学科，举凡人类社会的各种活动与现象，都可以被纳入人类学的研究范畴之中。而在人类学大家庭中，笔者认为研究难度比较高的次学门——政治人类学是其中之一。原因是政治运动涉及了参与者的客观实际利益与主观认同情感，两者纠葛缠绕、无法分割。任何政治运动，在某种程度上都是对既有政治结构与权力关系进行的挑战与再建构，都涉及两方或是多方权力与利益损益。在这种情况下，研究者进入到田野之后，常必须面对被研究者的多方面质疑，包括:“你是谁？代表谁？”“为何研究我们的政治要求和运动？”“你是否支持我们的政治主张？”“你会不会是某个利益团体派来的间谍？”“你的研究会不会伤害我们的团体和个人？”总而言之，做人类学的政治运动研究，最大的困难是必须取得被研究团体的信任，这种信任常不是短期可以达成的，研究者要经过许多努力才能变成“自己人”，才能进入权力的核心（至少是次核心），观察到深层的事物与情感。特别是历史上西方人类学与殖民主义间的密切关联，使人类学者常被视为是殖民主义的马前卒，是殖民者的同谋。虽然全世界的去殖民工作已经进行了大半个世纪了，但是历经西方殖民统治的土著民族对于人类学者，特别是白人人类学者的猜疑，仍是十分严重的。

夏威夷在1893年前曾是一个独立的民族国家：夏威夷王国，1893年被白人推翻后，1898年被美国强行占领。这使得夏威夷今日各种以自主或是独立为目的的政治要求复杂而多样，不同程度地挑战着美国的统治权威。在笔者之前曾有许多的白人学者尝试以此为研究对象，但是大都铩羽而归，主要因素是无法被当地的政治组织接纳，最终被迫放弃。原因无他，推翻夏威夷王国的是白人，这使得今日夏威夷人无法接受白人来参与或是研究他们反对美国统治的政治运动，这是白人学者身份上的原罪。

作为一个华人学者，笔者幸运地避免了这个包袱，在来到夏威夷半年之后，我顺利地接触了大部分的政治运动组织，甚至还常被邀请参加各种活动，包括会议、抗议、选举等的摄影与录像，负责活动记录工作，这使得我有机会以最近的距离进行研究。

夏威夷的文化核心是aloha，它的意思包括爱、疼惜、尊重等多个意思，aloha是名词也是动词。夏威夷人见面的问候语aloha aina，原意是“疼爱乡土”。在aloha的文化中，夏威夷人友好而善良，即使最强烈的政治要求，也坚持以aloha的方式来进来，坚持手段和平，绝不使用暴力。任何形式的暴力，就算是爆粗口也会被视为是不适当的。而在美国宪法保障言论自由的环境下，政府对于各式的抗议活动，只要不违法、非暴力，也都包容处理，不愿激化反对者。

在夏威夷的田野调查过程中，我真实地感受到许多来自夏威夷人的aloha，这其中，最直接与最深刻的，就是身体的亲密接触——拥抱与亲吻。

传统夏威夷人见面打招呼的方式是honi（贴鼻礼），两人彼此用手拥抱对方，互相以鼻子接触对方的鼻子，并且用力地吸气。honi的意义是彼此共同分享对方的气息与生命，表达真诚的信任与友谊。honi

不仅存在于夏威夷，也存在同属于波利尼西亚文化区的其他岛屿区，可以说是波利尼西亚共同的传统文化。接触西方之后，kiss（亲吻贴面礼）传入夏威夷，很大程度上取代了传统的honi，成为夏威夷人日常生活中的重要礼节。现在凡是在团体活动中聚会见面，不论彼此认识与否，所有的人必须彼此kiss，亲吻对方的脸颊。一个20人规模的活动，相互的亲吻就高达数百个，每个吻都还必须听到“波”的清脆响声，才符合标准。

我刚到夏威夷的时候，对于在各种活动中见人必亲的亲密身体文化，实在承受不起。受到传统中国人文化中身体距离遥远的影响，对于与陌生人亲吻、拥抱这事，总是觉得不自然。然而相互亲吻是夏威夷人展现aloha的重要礼节，甚至可以说是一种仪式，通过这种仪式，才能在特定的活动中被视为是自己人。无奈之下，只能硬着头皮亲吻上去，有多少人就得亲多少人。但是一开始，我只亲吻男性，对于女性，受儒家文化男女授受不“亲”的影响，没有办法克服心理障碍公开地对女性拥抱、亲吻。

我的文化限制，很快让我得到了教训。在某次的讨论会活动中，会开到一半，会场唯一的一位女士突然站起来，把在座的男士们一一数落了一顿，表达她对各种议题和个别人士的不满。我原想不关我的事，我算是个客人，躲在一旁便好。但没想到还是未逃过一劫，被“修理”了一顿。理由是我亲吻了当天在场的所有人（都是男人），却唯独没有亲吻她。这位女士高分贝地指责我对她歧视，说我看不起她是一位土著女性。我一时被骂得愣呆了，不知道该如何回答。我没有想到她竟然真的注意到我亲吻了所有的人，却独漏了她。她说的是事实，但是她的指责十分严厉。在美国“歧视”(discrimination)不仅是一种道德问题，也是刑事犯罪。歧视女性土著，同时在性别上和种族上犯了两种歧视罪，可不是小事。特别是对于人类学者而言，职业道德要求尊重多元文化，完全不允许任何对于报导人的歧视。指责我歧视女性土著，一来是可忍孰不可忍也！二来担心从此被贴上标签，再无人敢接受我的访谈。

那真的是一个很尴尬的场面，还好我在冷静片刻后，想到如何解释我的行为。我问她：“很抱歉我没有亲吻你，但是你曾经在檀香山市中心的中国城里，看过任何两个中国人相互亲吻吗？”她瞪着我，想了想说：“好像没有。”我说：“是的，因为亲吻不是中国人的礼貌文化。在中国的文化里，对女性保持一定的身体距离，才是尊重，这和夏威夷是完全不同的。”

从那次体验后，我知道我必须改变我的中国人的身体文化习惯。When in Roma，do as the Romans do！入境随俗，把公开亲吻、拥抱当成礼节，是对人的尊重。从此之后，只要在出席公开活动，不论是男女老幼，honi 也好，kiss 也罢，行礼如仪，主动积极，绝不退缩。有一次我在欧胡岛中央的Kukaniloko“皇家出生圣石”(the Royal Birthing Stones)参加仪式活动，会场来了两百多位夏威夷人，临别时大家彼此亲吻告别，花了近半个多小时所有的人才彼此亲完、抱完，也算是此生一大难忘体验。回家后仍觉得脸面摩擦之热，嘴变成了“O”形。

回到中国，我又面临另一次身体的文化“大革命”，即把人与人亲密身体接触的夏威夷习惯，调整回远远眉目传情、点头示意的中国人的习惯。说实在的，这还真不是一件太容易的事情，相较华夏文明之邦身体距离的疏冷，真怀念夏威夷人热烈的拥抱和亲吻。几次酒后失神，错把故乡当他乡，将旁人拥抱入怀，欲送 aloha 香吻一个，只见被抱者惊惶逃窜，仿佛见鬼。

人是有体温和气息的生命体，两个生命体的拥抱与亲吻，分享彼此的气息，生疏的关系很快熟稔，熟稔的关系更加友善。人从出生就是被父母亲抱着长大的，人有拥抱彼此的需求与能力，这是人的天性。儒家文化强调克己守礼，历经两千年来的熏陶，中国人的道德未必比洋人高，但在传统礼教观念的捆绑下，中国人的身体早被制约得僵硬死板，有手足不能舞蹈，有口舌不能歌唱，连拥抱这种天性都被扼杀。所幸近几年来，终见反弹，不论在大陆、台湾、香港，乃至海外，只要有中国人的地方，都有人发动“真情拥抱运动”，组织“抱抱团”在大街上提供拥抱服务。君不见日前网络报道，某些地方甚至由当地领导人带头参加，透过给我抱抱推动和谐社会。还拥抱于人性，在我看来，这才是体现文明的表征。

Aloha！不用去夏威夷也可以很夏威夷，多找些人抱抱，大声说出 aloha。

“赤脚医生”的剖腹产

邓 焱（自由思想者）

初夏的黄昏，整个乡政府寂无人声，理论上，下班时间到了。我吃完饭，端着一杯茶，站在屋前的坪边上，呆呆地看着不远处的河，岸边田里绿绿的稻谷，时不时有白色的大鸟从田里惊起，快速掠过河水。落日把一切都涂上淡淡的金色。

这时一位年近五十的妇女，神情略显紧张，要找五姐，五姐是乡里的干部，因为做过民政办的婚姻登记员，老乡们都亲切地叫她五姐。我告诉她五姐不在，问她有什么事。原来是某村卫生员（就是俗称的“赤脚医生”）的妻子，她犹豫了一下，断断续续地说了许多，大意是现在诊所里有一个孕妇快生了，但涉及计划生育的问题。（一些不符合计划生育政策的孕妇，领不到准生证，无法到正规的妇产医院生育，有些乡下医生就会用传统或现代的方法为产妇接生，出于健康安全及政策执行力的考虑，乡政府严禁“赤脚医生”私下接生。）

我忽略了“计划生育”四个字，立刻兴奋地问：“剖腹产？你们要做剖腹产？在哪里？现在吗？”她说：“是的。”我问她：“我可不可以去看？”她又犹豫了一下，随即如释重负地说：“可以”。

我立刻放下茶杯，拉上办公室的门跟她出发了。她家的卫生所设在自己家里，离乡政府很近，不到十分钟的路程。手术室在二楼，医生已经做好剖腹产的准备了，他的儿子和儿媳做助手。手术车上列了许多把刀和剪，那个壮实的孕妇已经躺在手术台上了。医生弄清楚我是乡政府的工作人员后，对我点点头。我问他要不要换白衣服之类的，他摇摇头表示不需要，并告诉我麻醉药已经发生作用，要做手术了。

只见一块白色的布单把孕妇肚子全罩上，肚脐下面一点开出一个洞，医生拿了一把刀，从这个洞口小心地在孕妇肚子上割开一个小口子，用夹子从两边夹住，原来人的皮肤是分好几层的，需一层层地割，每一层均用夹子夹住，不能一刀切割下去，孕妇肚皮的脂肪层很厚，所以这层的手术时间就久一些，还可以看到一些白色的脂肪粒沾在刀上。最后薄薄的一层切开后，一个小小的有黑色头发的头正好在这个切口位置。只见医生用两只手小心地放在头两边，轻轻往下一压，手就到了小脖子的位置，这两只手继续捧着脖子，另外一个人用手在孕妇肚子上往中间一挤，整个小人儿就被提出来，医生把手里的血糊糊的小人儿往满是刀、剪的手术盘里一搁，拿出个剪刀把脐带剪断。再拎抱起来的时候，新生的小东西终于“哇”地哭了，小人儿被递给了早已等候在门外的爸爸。医生淡定地缝好孕妇的刀口，对那个爸爸说，来抱一下你老婆，放到外面的床上去。结果产妇太重了，他抱了一下没抱动，好不容易抱起来，咬着牙走到床边，重重地放在床上，那声音沉重得连旁边的人都觉得痛。

我也终于舒了口气。简单告别之后，走出来，天已经完全黑了。医生的妻子借给我一个电筒。

第二天，张乡长到办公室故意问我，听说你同意那谁生了？我莫明其妙地看着他。原来那户违反计划生育的人家和实施手术的“赤脚医生”，跟去找他们的乡干部说，你们乡政府的人剖腹产的时候都在场，就说明是同意了。顿时我哑口无言，情绪复杂，惊讶、佩服、微微有点被利用的伤感与气愤。乡亲们的言行用褒义词说是机智，用贬义词说简直就是狡猾啊。

但同事们了解我纯粹是出于好奇，而且我们也可以说，下班时间个人并不代表单位，实在不行也可以同样耍赖，说我并不是乡政府的人了。总之，因为我当时的情况特殊，尽管这件事也许的确给同事们的工作带来了许多麻烦，但抱怨与补救都没有让我接触到。后来的处理结果如何，我也并不知道。

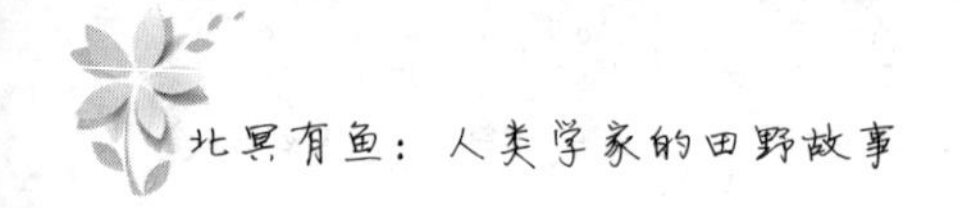

跨文化视域看中日关系

奈仓京子（日本静冈县立大学）

我曾经先后在中国生活过七年多，现在也至少一年两三次地去中国做调研，这么一来我的立场变成了介于日本和中国之间。我身为日本人来中国做田野调查，经常受到中日历史问题的影响。今后要是被中国人问起我对历史问题的看法，我准备这么回答："以前日本和中国之间发生过不少不愉快的事，不过我是因为喜欢中国才来的"。

2005 年 3 月我初次下田野，地点在广东台山的一个华侨辈出的村庄，即所谓的侨乡。在当地大学教授和镇级领导的帮助下，我顺利进入那个村庄。因为村民从来没有跟日本人打过交道，所以他们对我很好奇。可是，有一次在我跟当地的中学教师交流的时候，有一位男老师跟我用愤怒的口气说："你们日本应该向德国学习，反省历史问题，向我们道歉"。气氛一下子严肃起来了。

田野调查开始一个月后，广州、深圳发生了抗日游行。之后我的情况发生了变化。村民还是跟以前一样对待我，不过镇级领导对我的态度变了，他们给村委会施加压力让其赶我出去。我不想半途而废，不过无可奈何，便不得不离开那儿。我走的时候村民舍不得我走的情景记忆犹新。当时我想不开，不知道如何理解在我面前发生的事情。

后来我换了田野地点，首先在广东一个华侨农场做了一年田野调查，对归侨文化、适应、认同意识进行考察。然后于 2007 年 9 月在福建厦门某“归侨之家”（归侨活动的地方）开始调查。2009 年 3 月回日本参加工作之后，我每年元旦左右回厦门一次，参加印尼归侨联谊会（以下称为印联会）举办的新年联欢会。

跟归侨的阿姨、叔叔们在一起的时候，我总是感觉到像是跟留学生在一起。他们在 20 世纪 50 年代到 70 年代之间从东南亚国家回到“祖国”中国来，他们几乎都在原侨居国出生长大，对他们来说，中国是个陌生的地方。虽然不少人在华文学校读过书，不过以前没有在中国生活的经历，他们“回国”之后要重新适应新的生活环境，这点跟我的情况是一样的。因此，他们能了解在异国他乡生活的难处，理解我在中国生活是很不容易的，他们关心我，照顾我。因为有的人回国之后才学会普通话，他们的汉语词汇量跟我的都不太多，因此我跟他们的沟通很顺利，相处得很融洽。

我遇上了会唱日本国歌的几位印尼归侨，他们小时候在日本殖民地时代的印尼生活过，自然而然学会了几句日本军人使用的命令型日语和日本国歌。我一听到他们说的简单的日语，心里就有点尴尬。但当他们在我的面前谈起原侨居国日本殖民地时代的生活时，一点也没有责怪日本和我这个作为个体的日本人。是否他们没有与中国本地人共通的历史记忆，对历史问题的看法跟中国本地人不一样？或者他们对我客气？

今天是2013年12月28日，为了参加印联会的新年联欢会，我又到厦门来了。那天中午我跟归侨阿姨、叔叔们一起吃饭。我的中国朋友跟我在一起的时候一般都会故意避开中日关系的话题，他们却不客气地谈起了钓鱼岛问题。那时我的感觉很奇怪，一点也不尴尬。他们好像不把我视为日本人，他们也不像因愤怒而要求道歉的中国人，而是从第三者的眼光把这个敏感话题摆在桌面上谈论，我们都像是第三个国家的人似的。

以上经历让我发现，老百姓对中日关系的看法也是多样的。人类学的田野调查需要与当地人建立起可持续的关系。交往的时间越长，彼此越加改变彼此，“日久见人心”，随着我与他们的关系的加深，人种、国籍的差别会慢慢地不再影响双方之间的沟通。最终依赖的则是彼此自身的人品。

“奶啰呵！”：50年前在侗寨的田野体验

徐杰舜（广西民族大学）

我第一次走进的田野是侗寨，那是52年前的1964年。21岁的我，当时是中央民族学院分院（现为中南民族大学）大四的学生。在武汉市长大的一个城市学生，一下子进入广西三江侗族自治县程阳公社平寨，其兴奋和震撼，是现在的青年学子所不可想象的。

平寨位于三江北部的林溪乡程阳桥头。早就耳闻程阳桥是中国名桥，又是侗族地区，我满怀好奇心，坐大卡车从柳州到三江县城古宜，而从古宜到平寨有30多里路，却还没有通公路。于是，我一面休整，一面找船。大约11月下旬的一天，早餐后，把行李装上了船，船将沿林溪河溯水而上，我自己则徒步走到平寨。

进到平寨时，已是下午3时左右了。冬日的侗寨安静而冷清，我在大队干部的带领下上了侗楼，进了房间，只见屋内昏暗而充满了柴烟味，火塘上燃着火，显然火已烧很久了。火塘边坐着一个侗族阿婆，人瘦瘦的，身穿棉侗服，头上扎着蓝色的头巾，双手抱膝蜷缩着坐在那里。我放下行李在火塘边坐下后，用刚学的几句侗话，向阿婆问候：“阿婆！乌身奶葵（身体好吗）？”阿婆说：“葵奶！瑶芒奶给！”我当时并没有听懂阿婆讲的是什么意思，就顺口回应说："奶啰呵！奶啰呵（好得很！好得很）！"阿婆一听开始怔住了，我见阿婆的神色不对，知道出问题了，大队干部忙告诉我："阿婆说她左肩疼。你说好得很！就闹笑话了！"阿婆明白我是讲错了，也笑了起来。

进平寨后，要进入田野，要与侗族老乡打成一片，就要适应侗寨的生活。在起初的适应中，最难忘的有两件事：

一件事是上厕所。上厕所对长住城里的人来说不是什么问题，但在侗寨对我来说可是一件考验人的事。平寨侗族几乎家家都有一个小鱼塘在寨子周边，而厕所则用杉树皮建在鱼塘中间，要上厕所，就必须走过一块用木板搭的独木桥。木板较薄，人走在上面一晃一晃，让人胆战心惊的。好不容易走过了独木桥，进了头顶蓝天、四面通风的厕所，又好不容易解了出来，大便"扑通、扑通"地掉入鱼塘，又溅起了无数水花，一件很私密的事，一下子搞得动静大大的，好不叫人郁闷啊！但久了，也就习惯了。

另一件事是舂米。20 世纪 60 年代平寨侗族的生计方式是种糯稻、吃糯米。每天清晨，天蒙蒙亮时，各家的主妇就已起床舂米了，整个平寨在薄薄的晨雾之中，响起了一片"嘭！嘭！嘭！"的舂米声。大约一个小时左右，天已大亮，米也舂好了，主妇就开始在火塘上蒸一天食用的糯米饭了。按侗家的习惯，每天都要多舂一些米，积攒起来，到过年过节时，主妇就不用摸黑起早舂米了。而因我的入住，东家主妇奶善辉就要多舂些米，这就增加了她的负担。平寨侗族用的是脚舂，劳动量比较大，于心不忍的我，就主动承担起了舂米的任务。随着每天清晨不断的舂米声，我也很快融入了平寨侗家之中……

52 年后的今天，回想起当年在田野上的初次体验，“奶啰呵”啊！

无论田野是不是家乡，你都是他者

吉国秀（辽宁大学　文学院）

在做田野之前，学科之间的职业分工告诉我：人类学研究异文化；社会学研究我文化中的现代社会（工业社会）；民俗学研究我文化中的传统社会（农业社会）。尽管后来民俗学、人类学、社会学均转向了我文化的研究，但民俗学与社会学之间的传统社会与现代社会的学术分工依然存在。于是，我以为民俗学的田野就是我的家乡，而家乡的文化就是我文化，多么完美的三段论逻辑。后来，这个逻辑就演化成为我选择家乡作为博士论文调查的田野。

我在那块土地上生活了 18 年，然后我离开了她，转往几个不同的城市。18 年来我与那块土地有着亲密的关系，就凭这个亲密关系称她为家乡。可是，十多年后当我重返家乡，我才发现家乡根本就不是我的，也许从来就不是我的。于是，把家乡变田野就成为一件十分棘手的事情。

其实，进入家乡之前，我也寻找到了一个十分合适的联系人——除了三年的求学和一年的工作之外，生于斯长于斯的家乡人——人类学称其为报导人，许多的访谈对象都是由这位报导人引荐的。从某种意义上说，报导人对家乡的理解影响到我对田野的呈现能力。我与报导人非常熟悉，从小一块长大，后来外出求学期间也一直保持联系，但这种熟悉不足以抵消访谈对象对我身份的好奇。对于夹杂着不同城市口音的我（有人认为这是南方口音，有的说是辽宁的某个地方），那些访谈对象始终保持一种毫不掩饰的关注。在每次访谈之前，我并不知道报导人怎么向访谈对象介绍我以及我的调查。每一次访谈的序曲都是对我身份和调查目的的询问，而访谈对象所能理解的调查目的与论文中的研究意义大相径庭，亦或许他们真的想听听我怎么说。对于我的身份，通常询问的顺序是这样的：你父亲是谁？在哪个单位？母亲是谁？在哪上班？你家在哪住？结婚没？对于田野合理性的询问，我说得最多的是我想记录这段历史。能否说服访谈对象接受我的调查，我也不是十分确定。十多年后的今天我仍能清晰记得当时的一脸尴尬，还有对调查从未有过心安理得的感觉，那种不安始终贯穿在田野之中，成为调查的背景。当然，回答并不总是奏效，拒绝的理由是任性而随机的："不知道""家里闹矛盾""你应该去找浪漫的人"……对于什么是浪漫的人我都糊涂了。但在这待了18年的经验告诉我，浪漫可不是什么好的评价，我都不知道访谈对象把调查想象成了什么。估计那个访谈对象会一直抱着这一印象生活至今。

对我身份的想象最有创意的一个例子是，有一位访谈对象要求我把他们的意见或看法带回到北京。理由是我来自北京，应该向上层反映一些单位不能全额开工资、工人收入锐减的情况。我都不知道，她说的上层是哪个机构？或许在他们眼里，我有沟通地方和中央的能力，她高估了“我”在北京的位置。这件事也反映出地方民众如何看待中央的问题，他们用地方性的知识来理解北京的正式制度，以为北京就是大一点的家乡呢。思来想去，我的解决办法是把他们的诉求用注释的形式放在论文中，让诉求转为阅读者的实践，让读者去阅读，让“可阅读性”转变成为“可记忆性”（德·塞托语）。

在田野中，无时无刻我都在琢磨怎样将田野中鲜活的个体语言转写成论文语言，琢磨着这些碎片化资料与论文写作之间各种可能的联系，甚至偶尔有那么几段缝隙，杞人忧天式地考虑一下自己的未来。我没想到的是，家乡人也在琢磨我。其实田野就是一种相互琢磨的过程，无论你面对的是异文化还是我文化。当你以研究者的身份出现，对于他们的生活而言就是一种干预。不管是同质性强还是异质性强的田野，都需要找一个合理的位置，好把研究者安顿进去。安顿好了，才能开始对话。换言之，只有在访谈对象化解了由你的干预带来的无序之后，家乡才能变成田野。后来在论文写作中，家乡的轮廓逐渐清晰了起来。有那么一瞬间，我觉得自己是理解家乡的，论文写作遂成为拉近我与家乡距离的一种途径。

在田野中，始终有一种声音告诉我：无论田野是不是家乡，你都是他者。

看不见的手

刘　谦（中国人民大学　人类学研究所）

经济学里，通常把市场理解为看不见的手，意思是在市场机制下，人们的购买行为可以被视为一种投票和选择，驱动供给模式，从而形成整个社会的资源配置。田野工作中，也有那看不见的手，暗流涌动中，搅和着人类学者的个性、学识和风格，推动着每一项研究。

机构，是一只看不见的手。不论在中国还是美国小学的田野经历都证明了这一点。例如，想进入北京利民学校（北京的一所集中了进城务工人员子女的学校。依据伦理原则，本文所使用人名、地名均为化名）进行调查，首先需要借助以往的工作网络，联系教委，通过教委及其下属管理进城务工子弟小学的事业单位和利民学校打招呼。从和利民学校校长的第一次会谈开始，逐渐铺开那里的田野工作。若非如此，很难想象，怎样敲开学校平日关闭的大门，对校长进行一番从研究意义到研究价值的游说。在美国公立小学进行田野工作，则更是未见学校，先见机构。如果不正式向公立小学所在学区管理部门和研究者所属机构提交上万字的项目伦理申请，并得到批准，那么，这项研究及其成果原则上便不具合法性，人类学者以研究者身份进入田野的机会会完全被屏

蔽。在中国，机构的力量转化为对自上而下社会网络的疏通；在美国，则以文本和行政程序的方式直白地设置在那里，几乎决定了研究者在田野的去与留。

机构，这只看不见的手，在相当程度上赋予了研究者以合法性。但是它并不能赋予研究者全方位的角色与功能。就像懂得化妆的女人，机构的效力相当于粉底，是一切色彩的基础，但是，以粉底示人，过于苍白和呆板。怎样依着各自的体貌和环境，描绘出个性鲜明而贴切的色彩与线条，需见修养和功夫。

记得2011年秋天，刚到利民学校时，勤恳敬业的倪校长并不愿意让我参加每周教师例会，说“不好意思让教授看见”，因为那时，人们认为我是“教委派来”的。到现在，教委所赋予研究者的奠基性效力，已经在长期相处中，被涂抹上更多样的色彩。每周按时出现，不仅让我从陌生变为熟稔，而且让人们更多地理解我所从事的“调研”，不仅是访谈或问卷，而是一项长期的工作；带着研究生进入学生家庭进行辅导，增添了一抹公益色彩；和老师们聊天中，作为“北京人”帮助他们更多地了解北京的去处、交通和政策；和孩子们的游戏，平添了一份童真；每次出差回来，给老师们和班里的孩子们带一点糖果，算是表达惦念……对校长权威的维护、公益行动、对北京生活的建议等之所以得以成行，源于对利民学校作为特定机构的理解和把控。有趣的是，校长现在依然管我叫“教授”；老师们大多称我为“刘教授”；而我常去的五年级班里的孩子，却有名有姓地叫我“刘谦教授”，甚至有时只是龇牙冲着我笑笑，算是打了招呼；班主任叶老师，一位五十多岁爱说爱笑、爱唱爱跳的东北女人，私下里则直接叫我“刘谦儿啊——”。我和校长姐妹般地手挽手在校园里走着，她不再提“不好意思”，几乎所有的校园活动都向我们敞开。

人类学者经常讲“做田野”，其实需要对很多场景的细节给予回应。在这一过程中，特别是在高度组织化的田野现场，机构对于最初将研究者置入田野而言有着不可取代的力量与界限。而田野活动则渗透着研究者对田野现场作为行政机构方位与效能的捕捉。机构，作为一只看不见的手，必然塑造着特定的田野活动。工厂、学校、商场、乡村，不同田野催生不同的田野活动便是这个道理。同时，这番塑造又务必与研究者的风格相结合，从而使每一份田野工作，成为一个“大写的人”——既有机构力量的规制，又成为个性的表征。

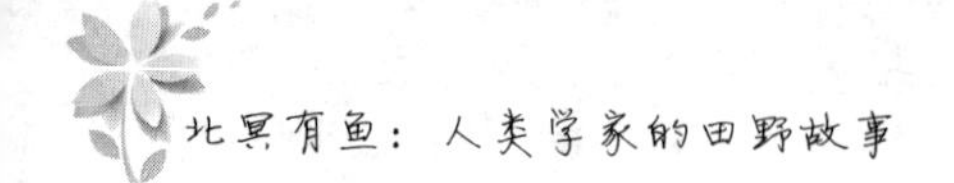

悲伤的田野：突发事件的伦理反思

张　多（云南大学）

我不知道讲述这个故事是否有违田野伦理，因此我必须在讲故事的时候保护我的田野报导人以及当事人。故事发生在某年某月，我和同伴来到中国西南一个少数民族村落进行田野作业。在田野过程中发生了一起突发事件，这次田野经历因此成为我田野生涯中刻骨铭心的回忆。

这是一个国境线上的小山村，我的报导人夫妇俩有两个女儿。入住第二天，我在二楼的房间里发现一条奇怪的虫子，通体绿色，极细极长，无足无翅。出于好奇，我询问女主人这是什么虫。女主人闻虫色变，说这种虫只在山溪中才有，一定是有人“放鬼”。于是夫妇俩通过一个仪式，将虫子烧死后埋在院里。晚上我回来时，女主人问我和同伴是否属狗，我们说不是。她神色黯然，说：“看来是二姑娘”。她告诉我，早上我出去后，她觉得房间里发现了虫子要打扫一番。正在打扫时，一只野鸟突然闯进屋子，满头乱窜。她用笤帚将鸟赶出房间，这只鸟竟一头砸到一楼地上撞死了。她说这是不祥之兆，于是急忙到镇上找巫师占卜。巫师占卜的结果是：家里属狗的小娃最近不要出门；家里最近要出事；此凶要待属虎那日方可解。正好小女儿属狗。于是女主人将小女儿从县城叫回家来，此前她在县城她大姐那里。

第七天上午，我外出访谈银匠。中午回来时，家门口聚集了一大群人，女主人在中间哭。我的心提到嗓子眼。我问人们发生了什么？答案让我的大脑霎时一片空白：女主人的大女儿死了！

我久久呆立原地，不敢相信自己的耳朵。我开始求证事情的真相。女主人的大女儿所在的医药公司打算让员工到市里培训。原定的日子是属虎那天之后一天，可不知什么原因，日期突然提前了两天，也就是属虎日的前一天。中午时，班车行驶到半路就侧翻了，原因不得而知。这起车祸死亡两人，其中就有女主人的大女儿。

尽管巫师预言的是属狗的小娃，可女主人的大女儿身亡已经足够让我震惊！车祸本身并没有什么好解释的，但是巫师预言的“出事”和“属虎日”竟然变成了事实。更让我想不通的是，如果我没有发现虫子，女主人就不会去找巫师占卜，可该发生的依旧会发生。这一切让我深深体会到地方文化传统的强大规约力量。同时我也陷入对事故的悲痛之中！

出事之后，我和同伴实在不知道如何面对。我们立即停止一切参与观察和田野作业，以普通人的身份全力投入后事料理，力所能及地帮助他们。村中有传言说是我带来灾祸，那几天我承受着巨大的压力。好在我的行动获得了主人家的认可和谅解。田野工作者自身也会面临意想不到的伤害，这再次证明了田野研究的潜在风险以及所面临的认知方式的挑战。

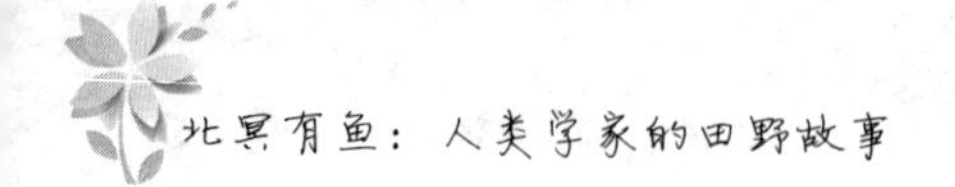

首次走进萨满世界

色　音（中国社会科学院　民族学与人类学研究所）

我第一次调查萨满教是1987年冬天的事情。当时我在中国社会科学院研究生院攻读硕士学位。放寒假回到家后，听说离我们村不远的白音宝图嘎查有一位70多岁的老萨满还健在，便下决心去拜见他。恰巧有一天我们同村的一个人赶着马车去白音宝图嘎查走亲戚。于是我搭上他的马车去见那位老萨满。由于那次是我头一次做田野调查，所以没有任何调查经验和技巧。从家里出发之前，满以为那位老萨满见到远道而来的年轻人肯定会毫无保留地讲给我听他那一生中所积累的萨满教知识。但见到他后与我所想象的恰恰相反——他闭口不谈当过萨满的那段经历。失望之际我不知该怎么办好，只好暂时避开萨满教的话题聊家常。聊了一会儿才了解到老萨满认识我们村子的一位叫拉西的老人，于是我就抓住这一话题跟老萨满“套热乎”，话题渐渐投机起来后他才总算“招供”当过萨满的经历。然而又以“人老记不清”为理由不肯讲出详情。尽管我带了两瓶当地人喜欢喝的高度二锅头酒送给他，并且老人还高兴地收下了那两瓶酒，但仍然不肯讲述萨满的事情。准备扫兴而归的时候突然想起有一位高中同学是该村的人，于是我以找同学为由离开了萨满家。

那天晚上我住在那位高中同学家。同学的父亲告诉我那位老萨满“文革”中以乱搞封建迷信为由被抓去坐过牢，所以在生人面前他一般不谈当过萨满的往事。尤其对“上级来的”人一律不谈萨满的事情。于是我和同学商量“对策”，最后决定第二天他带我去再试一试。

进萨满家以后，那位同学首先向他说明了我的来意，并说明调查的目的主要是为了搞研究，并且特地强调了我是学者而不是“干部”。如此这般费了不少口舌之后老萨满总算答应“唱两段”。他先给我们唱了一段“祭吉雅其神歌”，然后又唱了一段“祭保牧乐神歌”。最后还讲述了一些有关萨满教仪式仪规和法具法服的有关知识。

此次调查尽管收获不大，但通过这次调查我才初步认识到进行田野调查还需要一定的技巧和方法，甚至有时还需要调动一些社会关系。现在回忆起来那次调查虽然显得很幼稚，但那次毕竟是我田野工作的开端，所以仍觉得十分可贵。

田野工作中的“主”“客”关系

张佩国（上海大学　人类学民俗学研究所）

前段时间，我接到安徽省绩溪县上庄镇宅坦村村委会主任胡维平的电话，他向我诉说他近期的烦心事：经朋友介绍，某大学以某国外大学命名的学院，组织一群中外学生去宅坦村“考察”，村委会热情地接待了他们，安排他们在村里的几户人家食宿。学生们可能是对食宿费用不满，在网上发帖，说村长从中介绍，还吃回扣，一看长得就像个贪官。胡村长从网上看到对他如此这般的人格侮辱，气愤至极，给我说要和发帖者打官司。我也帮不上什么忙，只好安慰他别和这帮学生一般见识，清者自清。

这些学生当然算不上是做田野调查，充其量只能是所谓的社会调查，他们可能还不会考虑田野工作伦理。人类学的教科书告诉我们，田野调查中的参与式观察，要处理好主位与客位的关系，那是就知识论而言的，而田野实践中的工作伦理可能要更复杂些。

2008 年 6 月，我带着博士生王扬去宅坦村做“林权与民间法秩序”的田野调查，行前和“文化村长”胡维平先生打过电话，他很乐意接受学者们的田野调查，认为是宣传宅坦的好机会。经过一天的旅程，傍晚时分，长途客车停靠在了上庄镇政府门前，胡村长早早就等在了那里。下车伊始，我把一瓶名酒作为见面礼，送给村长，村长虽连连摆手，表示不能收，但在我的再三劝说下，还是收下了。我想，这礼物的流动，虽有工具性的成分，但不能归为工具性送礼吧！晚饭时，胡村长得知我是山东人，就连连夸赞山东人讲义气，豪爽大方。

吃过晚饭，天色已晚，村长领我们去了一家名曰“新农村宾馆”的旅馆，在这镇上，也算是条件比较好的旅馆了，村长直截了当地说，这是他侄媳妇开的旅馆，希望张教授照顾一下生意。我说先暂住几天，为了调查的方便，我们还是住到村子里，还请胡村长帮我们联系房东。胡村长说没问题。第二天一大早，我们赶到村委会看村级档案，胡村长说已联系好房东，是村委会妇女主任姜月红家，我们过去看了一下，是二层楼房，环境和卫生条件都还不错。胡村长说，如果食宿一起算的话，每天每人 35 元，我说我们在这里不是一天两天，要前后长达十个月之久，能否再便宜点。村长闻听此言，面露不悦，说:“这个价格不贵啊！人家村民也不是为了赚钱啊！”我也就没再“讨价还价”，就此住下了。后来实际的收费比“报价”低很多。村长和房东还是照顾了我们。

事后想想，我们是客人啊，村子里的人对客人当然是热情的，但客人毕竟是外来人，不具“村落成员权”，村长当然是要维护村民的利益的。曾看黄树民先生在《林村的故事》一书中描述刚进入村子找房子的过程，在黄先生的描写中，村支书叶文德似乎斤斤计较，甚至还百般刁难。其实，叶书记和胡村长一样，都是热情好客的，但待客之道的制

度底线，是对村落成员权的维护。

在当地人的眼中，人类学家始终是客人，而人类学家的为客之道是田野工作伦理的要义。

梅花拳的礼数

张士闪（山东大学）

屈指数来，我自跟随燕子杰老师练习梅花拳，再随师到河北调查梅花拳，至今竟已有30个年头了。就我所知所见，梅花拳实在是一个很重礼数的拳派，譬如有很多场合都要行跪拜礼：拜师收徒的仪式上，往往是入门者行跪拜礼的初次实践；面向祖师画像或牌位行大礼，名为“参驾”；比较讲究的场合，晚辈要向长辈叩拜，谓之“找礼”。我16岁进入山东大学中文系读书，正值“青葱”年华，遇到这种场合总有几分尴尬、羞恼。当时万万没想到，后来我竟能对这类场合从容处之，并且还能从中咂出偌多滋味。

梅花拳的“家礼”

对于梅花拳的礼数，我由被动遵从到主动体会，跟燕老师的言传身教有着直接的关系。他20世纪50年代考入北大，毕业后赴青藏高原气象局工作，一去18年，俗尘不染。他的专业本是大气物理，却经由习武而对传统文化情有独钟，对于梅花拳的礼数有种天然的认同。有其

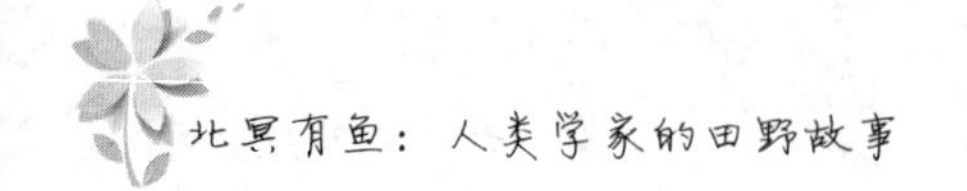

师必有其徒，每当燕老师带徒弟下乡，所到之处，少不了一派“名师高徒，礼数周全”的褒奖。燕老师平生最敬重的是岳飞，讲拳之时常将一句“上马如无敌天神，下马如有道贤人”挂在嘴边，不难看出，他强调的还是礼数。有规可循的礼数以及有条不紊的礼仪实践，很容易让一群人形成一个超越血缘与地缘的热络圈儿，体验到一种亲情般的暖意。

于是，我在 20 世纪 90 年代初写道：

> 我们在颇存古风的河北乡村发现，拳民们相遇，往往喜用“爷们”称呼对方或作双方复指，然后谈谈武艺拳理，显得非常超脱。倘若是在家里，家里设“驾”的便先要一同参驾。参驾时，一般只对祖师牌位行简单的揖礼。遇到重要节日，则行正式跪拜礼，一揖，接三叩首，再还一揖。然后互相“找礼”，即拳辈低的给拳辈高的增施礼数。颇让外人奇怪的是，他们“找礼”按的是拳派辈分而非家族辈分，故在公开场合，胡子一大把的长者口称“师爷，找礼了”给一个年轻壮汉行礼的情形并不罕见。但无论怎样，“找礼”往往被一律阻住，仅成了一种象征，大家哈哈一笑共同落座。梅花桩拳派在礼节方面比较自然，循着“过犹不及”的原则。

这段文字源出于一篇万字文章，先是刊登于路遥教授主编的《中国义和团研究通讯》（1993 年第 2 期），后发表于《民俗研究》（1994 年第4期），其中对梅花拳礼数的崇敬溢于言表！后来我知道，那时我想要表达的是，在梅花拳内部的常规礼数中所体验到的脉脉温情，而非梅花拳礼数的全部。梅花拳之外，其实还有更大的江湖，而围绕梅花拳礼数的也并非都是温良恭俭让，亦有奇诡的一面。

梅花拳的“江湖之礼”

比武中的礼数。燕老师平时谆谆告诫我们，尽量不要比武，一旦出手就要抛却一切杂念全力争胜，“打得他胆寒！”而当对方服输，就要赶紧和颜悦色地道声“承让”，搀扶对方起来。多年来，我或随燕老师公开比武，或与各路朋友私下切磋，也有十多次，深深体会到有这般礼数罩着，双方不容易结仇。有一次与陕西洪拳师傅试手后，我礼仪恪尽，对方仍余愠未息，我便进一步地诚心攀谈，表示永结武友之意，并详告我平时练武的地点和时间，说我随时候访，一直到他神色如常。

礼数中的比武。1992年山艺开设影视武打专业，我为宣传招生陪领导来到梁山县，遇到一位“难缠”的壮汉师叔。当我向他行礼，他说着“免礼，免礼”，却忽然就出手搭住我的双臂。蹊跷的是，在他两手的操持下，我既跪不下去又无法起身。望着他似笑非笑的表情，我明白了他的用意。我口说“师叔，坐好”，暗里沉肩坠肘，将他的劲道一卸一送，让他倒坐在床上。这位师叔呵呵一笑，不仅不生气，反转身进里屋拿出一本梅花拳宝卷和我谈论起来。

还有一种盘道礼数，常常让外人莫名其妙。路遥教授在河北威县经历过，遇到的是这样的盘道："你从哪里来？""我自西方来。""归向哪里去？""归向西方去。"当他老老实实地回答"我从山东来""还回山东去"的时候，五六个老拳师就对他的探秘话题封了口。他此后再调查梅花拳时，打定主意拉着燕老师及弟子合作。听老拳师们说，过去梅花拳盘道的法儿非常多，一番攀谈，对方是否入门、道行多深便可了然于胸。他们如何记得住？回答是，性命攸关、生死存亡之际，下这番死功夫也就值了。不过，我发现梅花拳资深弟子所以能记住那么多盘道词儿，也是另有诀窍的。比如，刚才那段盘道词儿还有这样的下文："金屋金檩金庙台，红门落锁无人来。你说你是佛门真弟子，为何不带钥匙来？""莲为钥匙性为簧，无字真经心内藏；真性打开三簧锁，一条明路到故乡"。燕老师解释说：

> "莲为钥匙性为簧"，是说梅花拳锻炼中气血流畅和修养心性同样都很重要。莲，是莲花瓣，是形容舌尖向上卷的舌头，人在舌抵上腭时就是这种形状。一般人梅花拳架子练到3～4个角后，神思安定、周身气血流畅。这时人的舌头略向后缩，舌尖自然上卷抵向上腭，有人称此为"搭鹊桥"。必须注意，练梅花拳架子时不能有意去"搭鹊桥"，只能等练功达到一定程度后自然出现这种生理现象。此时练功者才真正静下来，也不愿说话了。性，指人的性情、情绪、心态。梅花

拳锻炼时必须还要练性，也就是练功者必须心态平衡，情绪安定，无欲无求，没有任何思虑或心理负担，也不要有过激的喜、怒、哀、乐等，只有这样才能练好梅花拳！

一代代拳师的灵性创造，凝结成梅花拳历代宝卷中的隽语警句，再加上对各种典籍、仪式、口头文本的借用，这就是那万千盘道词儿的真正来历。后学者，将练武过程中的身心感受予以比附体认，最终升华为个人化的一种人生体验，又如何记它不住！

被文字定格的“梅花拳礼数”

梅花拳宝卷秘谱虽屡经浩劫，河北民间目前仍存量很大，诚为可喜。然而，现在能看得懂、愿意下功夫领悟的人越来越少。就梅花拳礼数来说，能讲清楚其来龙去脉者少之又少。乡村的许多梅花拳师傅，会将礼数追溯到清代梅花拳第五代传人杨炳（康熙壬辰探花，御前侍卫）于乾隆七年撰写的《习武序》。其中一段礼仪描述，可谓要言不烦：

拳堂中间立

天地君亲师　神位

左书：振三纲须赖真武（论纲常要恃文友讲）

右书：整五常全凭大文（定太平还让武将能）

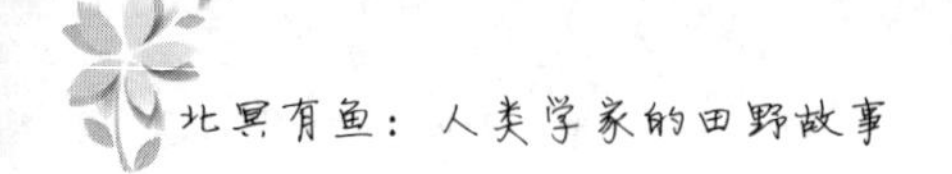

上书：一贯之道

设炉次第：上三炉，左一炉，右一炉

上香定则：五炉上香不必拘定。一握十数柱，上三炉或一握六柱，东炉三柱，西炉五柱。亦可为其贫富不等，只要诚敬为主，且简可行。

拜祖师仪注：每逢朔望日期，定行三跪九叩首之礼。平常日期，只行一跪三叩首之礼，亦只要诚敬为主。

拳堂中徒拜师仪注：拜师时只可先一揖，次叩首二个再一揖。若在别处见师，只用一揖。若久久不见，即叩首亦无不可。

怪不得，冀鲁豫地区梅花拳现今通行的“拜祖师礼”“徒拜师仪”大都相差无几，原来是礼有所本。杨炳是真正的武林高手，“每与同朝比武较艺，侥幸俱捷，名至美也”。因为《习武序》，至少在梅花拳礼数实践的意义上，他亦可流芳百世了！

"嘴巴多"的女人：女性人类学者在田野

沈海梅（云南民族大学　云南省民族研究所）

"老希，迎的迎的！"每次回到我的人类学田野点西双版纳勐腊县的曼底寨，当地傣族村民总是用傣语热情地向我打招呼，向我表达"老师，欢迎欢迎"之意。傣语语法中的动词前置，用汉语来表达他们的邀请，就成了"来玩我家"。云南大学做西双版纳傣族研究的邓永进老帅哥还爆出许多段子:"老希，来玩我家，我不在么来玩我姑娘"，引得听者一顿爆笑。而在云南这类不同文化间交流语言转换中闹出的笑话比比皆是，几乎每个民族都有。语言表达的差异，总是人类学者感受文化震撼的方式。

自从2001年底在西双版纳的朋友余少剑用吉普车将我拉进曼底，到2006年再回访，这已经是我第三次回到寨子了。第一次进入寨子，村民家家户户买了电视机，但村中还未开通电视频道，对于村民来说，电视机的功能就是看连续剧。我手中的摄像机让我很快融入曼底村民的生活，白天我用摄像机拍摄他们劳作的各种场景：编制竹器具、准备仪式所需物品、挖地、修路、撑竹筏过江、找野菜、缝衣服等，晚上我就成了义务纪录片放映员，轮流到不同家户去放给他们看。村民碰到我总是问："老希，今晚放哪家？"晚上，几乎全村的人会聚集到一户人家，观看我拍的关于他们的影像。显然，看到自己在电视上让村民觉着新奇与兴奋，这些日常劳作的镜头让村民们非常开心。他们真幸运，在电视频道开通前，就先在电视上看到了他们自己。摄像机让村民们接纳了我这个外来者，也让我克服了作为女性的拘束，我很快就可以在寨里的任何家户出入，与村民们自然地聊天，向他们提出我想问的问题，无论男女老幼。

当然，在我对这个村落得出越来越多的判断时，村里的人们也在对我做出判断：这个女人一点儿都不像寨子里的女人。这是村里的男人们很快得出的结论。她怎么老是有那么多的话在说，有那么多的问题在寨子里问来问去。至少，在公共场合，傣族妇女较少在男人面前讲话。一开始，村落里的人自然就只把我当成一个女人，像要求他们的女人那样来"要求"我。像许多社会那样，在曼底，许多宗教祭祀等场合，女人都得回避。而我作为一个女性人类学者，尽管轻易就能与村落里的妇女们打成一片，获得关于她们的信息，这是许多男性人类学者难以企及的。但每一次参与观察宗教仪式，我的性别身份对他们的文化准则都是一次挑战，我是一名研究者，这个时刻我只能"冒犯"一下他们的文化，尽量忽略我的性别身份，告诫自己我不是村民，应该与村民保持一定的距离。慢慢地，他们似乎已经习惯做仪式时有我在场。当然，有的时候还是很尴尬，曾经一次在云南藏区的田野中，在与村落的社区关系还尚未建立起来的情况下，就突遇一个集体仪式，现场，一位藏族年轻人就试图将我驱逐。

这样的经历，恐怕是男性人类学者不会体验到的。当然男性人类学者也会有他们难以触及的“文化禁区”，或许每位人类学者，无论是女性或男性，都得反思自己的性别身份在田野研究中所面临的局限。

第三次回到曼底，又见到了寨中南传佛教缅寺里的大佛爷都罕炳，这位喜欢驾驶着摩托车在乡村土路上狂飙的年轻的佛爷，最近已学会了用手机在各种节日用汉语发问候短信。如约到缅寺拜访他，聊天中他一高兴就说:“老希，寨子里的人叫你Mie yin suo bu lai”，我问是什么意思，他说就是“嘴巴多的女人”。原来村里人觉得我在村寨中问这问那，不断在问，就给我取了这个绰号。

土著们给人类学者取个善意的绰号，包含着村民们对我的接纳。女性人类学者被村民描述为一个“嘴巴多”的女人，真是道出了人类学者的田野工作特点，以及女性人类学者与村落中的妇女最不一样的地方。

田野惊奇故事见闻录

杨清媚（中国政法大学　社会学院）

我所听到过的身边最惊险的田野经历，是我的一位台湾师姐在做田野的时候被当地部落酋长看上了，想让她做自己的儿媳妇，看她有推脱之意，便欲将她变相软禁起来。幸亏她警觉到了，在朋友帮助下得以安全逃走。我不知道这个故事辗转了几代传到我这里以后，还有多少非杜撰的成分。反正下田野的人宁可信其有。幸好那是在中国台湾，不是在大陆，呵呵。

只要不是暗黑系的题目，比如性工作者、毒贩子、囚犯、维权、维稳、房地产等，或者特别艰苦的自然环境，一般的田野其实平淡无味的时候多。有位师兄说过，村子里常见的只有狗和人类学家。尤其是当你不断要去同一个地方做田野。

经过仔细回忆，我才发现，即使貌似平淡的生活也经常暗潮汹涌，时不时地可能碰到让你惊奇或惊险的事情，只不过事后对田野的兴奋让你选择性地忽略了它。

头一件事情，是“酒”。几年前去金秀大瑶山调查，人生地不熟，需要从上而下沟通好县委、镇委和村委，才能顺利进到村子里。没想到当地人那么热情，非请我吃饭喝酒，用那种铝制的小水壶，给每人一壶土制烧酒，管够。在极力推脱之下我勉强喝了一些过关。第二天拿到介绍信赶到镇里，又是一顿酒。然后被车送到村子里，还是酒。最后是妇女主任把我背到她家——她就是我调查期间的房东。第二天我起来的时候接到好些莫名其妙的电话和短信，什么“一切都会好的”“我们在你身边”啥的，一问才知道，原来昨晚喝懵了，跟全世界发了一遍信息:“我喝醉了！”巨囧。赶紧解释，昨晚手机借给阿婆玩，她说给邻村的姐妹们发消息，我忙着做访谈没注意，肯定是阿婆不懂拼音误操作的嘛！

第二件事情，是“行”。基本上两次田野就要报销我一双鞋，谁叫我不会骑摩托车呢。比方说，一个常住人口 3 万人、人口密度每平方公里 95 人的小镇，南北长 32 公里，东西长 14 公里，以我的速度 5 公里 / 小时，绕城一圈要多久？根据求椭圆周长公式，计算结果大约为 80 公里，也就是 16 个小时，大概两个白天。但是，事实上你要进村子，东看西看，东问西问，还要休息吃饭，恢复体力，这么小的镇子，光凭走路就能累死你，还怎么做调查，怎么跟社会学竞争？最理想的方法，就是你的报导人会骑车带着你，去你想去的地方。当然，有时候还是有些小意外。我有几次在版纳调查的时候，报导人把自己喝倒了之后完全忘了还有我，我只得另找人带我回去，或者干脆自己走下黑魆魆的山路，一边走一边心里把佛祖、菩萨等各路神仙的名字都念一遍。

第三件事情，是“回来”。经过很长一段时间的田野之后，离开的时候你会非常舍不得，但是相信我，下次再回来的时候都需要鼓足勇

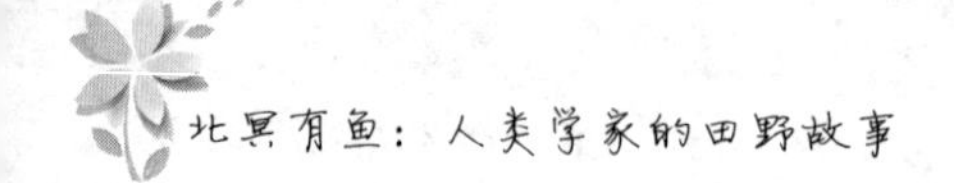

气，做好些心理建设或者心理麻痹。关系越熟，越暴露我们的短处。我们从当地人那里取走了他们文化的秘密，但是他们逐渐发现我们无法回馈任何实质性的东西。那位倒霉的前辈威廉·琼斯（William Jones）就是对此没有自觉，反而辱骂伊隆戈人，所以被这个著名的猎头民族给猎了。

这种内疚感总会出来折磨你。也许是如此，让人类学家觉得世界赋予他这么多，而他回馈的如此贫乏，因此没法儿理直气壮地宣布：我是来帮助你们的。他的天真成为他的伦理，成为丛林世界和文明世界中如此脆弱又坚强的边缘人。

我在“社会”里的位置：边缘女性群体的保护与包容

Yeon Jung Yu（西华盛顿大学　人类学系）

2007 年，我做了一项中国偏远南部低收入性工作者的民族志研究。当我着手进行我的田野工作时，我很快意识到我的计划非常富有挑战性，尤其是因为我与我所研究的这些性工作者之间文化经验的差异。我遭遇的巨大的文化震撼，来自于这个行业的特殊性以及我所观察到的社会经济差异。两位报导人——一位是记者，一位是公共卫生服务者——告诉我说他们注意到我最初到来时对于我所研究的女性群体的天真和谨慎。的确，这些报导人给我上的第一堂课是一些与工作相关的俚语，比如“手动刺激”（打飞机）和“常规性交”（打炮）。我需要具备使用这些俚语向性工作者询问直接问题的能力，这不仅是我成为她们网络的一部分的标志，也能让她们感到更舒服。

这些女性是非常聪慧的，我常常惊讶地发现她们在城市环境中的勇敢和冒险，尽管她们教育水平有限，家庭背景居于劣势。许多人假定性工作者是单纯的体力工作者，但这些女性做了非常大量的情感劳作。她们依据工作情境转换态度的能力经常给我留下深刻印象。大多数色情场所（发廊）是一个开放空间，被木质隔板所分割，隔板两边的人可以听到大部分发生的事情。我经常因听到性活动栩栩如生的声音感到尴尬，许多时候，这些女性栩栩如生的表演是为了显得她们自身非常享受。尽管如此，一旦时长达到 20 分钟，她们就突然提醒客人，到了停下来或延续下一付费时长的时候。

尽管我们之间存在明显的差异，但我的报导人很快接纳了我，并将我作为她们的姐妹，告诉我关于她们当地的世界，并分享她们的经验。她们无法想象一个 30 多岁的女性还在继续学业而没有任何工作经验，并且对于她们所谓的社会如此无知。正因为我的知识如此匮乏，我在姐妹间的“等级制度”中，仅排在年轻的 25 岁以下的性工作者之上。很多 30 多岁的女性已经到了鸨母或有经验的性工作者这一级别，因她们被称为姐。我通过称呼她们“姐”，来表达我对她们经验的尊敬，尽管事实上，她们中的一些人比我年幼。我最密切的报导人经常嘲笑我的问题，例如，当我问她们是否爱她们的常客，或者她们对客人讲的借口或故事是否是真的。

她们经常给我一些生活指导。她们告诉我，所有男人都“那样”，她们强调我应该接受这个现实并通过抓牢我的未婚夫、加强我的性需求、注意身材并且穿得再挑逗些来适应境遇。最后，她们送了我颜色鲜艳并非常色情的内衣（但穿起来非常不舒服）。

我最密切的合作者积极主动地和我分享她们的故事，鼓励我变得更能干，并在田野中保护我的财物和安全。这些女性认为做性工作者是她们在生存环境下最好的选择，尽管如此她们并不认为这是一份好工作。有时候，她们会关切地询问我的经济状况是否稳固，提议如果我急需用钱的话，可以为我介绍色情场所或者她们的客户。尽管如此，当我说我不需要的时候，她们都不鼓励我从事性工作，说这不是一份好工作。

当我在色情场所或者按摩店观察我的报导人时，嫖客有时候会选择我，这时候我的姐妹们会告诉他们我不做，他们需要另选其他人。可我的外表也非常普通（牛仔裤、塑料眼镜、背包），在我看来这是个深思熟虑的选择以显示我不是一个性工作者。我认为这很奇怪，就问我的“姐妹”为什么这些男人会选我，她们中的一个人就解释道：“苹果有一种口味，菠萝有另一种口味。如果你喜欢苹果——但你不能天天吃苹果！你需要偶尔去换一种口味。你就好比菠萝。”

还有一次，当我去拜访我“姐妹”的“姐妹”，一个相邻按摩店的老板和拉皮条的人将我误认为是性工作者（因为我和性工作者在一起），并跟随着我进入我“姐妹”玩牌的色情场所。当他靠近我的时候，所有“姐妹”和鸨母一起将他推了出去，说我不是她们中的一员。他不相信我们，并用他的食指触摸了我裸露的脚的边缘，并说：“来吧！”一位“姐妹”赶快抓住我的脚并坐到上面来，同时对他喊“走开”。这对我来说是一个惊奇和感动的时刻，特别是因为这个女人很害羞并拒绝参与我的访问。在我长期的田野工作中，这些女性让我感到亲近，并且她们非常呵护我——她们不希望我去忍受巨大的痛苦，无论是肉体还是情感上

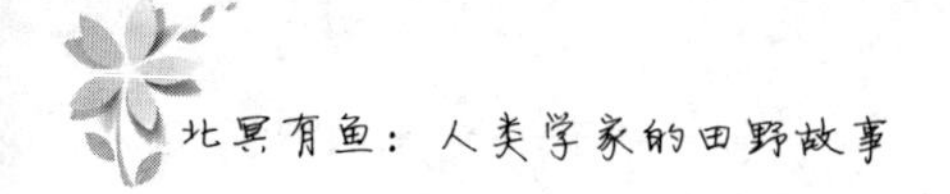

的，这些都是她们所经历过的。通过这个机会，我想对这些女性表示我最诚挚的感谢。如果在她们的环境中没有她们的保护和接纳，我的研究将是不可能的。

让我难忘的点点事

陈　刚（云南财经大学）

从事人类学研究工作已有20多年，往事如烟，留在记忆中的有许多是让我难忘的事。我1990年赴美国，到爱荷华州立大学师从黄树民教授学习人类学。当时爱荷华州立大学人类学系只有硕士项目，严格要求硕士研究生必修人类学四个传统分支学科（文化人类学、考古学、体质人类学和语言人类学）的核心课程。本科专业不是人类学的学生，第一年必须补人类学四个分支学科的基础课。我本科专业是英语，1983年毕业后在西安交通大学教了7年英语，自认为英语水平能对付学习要求，没想到上课第一学期就遭遇滑铁卢，差点被取消奖学金。按补课要求，我选择与本科生同上“体质人类学导论”课，授课老师是犹太人，其口音之重，让我怀疑他说的是否是英语，加上体质人类学课本中非常多的生僻的单词，我根本听不懂他在课上讲什么，只好课下拼命读书自学。我还记得系里有一间体质人类学实验室，设在大楼的地下室，有许多人体骨头标本或模型。白天地下室都显得阴森森的，晚上更加恐怖。而我到美国后第一学期的许多晚上都是在此度过的：对照课本，摸着人体骨头，努力想记住那些来源于拉丁语的单词，熬到半夜。在回宿舍的路上，要穿过一片小树林，林中常停满了巨大的乌鸦，对我打扰它们的睡眠，集体发出怒吼，有的甚至拉屎抗议。学业上的不顺、内心的孤独，使我总质问自己为什么要学人类学？自讨苦吃。好在，学期结束时，那位犹太裔老师被我认真学习的态度打动，给我 C- 的成绩，使我勉强保住奖学金（学校当时规定获奖学金的研究生，每门成绩不能低于 C），这也让我有信心继续学人类学。

从 1990 年我开始学习人类学起，迄今做了多少次田野调查，我已记不清，让我最难忘的是我为博士论文所做的田野调查，其时间之长，遇事之多，在我身上留下的痕迹，都是我做过的其他田野调查无法可比的。本次田野调查的时间是 1997 年 6 月至 1998 年 5 月，地点是重庆长寿县（注：现为“长寿区”）谢家湾。我的博士论文研究的是中国农村丧葬礼仪，并通过其在过去 30 年来的变迁来探讨中国农村社会和文化的变化。1997 年夏天，重庆出现了罕见的热，连续 40 余天没有下雨，气温非常高。村民们只能早晚下地干活，白天待在家里，这给了我许多同他们聊天、增强相互了解、建立良好关系的时间。但当我跟随报导人走路到其他村子为死人做法事时，就非常受罪，全身衣服，包括内衣裤，都被汗水湿透。赶到死人家后，我的主要报导人，当时 60 多岁，同 5 ～ 6 位合作伙伴，立即开始制作丧葬仪式用的各种道具。晚饭后，仪式开始，持续了一晚上。天明时，送死者上山，也就是到坟地入土安葬，最后仪式结束。我观察到我的报导人几乎一晚没睡，晚饭和半夜夜宵时，喝了很多酒，我认为他已经喝醉了，但到他做仪式颂扬死人一生辛苦养育后人时，他却声泪俱下，非常投入、感人。事后，我到他家访谈时，他告诉我酒能使他进入角色，做好自己的工作。我也曾效仿他，在丧葬仪式上，同他一起喝酒，结果是喝醉睡着了，没法进入他的境界。我的报导人给我上了一课，使我认识到仪式的外部表现形式能描述记载，但仪式表演者的内心情感却很难掌握。1998 年 5 月，田野调查结束，我带着收集到的丰富资料和一身虱子，回到美国，开始撰写博士论文。

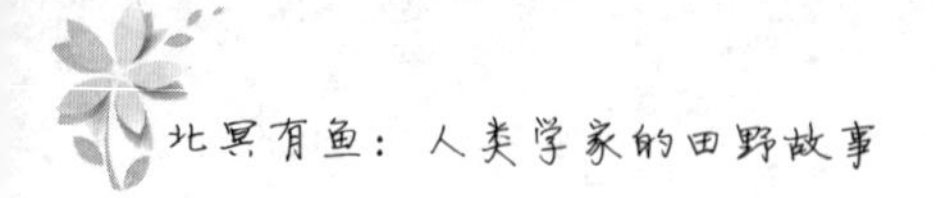

人类学家拿什么跟对谈者交换？

蔡　华（北京大学　社会学人类学研究所）

2006年底，应法国高等社会科学学院马克·阿贝尔（Marc Abélès）教授之邀，我参与了他主持的研究课题——对WTO的人类学研究。住所是人类学家田野工作的前提条件。当我准备赴滇西北的纳人社会从事田野工作时，我知道可以先到目的地找一个招待所（20世纪90年代之后还有小客栈）住下，然后再去寻求合适而且可能接待我的人家。可是，当田野是日内瓦这样的城市、研究对象是国际机构的职员时，事情就完全不同了。必须预先在城里订妥住房，方能成行。为此，几经周折，两次推迟出发时间，2009年11月我终于启程，赴日内瓦对WTO进行了为期三个月的田野工作。

1988年夏，往南斯拉夫的萨格勒布参加第三次国际人类学和民族学大会，途经日内瓦，其市容之整洁豪华、莱蒙湖之清澈、终年积雪的阿尔卑斯之清新给我留下了一幅风景画般的印象。抵达日内瓦时，我立即想起童年常听家乡人说的一句话：昆明乃东方日内瓦。自然给不同的群体以相似的环境：高山怀抱一个湖泊，湖畔置一城市。可是，一经人手，面貌便已隔世：一个湖水无比清澈，可直接饮用；另一个却成了一池污水。

这一次相见，莱蒙湖的风姿依旧绰约，而日内瓦的市容已大不如前了。移民的到来带来了多元的文化，当然随之而来的还有多元的卫生标准。公交车上的老太太抱怨："日内瓦如今成了一个大垃圾桶。"

抵达日内瓦的次日，按照电话预约的时间，上午十点半我终于抵达田野目的地——莱帕特中心。总干事长拉米（Pascal Lamy）的秘书维克托莉亚到门卫处热情地迎接了我，随即陪我到大门外的警察办公室办理了出入证，然后带我参观了大楼：各种职员办公室，大大小小的会议室，咖啡馆，食堂，图书馆，内阁办公室，还有著名而神秘的"绿屋"，最后是为我们这个国际人类学团队安排的办公室。

与坐落山脚的依瞒、阿郭等粗糙简陋的纳人村寨不同，此次我田野工作的村子是WTO总部所在地莱帕特中心。虽然与联合国总部、联合国妇女儿童基金会、国际气象组织等壮观、现代化的建筑相邻，但那却是一座造型呆板的暗灰黄色建筑，内部厅堂地砖和墙壁基调多为褐色或黑色，让我疑似置身教堂。难以想象一个为全球贸易格局制定方略、引领全球贸易发展的组织竟然蛰居在这样一座昏暗的建筑中。所幸，推开为我们安排的办公室窗子：滨湖的参天大树、从窗下一直铺展至湖边青翠的大草坪、依偎在由白至灰而墨的群山下碧绿的湖水，荡尽了这座建筑里里外外的线条、色彩和光线生出的沉闷。

之后，我随着她再次来到内阁接待室等候与这里的"村官"约谈。

与进入永宁不懂纳语两眼一抹黑的情景相比，凭着在巴黎、伦敦和牛津15载的阅历，以及讲了十来年的法语，我虽不知却也无意预测这个寨子会以怎样的方式接待人类学家。潜意识里认为不会发生什么意外的事情。

第一个实质性地观察我和我所观察的村民是WTO内阁办公室主任。这位来自巴西的外交官热情而干练，握手十分有力，一上来便说道："这里的人都很忙，非常实用主义，干什么都需要交换。如果你提出访谈要求，他们会问：'你写的东西对我有什么用处？什么是你们的研究目的？我花时间告诉你这里的事，你给我什么作为交换？'所以，必须准备好应答，而且必须是聪明的对答。这里的人不喜欢愚蠢的问题。"

他的坦率让我稍感唐突，而且十分意外。WTO真是一个彻底的贸易机构！不准备交易的人就没必要到这里来。交换，人类学家多么熟悉的主题哦！可是，一个人类学家可以拿什么来跟他们交换呢？

事后得知，对小组里先我而到的其他人类学家，他也是报以同样的欢迎仪式。

这位外交官颇善于同人类学家打交道。他告诉我，列维－斯特劳斯在巴西学术界影响很大，并随口提到了后者的几本重要著作：《亲属关系的基本结构》《神话研究》等。然后非常有人情味地、也是非常职业外交官式地询问我此前的研究。我三言两语给他勾勒了我十分珍视并烂熟于心的纳人文化的基本特征。他立即回报我以他在巴西的见识：

> 大学毕业后，我去巴西北部靠近委内瑞拉边境的亚诺玛

米人部落做助理，代替了服兵役。当地政府正在为那里的印第安人兴建一所医院，我的职务是助理，担任行政和档案管理工作。该民族有婚后仍常与情人幽会的习俗。丈夫幽会被视为正常，而妻子的私情一旦被发现，丈夫有权对其施以暴力。同时，他们拥有“信用制度”：妻子可以先请求丈夫责打，之后即可坦然消费她的幽会信用。

天下之大，无奇不有。作为亲属关系人类学专家，我熟读了各种关于夫妻之道的记述，但是他的故事仍然让我深感惊讶，我不得不赞美这个民族“制度创新”的天赋。

轻松的谈话氛围里，他善意地提醒我：“这里的人不喜欢抽象的学术问题和貌似深刻的书呆子。不要跟他们谈你们研究的深远意义。在访谈中要用平实的语言，而不是书生的抽象话语。否则不但影响沟通，而且还会引起不适，使人丧失谈话兴趣。相反，在访谈中，什么问题都可以问。这是一个强调对世人都讲究透明性的机构。”他的坦诚和善意，以及其意见之中肯给我留下了深刻印象。的确，人们凭什么就一个他们每日处理的、已经是无聊的日常工作的话题与我们这些既不是经济学家、也不是法学家、更不是政府贸易官员的人类学家做充满激情的交谈？

人类学的基本特征是，人类学家必须参与观察和深度访谈，而不是仅仅依靠文献或主要依靠文献。田野工作的艰难在于，人类学家需要倾听当地的人们长时间地、仔细地讲述他们的文化和生活方式。就此而

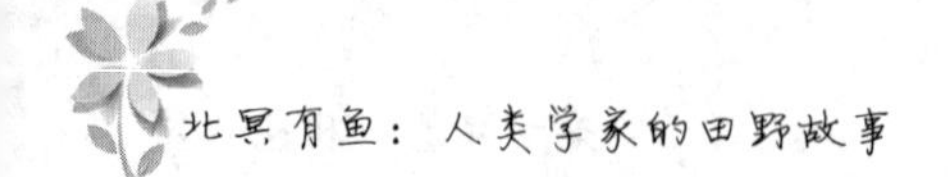

言，如果说在任何地方从事田野工作都不是易事，那么到WTO进行田野工作就更难。在WTO第七次部长级会议期间，一次工作午餐时，课题组的几个同行谈到调查中遇到的困难，有着在法国国民议会、欧盟和其他行政机构长时段田野工作经验的Abélès教授感叹道:“这是我所遭遇到的最艰难的田野”。

进入田野一段时间之后，我发现秘书处四百多人中鲜有知道在莱帕特中心游荡着一个人类学家小组，虽然WTO总干事拉米认为我们的工作以人类学特有的视角从多元文化解读WTO具有重要意义，却没有告知WTO秘书处其他成员，更没有请他们接待我们。课题组的成员只能各显神通。

神圣的田野

张小军（清华大学）

距离第一次到福建阳村的1993年，已经过去20多年了。博士论文的田野通常是一名人类学家的学术起点，亦是难忘的人生记忆。记得在阳村第一次看到堪称壮观的宗族祠堂，听理民老人给我讲述余、李两座宗族祠堂在唐宋曾经为功德寺院的故事，令我十分兴奋，因为在一般的观念中，儒家祠堂无论如何与佛教寺院不能画上等号。我的田野工作，也确实证明了华南历史人类学研究的一个观点：华南宗族主要是明代的文化创造。20多年后的今天，常常有学生问我毕业论文有没有发表？是啊，自己学生的毕业论文有的已成书，而老师的毕业论文依然“沉默”。

宗族研究一直是中国人类学的主要研究领域之一，无论是以弗里德曼（M. Freedman）、詹姆斯·沃森（J. Watson）为代表的外国学者，还是以许烺光为代表的华裔学者；也无论是以林耀华为代表的老一代中国大陆学者，还是以1949年以后的芮逸夫、李亦园、谢继昌、吴燕和、陈亦麟等为代表的几代台湾学者，几乎所有研究中国的人类学家对宗族研究都有涉及。华南宗族在明代中期前后大规模创造的历史史实，是华

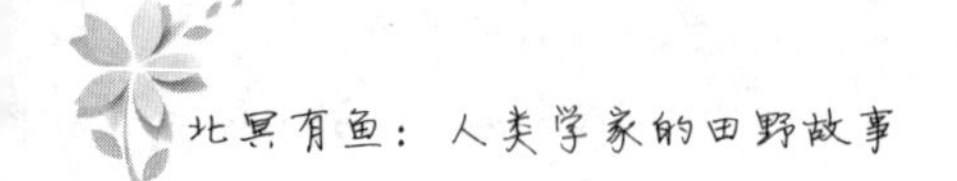

南历史人类学研究的重要贡献之一。1997 年，当我完成阳村宗族的毕业论文时，学院曾因成绩优秀而为我申请了中文大学毕业论文的出版资助。当时我自己并没有意识到，一个伦理问题已经横在面前，更没有想到的是，它后来改变了我当年研究的一些重要观点。

在某种意义上，或许应该庆幸当年论文没有出版，因为如果论文出版，无疑会伤及阳村的百姓，特别是伤害曾给我很大帮助的那些热心宗族事业的老人。原因很简单：我在田野中得出的结论，表明他们的宗族并非那样古老，而是明代造就的。这一结论恐怕会令他们难以接受。前两年，余氏族长邀请我给余氏的祭祖纪念册写序。我先是犹豫是否要顺应他们对自己祖先的理解，之后还是答应了他们的请求，因为他们对自己祖先的真诚让我无法拒绝，而我与他们在田野中建立的感情其实已经超越了论文中的真实发现。从学术的视角，也许我有充分的理由叙述历史真相，但是从当地人的视角，他们的感受谁来尊重？我曾经做过一个决定，无论毕业论文能否发表，哪怕永远沉寂，我也不能以伤害百姓为代价。

这些也让我慢慢检讨自己，为什么对历史上的宗族以及祖先的创造会在我的心底被视为“负面”——尽管在论文中我始终保持中立的立场。想到中国和西方的许多“祖先”其实都是文化的创造，无论是伏羲、女娲还是亚当、夏娃。这些创造出来的祖先无一不带有自己的神话，而神话无一不带有虚构的色彩。为什么我们可以容忍这类祖先的创造和神话，却不能接纳华南历史上创造的祖先？华南宗族和祖先的文化创造难道不是百姓们心中的神话？学术和价值上的褒贬并不能掩盖宗族是千百万百姓的选择，哪怕它是工具性的选择。作为表征性的事实，作为中国社会几乎最重要的集体表征运动之一，这场造宗族的革命对于后来的中国社会影响巨大。为何我们不能够回到历史中去设身处地地理解它？实际上，发生在当地的关于宋代理学大师朱熹以及他的老师李侗的故事，也有不少是虚构的，包括"国家"，亦是这类虚构的中心"忆题"。正是通过这些共同体的想象，宗族的想象后来实化为宗族的客观事实，进入到华南的社会结构；而"国家"的想象也通过宗族的虚构进入族谱，深入民间，来到百姓们的身边。宗族的创造，甚至改变了中国社会后来的走向。尽管儒家在国家上层治理上贡献有限，但是其宗族文化在民间社会影响巨大。历史上几代新儒家的运动，无一不与民间社会紧密联系，带来的是一种"文治"的结果。田野中，我曾和理民老人编撰了《福建杉洋村落碑铭》并得以出版，老人已经过世多年，我却无以回告。而现在，我觉得可以慢慢整理论文，在适当的时机出版了。因为我可以在充分理解他们的基础上，来叙述他们如何创造自己的祖先神话，来建构他们理解的"国家"。我希望通过难得的历史田野，来展现华南历史的另类真实。

伦理的自觉对人类学家来说至关重要。曾经有人问我，在一个千年古村落里做田野，有没有收集古董？这让我想起了余祖祥的宋砚。祖祥曾经在"文革"前就读于古田三中，学习成绩优异，但由于家境贫寒，他只能在初中毕业后回乡务农。那年，祖祥拿着一方宋代的簸箕砚找到我，问我能不能帮助他在北京荣宝斋问问价格，请我帮助他卖掉这方古砚。我当时拍了照片，顺口答应帮助他问问。但是职业伦理让我对此事有些顾虑，因为我很难接受在田野中成为古董买卖的“中间人”。离开田野后，我并没有把此事特别放在心上，但是两年后，就听说祖祥身患癌症，不久就去世了。据说是因为看不起病，他一直自己坚持用中药治病。祖祥才华横溢，自学中医，在村中也算半个郎中，至今他母校的校歌还是他填写的歌词。他在田野中也对我帮助甚大。我追悔如果当初帮助他卖掉宋砚，也许他不至于经济拮据，也许可以挽回他年轻的生命？另一件让我至今痛心的是那纸清代贡生状的丢失。那年余氏祭祖，一位村民把他家里珍藏的他爷爷的贡生状铺在地上给我看，在熙熙攘攘围观的人群中拍照之后，我以为铺在地上的这状纸自然会有家人取走，后来却得知它丢失了。这让我十分自责，如果我稍微用点心，也许就不会发生这样的事情。当你在自己的田野中投入情感，成为他们的一员时，相信你会替他们更加珍惜自己的文化，相信你无法去搜集任何一件古董来换取商业利益，因为它们承载着太多的历史和文化。我曾经在介绍阳村的《蓝田》一书中感叹阳村文化的逝去，希望乡民们永远留住、守住他们宝贵的文化。这些文化是无法用金钱来衡量的。

是田野，是那些真诚的乡民、纯洁的友情、历史的丰厚、文化的深邃，给了我一生的学术营养和动力。我永远不会玷污这片田野，因为田野永远都是人类学家的神圣之地。最近在云南的一个哈尼族乡村，村民告诉我这里曾经有一位女性人类学学生来做毕业论文，因为语言不通，她以不适当的方式——假谈恋爱来获得一位小伙儿的帮助，通过他来翻译语言，帮助她完成对村落的了解。当她结束田野离开时，哈尼小伙得知真相，痛不欲生。先是吸毒，就在半个多月前，听说他又喝了农药自杀，虽然被救，但是精神几近崩溃的淳朴小伙儿怎能继续接受严酷的事实？同情和惋惜之余，我深感田野中的伦理问题依然在继续，依然是学生们的重要课题。我希望学生们知道，尽管学术是高尚的，但是学术永远没有伦理上的特权！

田野的神圣，在于它不仅是人类学家的他者家园，更是我们获得人类知识的源泉。我们由此探索人类的知识，并将它们传递给全人类，此乃神圣之源。互主体的尊重、友谊、理解和情感是田野的灵魂，田野的人民永远是我们的衣食父母。就在即将完成这篇短文的刚刚两小时前，传来陕西白水县扶贫办韩晓刚主任突然逝世的消息，令我十分震惊和悲痛。去年因扶贫调研与他相识，随后我被白水的社区发展基金（CDF）项目所吸引，后来还专门带学生进行了一次补充田野调查，写了关于白水的三篇论文，希望促进白水 CDF 项目的可持续发展。没想到晓刚却匆匆离开了。晓刚不满 50 岁，可谓英年早逝，他完全是累倒在扶贫的第一线。晓刚不仅留给了我们难得的白水农民共有金融的实践，他还和一群理想主义者与乡民一道，创造了难得的共有经济神话。借此机会怀念晓刚，也希望向晓刚、理民老人和祖祥这些所有的田野故人深深致敬！

田野永远是神圣的，但愿人类学者永远不要辜负这片热土！

舌尖上的田野

郑少雄（中国社会科学院　社会学研究所）

我在田野中的饮食遭遇真是“罄竹难书”。

作为一名南方沿海人，我自小习惯吃海产品和蔬菜。尤其奇葩的是，当世界越来越“扁平化”，全球饮食文化几乎达到“你中有我、我中有你”的状态时，我的饮食习惯却越来越趋于原教旨主义。简而言之，除了猪肉 / 大肉，我拒绝陆地上的一切肉食，尤其是牛羊肉。而作为一名以研究异文化为天职的人类学者，我的兴趣领域却一直在亚洲内陆边疆，尤其是蒙藏地区。这一感官（自然）排斥与精神（文化）热爱之间的悖反始终伴随着我的田野经历。

最初的田野研究地点在四川康定。一开始住在县城的时候，城市的便利拯救了我。我寄居在当地朋友格桑降措家里，格桑是个单身汉，我们可以方便地选择自己动手或是上街觅食，可以自由决定饮食的内容和形式，尤其是将军桥安觉寺边上的“麻哥面馆”更是无数次地充当了我们的庇护所。当我翻过折多山去了关外地区时，问题出现了。关外人家，尤其是牧区，日常正餐除了牦牛肉和块茎类植物，很难有别的选择。我不好意思告知自己的偏好，只能挑一些边角料吃。时间一久主人就知悉了其中的蹊跷，于是经常煮一种素面块，偶尔也能买些猪肉回来。让主人全家迁就我的饮食习惯让我寝食难安，后来我挪到下木雅地区时，想办法搬到了半山腰的S寺去住，原因是同意和我搭伙的多吉堪布早已彻底吃素了。

后来我又辗转到内蒙古鄂尔多斯的一个半农半牧嘎查。嘎查里的蒙古族总是热情地用手抓羊肉或炖羊肉招待我，这同样戳中了我的死穴。我总是低头就着凉菜吃米饭和馒头，这让主人们无比诧异，在他们看来，草原上放养的羊简直是无上的美味，因为这些羊“吃的是中草药，喝的是矿泉水，拉的是六味地黄丸”。不消几日，整个社区都流传开了我的饮食怪癖，主妇们为如何招待我而忧心忡忡。几年里我屡次重返嘎查，牧民之间仍旧以“这个后生不吃羊肉”来表达他们的为难和不满。

较之藏区，蒙古族的饮食变化更明显。在藏区我被迫“遁入空门”，在蒙区我却仍能苟活于俗世。蒙人从汉人学来的养鸡养猪风气已经颇为盛行：草原飞鸡下的蛋，煎熟后金黄得像是夕阳下的库布其沙漠；家养的猪肉不但可以吃上大半年，请客吃“杀猪菜”甚至已经成为蒙人重要的仪式场合。更为叫人吃惊的是，受藏传佛教影响的蒙人原来并不吃鱼，但现在草原上已经陆续出现了人工鱼塘。鸡、猪和鱼塘导致的生态后果在此暂且不表，但至少无数次抚慰了一个人类学者的舌尖和胃肠。

詹姆斯·沃森（James Watson）曾经通过香港新界客家盆菜的研究指出，饮食是表征社区融合最有力的工具。在这个意义上，我无法与本地主食兼容的饮食“恶习”几乎注定了我的田野绝境。聊以自慰的是，一方面，我对糌粑和大茶（藏族）、沙芥菜和糜子奶茶（蒙古族）的由衷喜爱部分弥补了我的过失；另一方面，人类学者与“土著”们其实都心知肚明，正是因为相互之间的这种差异性和他者性（otherness），才吸引双方在某时某地交汇，并或长或短地度过“在一起”的时光。

那年·遇见花开

林　红（中国社会科学院　社会学研究所）

2008年11月4日，深夜，肃南牧区，我猛地从梦中惊醒，眼前恍惚是一张年轻的面孔。

2014年2月20日，北京，我提笔，忆起那夜梦中年轻男子的面孔，被惊醒后久久难以平复的愤怒仍旧令人心悸。但，只是记忆而已，那时那刻的愤怒已然转化为此时此刻的感恩。

那一年，我在田野。他22岁，是村里走出去的唯一的大学生，毕业后又回到牧区，在邻村做大学生村官。他瘦高个儿，麦色皮肤，细长眼睛，高颧骨，窄下巴，典型裕固族男子的身形和面容，一副眼镜又让他多了一份淡淡的书卷气。

我进入田野的第一天，就被乡政府派车送到了他所在的村，以一种很正式的方式交接给他。当时，我并未充分评估这种交接建立起来的我和他之间的关系会给自己的田野调查带来什么影响，只是单纯地认为这种方式能够让我迅速地进入田野，而他就是我的那扇门。

事实的确如此。他生长在牧区，熟悉周围的每一个人；能说流利的裕固族语，这在年轻一代裕固族人中已不多见；大学毕业，思维敏捷，能迅速明白我的想法。最重要的是，他因工作需要，时常走家串户，传达政令，收缴费用，了解民情，而我可以搭乘顺风摩托车。

在牧区做调查，交通应是最大的挑战。两户牧民家，近则二三公里，远则十几公里的山路。在他的管辖村做家谱调查时，坐他的摩托车，一户挨着一户走，为了方便我，他原本两三天就能做完的家访，硬生生用了八九天。当我转战到邻村时，才真实体会到他的顺风摩托车的意义。在邻村，差不多的户数和路程，没有专职的摩托车，我只能采取一户一户接力的方式，即第一天在A家，第二天由A家坐摩托车到最近的B家，第三天再由B家到就近的C家，以此类推。如遇主人家年纪太大、不会骑摩托车或没空闲，就免不了耽搁两天。于是，邻村的家谱调查我做了近一个月。这一个月，让我真切体味到身不由己的疲惫，以及深深的浮萍飘零的孤独感。于是，我格外珍惜他每一次走家串户的机会。

忽然有一天，在我跟着一家牧户转场的途中，有人与我打招呼，第一句话便是："咦？你怎么没有跟着～～？"我一愣，旋即一笑。那一刻，我被对方的问题砸懵了，大脑里条件反射地蹦出一个反问句："我为什么要跟着他？这是我的调查。"遗憾的是，我当时并未深究对方打招呼的那个问题，也没有深究自己潜意识里蹦出的那个反问句。

直到有一天，他与我说起村里的一对叔嫂恋。一对兄弟，哥哥已婚，育有一儿一女，弟弟未婚，一直与兄同住。近几年，哥哥长期在外放牧，于是传出弟弟和嫂子好上了。我问："怎么知道他们好上了呢？"

他说："那兄弟经常骑摩托车在村里跑，后面坐着他嫂子，哪有一个女人经常坐男人的摩托车到处跑的，除非是自己的媳妇。"说者无心，但听者有意，我试探性地问："那我经常坐你的摩托车，村里人会不会有说法呢？"他腼腆地一笑，说："你不一样的"，便再无后话。

但是，我的担心却渐渐演变成了焦虑。那时，我进入田野已近四个月，与村里人早已熟络。初始，人们与我打招呼便会问起他；后来，爽朗的大婶们便开玩笑："你反正还没有结婚，干脆把男朋友甩了，就嫁我们牧业上的小伙子吧"；再后来，玩笑更加肆无忌惮了："你看～～怎么样？就嫁他吧"。从最初一两个人这样开玩笑，到后来人们逢我便如是说。于是，我从开始的毫不在意，一点一点地变得不耐烦，并逐渐焦虑起来。之后，我刻意疏远他。数月后的宰牲月，一家牧户宰牛，邀请我去吃新鲜牛肉，与他再次遇见。我不理不睬，他时不时拿眼神瞟我，小心翼翼。一位熟悉的大哥发现了异常，笑问我："你为什么不和他说话，是不是吵架了？还是见到他害羞不好意思？"一听这话，我心里乍地腾起一股怒气，但又发作不得，只能一笑了之。但面上的笑容，却无法消解内心的愤怒，直到那晚噩梦，惊醒后，仍旧清晰地记得那张面孔。他，已入了我的噩梦。

时至今日，犹记得那年7月，草原上漫山灿烂的金盏花和紫云般的马莲花。记得他问我："如果我结婚了，你会来参加我的婚礼吗？""如果我死了，你会来参加我的葬礼吗？"当时的我，非常果断地说："不会！"那时的我，不分青红皂白地将所有怒气都撒向了他，归根结底是怪他没有在第一时间告诉我一个未婚女子经常坐未婚男子的摩托车意味着什么。

前些天，得知他即将结婚，他的妹妹问我是否回去，我毫不犹豫地说会。事过经年，才明白，当初对他的那份怒，其实更多是对我自己的，只是，他成了那个借口。如今，那份记忆在岁月中沉淀后，愈见芬芳；也才知道，那年草原上的花，开得如此美好。

示人以弱露真情：从我在田野中的第一次落泪得到的感悟

褚建芳（南京大学　社会学院）

有人说，在别人面前落泪是懦弱的表现，因此羞于表露出来。不少人类学者在做田野工作的时候也会有这种想法。对我而言，在田野中落泪的情形颇有一些，在田野对象面前落泪也有两三次。不过，我并不觉得在田野对象面前落泪有什么羞于启齿的。尤其是，落泪让我感受到了田野对象对我的关爱。

14 年过去了，但我当年在田野工作中第一次落泪的情形仍然非常清晰地印刻在我的记忆中。事后回想，心情自然不像当时那样有着深深的痛苦、委屈和失落，而是在觉得好笑之余，多了一份感慨。这份感慨就是：热嘴唇碰冷屁股的事并不少见，而伤人最深者常常是自以为很亲近的人。

2002 年的春天，清明节刚刚过去一个星期多一点的样子，寨子里热闹的泼水节已经过去，正是西瓜大批上市的时节。这年是西瓜的大年——由于此前的丰收和获利，芒市地区各个村寨的村民们这一年大量种植西瓜，而且西瓜获得丰收。然而，收获的西瓜很多，当地市场根本

消化不了，甚至连寨子里大量喂养着的猪们都奢侈到只吃西瓜最中间的最甜的那一小块。在这样的背景下，前来收西瓜的老板一下子变得炙手可热，言谈举止中显露出一种高傲和嚣张。

一天上午，我正在那目寨主干道上做田野，一位家在佛寺附近的大妈找到我，对我说，当初我是镇上派车送下来的，现在镇上的领导恰好在寨子里开会，希望我帮忙问问镇里能不能派一辆运西瓜的卡车。她说，家里好不容易来了一位收西瓜的汉族老板，可是他没有卡车，要让大妈自己找车。大妈没有办法，只好找我帮忙。看着大妈充满期待的眼神，本来不想掺和此事的我只好答应帮忙问一下。恰巧当初一同送我到寨子里的一位镇上领导路过，我便上去询问，领导告诉我，镇上没有卡车。看到大妈满脸的失望，我心中不忍，便同她一起到她家里见见那位汉族老板。

这时，我来到云南芒市已经三个多星期了。在这段时间，我只能用刚刚学会的一些傣语同村民们交谈，感觉已经有很长时间没有讲汉语了。而且，最初的新鲜感渐渐淡去，开始产生了一些想家的感觉。所以，当我听到收西瓜的老板是汉族人时，想去见见他们并同他们讲讲汉语的愿望是非常强烈的，甚至有些像是去见久违的亲人一样。

可是，当我满怀兴奋与激动地来到大妈家见到久违的汉族“老乡”时，还没跟他们交谈几句，便被他们的“不领情”伤到了心。

我：“你们好。”

他们："……"

我："你们是从哪里来的？"

他们："你是从哪里来的？"

我："我是从北京来的，你们呢？"

他们："跟你没关系吧？"

他们没有笑容，实际上也没有回答，态度有些敌视。我应该感到有些不舒服，但心情仍然处于终于见到亲人的兴奋中，没有在意他们的态度。

我："没什么，就是问问。"

他们："……"

我："你们怎么没带卡车？"

他们："关你什么事？"

这下，我有些听出他们的敌意了，但我还想交谈下去："当然不关我什么事，我只是问问。不带卡车运西瓜不方便吧？"

他们："这个不用你管。"

我："我也不想管。"

他们："不想管你来干什么？"

我又没有招惹你们，只是想过来跟你们聊聊天，怎么这么没礼貌？我有些怒了，"你们不带车来，让村民怎么能找到车？"

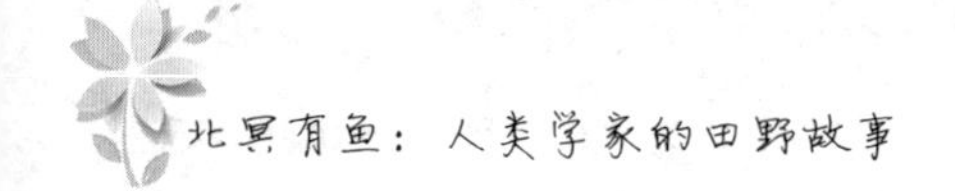

他们：“这个用不着你管。”

我不想再跟他们讲话，边往外走边说：“早知道你们这样，我就不会来跟你们聊天。你们这样的态度，怎么能做得成生意？”

出来后，我的心情很糟，脑子里一片失落、茫然和委屈。没想到满怀激动地跑去跟他们聊天，却碰到这么绝的回答。这真是热嘴唇碰冷屁股。我没有心思再做什么田野，准备回房东家休息。

到了寨子中间通往村委会的路口，一位在路口铺子里卖东西的大妈跟我打招呼。我在铺子口坐下来，把刚才的遭遇讲给大妈听。铺子口还坐着其他几位大爷大妈。听到我的诉苦，他们纷纷对我说：“别招惹那些汉人，他们可凶了。如果惹怒了他们，他们会来烧你的房子的”。此后，他们又安慰了我好久。

我心里一片感动和感激：伤害我的是我自认为很亲的“乡亲”，安慰我的却是我的这些遥远边寨的田野对象！而且，在这样的诉苦与安慰中，身为“汉族”的我，被寨民们看成了跟他们一样的同族乡亲，而不是一个可“凶”的“汉人”！

我的另外一次落泪发生在我在寨子里生活了三个多月的时候。那天下着小雨，看到寨子里的村民们家人团聚的样子，我想家了，便到寨口给家里打电话。当时母亲没在家，我便到在佛寺门口铺子里卖东西的老奶奶那里坐着等候。聊天时，老奶奶问我想不想家，我的眼泪便止不住落了下来。老奶奶一边拿出一些吃的给我，一边不断说着安慰我的话。

后来，老奶奶常拿我掉眼泪的事取笑我。我对老奶奶也不“客气”，有时到她家里或她的铺子里时，还会厚脸皮地向她要吃的。

对于这几次落泪，我的感悟是：人类学者也是人，而且是食人间烟火的凡人。所以，同其田野研究的对象一样，人类学者也有七情六欲和喜怒哀乐，有自己的弱点和不足之处。那么，与其在田野中假装坚强、强大或无所不能，不如直面自己的弱点，适当地示人以弱。这样，人类学者在田野对象的眼里才是活生生的、真实的人，才是值得与之交往的人。这样，人类学者的田野工作才能获得真正真实的资料。要知道，人类学者在研究田野对象的时候，后者也在研究前者。

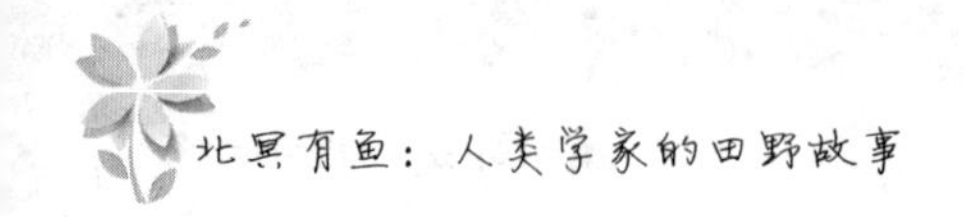

田野逸事一箩筐

侯豫新（清华大学）

古人云：“读万卷书，行万里路”，而列维－斯特劳斯在《忧郁的热带》的开篇处直言不讳地说：“我讨厌旅行！”……然而，对于我们这些学人类学的人而言，从书斋走向田野是一个必经的过程，对田野的无限想象与渴求已然消弭了这一切，只有一种强烈的冲动牵引着我们的心绪——“去田野”。而只有当我们真正去到那里，才深切地体味到其中的诸种滋味。今天，我就和大家聊聊我博士期间在图瓦村落田野调查中的一些逸事，故事的主角除了我，还有马夫与蚊子。

马　夫

房东的儿子因为学费的原因放弃了去内地求学的机会，夏日里主要通过租马赚些零用钱。因为各种原因，参与租马的大多是村中的哈萨克族，少有图瓦人参与。

每日里，巴尔（为了保护当事人的隐私，使用化名）早出晚归，他的汉语很好，他今年租马的动力就是买一部最新款的手机。

这一天，因为天气的原因，他回来得比较早。晚饭的时候，我和他提起想去看看他们是怎么租马的。他看了我一眼，面带笑容地说："好啊，要不这样，你也来体验一下马夫的感觉。我给你再找一匹马，明天我们一起去租马。"

翌日晨，我们一同来到了租马中心，在这里，聚集了很多的马夫与马匹。马夫大多是哈萨克族人，在这里闲聊并等待旅游大巴车的到来。不多会儿，第一辆大巴车来到了这里，从车上陆续下来了很多游客，他们用好奇与期待的眼光打量着周遭。这时，马夫们一同涌向了游客，招揽生意。巴尔却并未加入人潮，而是默默地打量着他们。我好奇地问："你为什么不上前揽客。"他说："客人会找到我们的千里马的，不用急。"大部分马夫都谈妥了生意，租马中心的马越来越少，最后只剩下我们两个人在那里等候。这时，身后传来一个声音："请问你们租马吗？"我们回头望去，是一对母女。谈妥了价钱，我们朝观景台出发。

在路途中，小女孩好奇地问道："哥哥，感觉你不太像图瓦人啊？！"我说："为什么啊？"她笑着说："因为你长得不像啊！"我尴尬地说："其实，我是来这里做田野调查的，今天就是来体验一下租马的生活。"正当我感到尴尬的时候，巴尔说："小姑娘，他是图瓦人。"小女孩丈二和尚摸不着头脑，满脸困惑地说："他不是说他是来做田野调查的吗！？"巴尔笑了笑说："是啊，但是，我们已经把他当成一家人了。"这时，一种莫名的感动涌上我的心头……

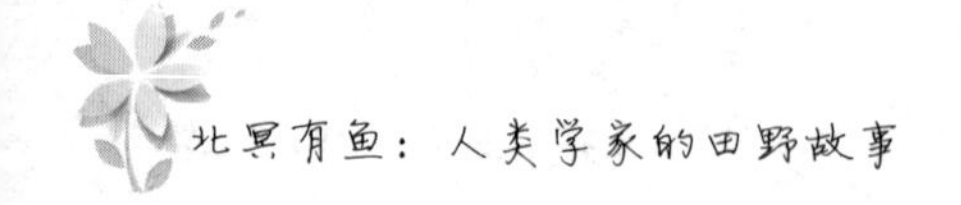

蚊 子

很快就到打草的时间了，房东家的人手不够，从牧区请的一个哈萨克族小伙也因种种原因迟迟不能赶到。这日，晚饭的时候，房东家谈起了打草的事情，并决定不等了，翌日就要开始打草。我问道："不知能不能让我也去帮忙？"房东看了看我说："你是我们的客人，不行，不行！"这时，女主人说："是啊，还有这里的蚊子很厉害，怕把你叮伤了。"巴尔打趣地说："是啊，我皮糙肉厚，蚊子都懒得搭理。看你细皮嫩肉的，那可就麻烦了！哈哈……"最后在我再三坚持之下，主人终于同意让我参与翌日的打草工作。

太阳出来时，我们便准备好了各种打草工具。出发前，巴尔还一再提醒我要带上太阳帽，穿上长袖，防止蚊子叮咬。还说有什么防蚊秘密武器，到了地方再让我使用。到了草场，放眼望去，十分开阔。这时，巴尔从口袋里取出几头大蒜递给我。我不解地问："这是干什么？"他诡秘地一笑："这就是我提到的防蚊秘密武器啊，吃了它，蚊子就不敢骚扰你了。"我犹豫了一下，心想：来图瓦村落调研之前，我基本不吃大蒜，就算吃也只吃一点，尽管深知它的好处。但是，我从小就不喜欢这个东西。今天要让我一次吃这么多，简直太挑战我的极限了。站在一旁的巴尔似乎看出了我的心绪，诙谐地说："你再不吃大蒜，蚊子可要吃你了。哈哈……"这时，我无奈地说："还是等等，再等等，如果实在不行，我再吃吧？！"巴尔朝我诡笑了一下。

打草开始了，还未过多久，我突然感到身上有几处被蚊子叮了，因为只是几个红点，并未引起我的注意。不过，很快之前被蚊子叮咬过的地方已经开始肿胀变大，并出现了瘙痒的症状。尤其难受的是我的嘴唇处也被叮了，随着时间的推移，越肿越大。中间休息的时候，巴尔诙谐地说："你的嘴唇被哪个美女蚊子亲过了呢，变得这么性感！"我下意识地用手捂住了嘴唇，尴尬地说："别再开玩笑了，当时真该听你的，看来还是你们更懂蚊子，快把大蒜给我。"我索性屏住呼吸，皱起眉头，大口吃起大蒜来。当我放松呼吸的时候，四周弥散着浓重的蒜味，将我紧紧包裹。我那纠结的表情加上红肿的嘴唇逗得大家大笑起来……

埃及大花袍

——记来自田野的穿衣震撼

王晨娜（中央民族大学）

2014年的夏天，我在埃及做调查，恰逢当地局势动荡，所以每天出门前都会特地请胖房东来帮我看看着装是否得体。每每此时，他都一本正经地用阿式英语手舞足蹈地说："你今天的裙子没过膝！不安全！""你不能这样光着脚（穿拖鞋）！不好！""你的袜子露脚踝了，不行！"……

默默地按照房东的建议逐一整改，满以为当我在拖鞋里套了棉袜、膝盖上罩了第二条裙子之后，就可以安然出门了。却发现他还是一副"这身装扮怎么能出门！"的表情。然后，这位认真的胖房东打量着我的脖颈又一脸严肃地指出："你这件衣服的领子实在是太低了！必须遮住！"

我委屈地低头看着那件已经遮住了锁骨的衣服暗自嘀咕："我不是外国人么？！也要包得这么严实么？！"百思不得解，但还是遵从智者言，围起能遮住锁骨和半张脸的围巾，摆出一副准备被热死的样子。

为了抵挡埃及热情得让人难以招架的阳光，外出时我总会戴一顶大帽子——这个举动让房东十分满意。据说，在许多阿拉伯人的潜意识里，出门不戴头巾的女人就像舞娘，不能够被视为良家妇女。为了给调查对象一个好印象，我总是极尽能事地将自己包裹得严严实实。最终，我在阿拉伯世界的打扮就成了这般模样：头戴硕大遮阳帽，脸上戴着大口罩，围一条完全遮住脖子的围巾，下半身纯属补救地套着两条长短、颜色都不同的“双截裙”……

我心中思忖，这是站在45℃高温下的撒哈拉该有的打扮么？想想那些游泳都要穿着黑袍的阿拉伯女人们，就也不再怀疑和犹豫。

想起在锡瓦小镇做调查时遇到一个极具代表性的寻人启事，照片上走失的女子披着黑色的遮面盖头（类似中国人结婚时新娘子的红盖头），只露出两只炯炯有神的大眼睛。当地向导说，寻人启事上的文字大致意思是：XXX，女，本人妻子，月初在撒哈拉走失，至今未归，如有线索请与穆罕默德联系，当面酬谢一只骆驼。

每每提到这个寻人启事，我心里都会泛起两个疑惑。第一，这样“黑纱遮面”的照片，除了深藏在黑色面纱里的眼睛，没有任何的区别性，这怎么帮助穆罕默德找到自己的妻子？第二，在阿拉伯世界，很多男人都喜欢与他们的先知穆罕默德（Mohammed）同名。那么，就算有人找到这位女子，又怎么联系到这个穆罕默德呢？

揣着对神秘面纱深深的疑惑，我想起以前在网上看到一个叫“What Style of Dress is Appropriate”的帖子，专门调侃阿拉伯女性的着装。人们总结出突尼斯、埃及、土耳其、伊拉克、黎巴嫩、巴基斯坦、沙特阿拉伯等中东国家的女性头巾的特色。大致可以概括为：看黑“头套”

猜猜我是谁，看眼睛猜猜我是谁，看五官猜、看脸蛋猜、看额头猜、看整个脑袋猜。皮尤研究中心（Pew Value Survey）依据这个妙趣横生的帖子绘制出一张阿拉伯世界女性着装图（原图可以通过谷歌搜索）。这个形象和我们在《一千零一夜》中读到的穿着抹胸灯笼裤、头戴透明面纱的性感阿拉伯女郎的形象相去甚远，但它确实是当今阿拉伯世界女性穿戴的真实写照。

与这些图片比较，我在埃及的大花袍就一点也不足为奇了。关于面纱的用处，《古兰经》中提示女子要“遮蔽美貌，不以色视人”。也有人将阿拉伯世界女性的面纱作为阿拉伯世界战争与和平的晴雨表。此外，戴面纱不仅可以体现出对男性的尊敬，同时也可以保护自己。据说，穿着黑袍的女性会让男人们肃然起敬，不敢胡思乱想。为了更好、更安全地接近访谈对象，我的大花袍装扮似乎除了坚持也别无他法。

由于这身可以保平安的大花袍是“拼凑”来的，这使我看起来十分滑稽。很担心潜在的访谈对象会避我唯恐不及，拒绝访谈！可是万万没想到花袍居然在异邦“大受欢迎”！以至于几乎不用担心如何去寻找访谈对象，就可以傍着这身“花衣裳”被他们围观，开始我那有一搭没一搭的无结构访谈。

初尝大花袍的甜头后，忽然欣喜地发现它还能带给我其他的福利：在密不透风的花袍包裹下，我在埃及的日子一直是随心所欲、素面朝天的，每天出门可以大胆地抛弃隔离、防晒、美白，也不用擦眼影、唇膏和腮红……想着它带给我的这些简洁与舒适，内心时常欣喜得忘乎所以。

在只身融入阿拉伯世界的田野经历里，我始终傍着花袍，不惧艰险地融着阿拉伯世界的神秘风情，完成了一个又一个的访谈任务。

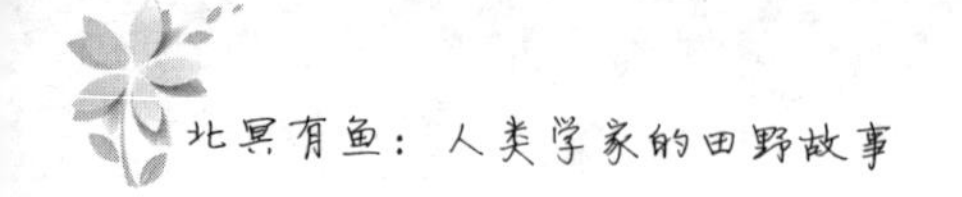

奔跑吧，人类学者！

刘怡然（中国社会科学院　社会学研究所）

田野调查中，人类学者面临的一个重要挑战是如何迅速打开局面。作为一个异文化的“闯入者”，人类学者有时会遭到冷落或受到怀疑，甚至成为看不见的“幽灵”。如何快速地进入田野，是技术也是艺术，“幸运的突破”（lucky break）可遇而不可求。

2014年10月的某日，我来到云南的一个村子，正式开始田野调查。村里人见了我都客气地点头微笑，但并不愿多聊。正值农忙，村民们收割完地里的农作物，准备分组举办一年一度隆重的丰收节。从村民的交谈中得知，第二天恰逢一个组过节，届时还将举行村里传统的“斗牛”活动。

该活动每组每年只能举办三次，丰收节的声势最为浩大，周围的村民们都会去参加。除了观看，参与者也可以在自己看中的牛身上押注，赢了还能获得经济收入。我暗自兴奋，这与著名的人类学家格尔茨在巴厘岛看当地人斗鸡时的状况有几分相似。他是在警察的追赶下与村民一起逃跑而融入了村落，没准我也可以像他一样，通过“拔腿狂奔”打开局面。

次日一大早，我就来到设在村边的斗牛场。这是一块比周围地势稍低的洼地，长约 20 米，宽约 15 米，四周树木环绕。前来观看斗牛的人很多，场地被团团围住，后面的人如不踮脚引项，很难看到场中情景。比赛正式开始前，我在场子周围走来走去找村民聊天，同时寻找一个可以容身观赛的地方。看见场边有一个无人的豁口，我赶快跳过去"占位"，并为自己的"机智"沾沾自喜。比赛异常激烈，两头牛各不相让，在场地中间来回周旋，村民们时而高呼，时而哄笑，时而叹息。最终，一头牛顶不住压力败下阵来，可它却径直向我奔过来！这时我才恍然大悟为什么围观的村民留着一个缺口，因为这正是牛的逃跑路线。我的大脑一片空白，本能的反应使我拔腿便跑。穿过人群，直冲上附近的一个山坡，我才停下来转身观望。此时，那头牛已被主人牵住，而我则气喘吁吁、浑身颤抖。

惊魂初定，我才意识到自己跑是跑了，却和格尔茨的跑大相径庭。因为他的跑是"入乡随俗"的跑，是随着村民一起跑；而我的跑是本能的跑，是因为对当地习俗的无知才造成的乱跑。于是在另一组村民过丰收节之前，我咨询了很多村民关于比赛的操作和流程。一位村民告诉我："你可以下点注，然后跟着其他下注的人一起跑，他们比较懂得比赛，比较会跑位置。"当我与本组村民一起下注后，他们立刻对我有了不同的认识。他们不再将我看作"局外人"，而是拉着我一起观看比赛。这次比赛开始后，我仔细观察牛的移动，并随着村民在场边的加油助威而左右跑动，并在最后两头牛决战时，随着带头人一起冲出了场地观看

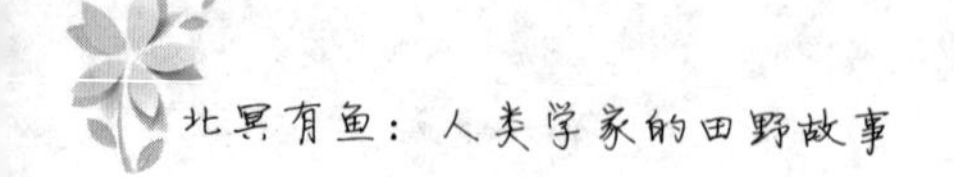

比赛结果。这次我跑得有条不紊，而且在押注的牛取得胜利后，村民一起跑来和我庆祝。自此以后，他们对我更加信任，开始把我视为他们中的一员。而这次的奔跑，成了我幸运的突破。

与珠娣在田野

赖立里（北京大学　医学人文研究院）

冯珠娣教授是知名的人类学家。我很幸运，不仅做了她的学生，而且毕业后的第一个科研项目也是与她合作关于中国政府“发掘整理少数民族医药”项目的人类学研究。我们选择了其中 7 个民族（壮、瑶、羌、黎、土家、傈僳、阿昌）作为我们的研究对象，并与当地承担“发掘整理”项目的中医或民族医的学者结成了合作团队，每到一地都有我们在当地的合作研究者和我们一起做调研。自 2010 年秋季至 2014 年夏季调研结束，我们乘坐的交通工具涵盖了飞机、绿皮火车、小轿车、越野车、“考斯特”（中巴）、长途客运大巴、三轮“蹦蹦”摩托，不一而足。我们跋山涉水、爬高涉低，共同经历了一段非常难忘的时光，大家结成了深厚的友谊。更为重要的是，与资深人类学家共同做田野，受益匪浅。这里不妨讲一个关于珠娣的故事。

韦医生（化名）是 20 世纪 70 年代出生的人，父母皆在壮乡行医，过世的外祖父和祖父也曾为医，可谓祖传“壮医”。韦医生作为家传第三代，因为具备独特的专长被请到了南宁的壮医院坐诊。他很活跃，经常出去交流且思维敏捷，对中医、西医也有不少独到的理解，是我们非常喜欢的一个“访谈对象”。我们在南宁的合作研究伙伴、广西中医药大学的罗婕老师是他的好朋友，韦医生就是她推荐给我们的。2012年夏天我们来到南宁，韦医生主动提出开车带我们去他家乡看看，拜会他的父母以及当地其他民间壮医。我们自然十分欣喜。与罗婕一起，我们一行四人上了路。罗婕坐副座，珠娣和我坐后座。一边开车，韦医生一边与我们谈起了他头天下午参加会诊的一个子宫腺肌症的病人，从自己母亲的治疗经验到上海著名老中医沈至公的“二仙汤”，再到西医的激素调节，其间穿插着自己对所有这些治疗手段的杂合与总结。他自认为是“现代壮医”的代言人，我和罗婕则一直追问他的“壮医”是否纯粹，是否用中、西医理论了解疾病而用壮医方法治病……我们三人你一言我一语，正聊得带劲，忽然听见珠娣在我耳边厉声说：“你还不记笔记？！”我一下愣住了。侧头一看，原来珠娣早已拿出了她的笔记本，极力想记下来韦医生的谈话与思路。且不说汉语非其母语，在如此行云流水的对话中，她一边极力跟随我们的谈话一边要做记录，确是一件几乎不可能的事情。既然做不到，难免有些恼羞成怒，便责问起我来。错愕之下，我赶忙向她保证我可以记住大部分的谈话内容，记不下来的也完全可以事后向韦医生追问，不会有大问题。受了珠娣的责难，车里一下子安静下来，我们三个都没想到“记笔记”这样的事情，一下子没了话头。

车里的气氛有些尴尬，我也觉得有些委屈。一来我想正是因为我和罗婕没有记笔记，韦医生在这种随意的状态下边开车边聊天，情绪放松，才有了主动打开话匣子滔滔不绝的状态。其次，如果我们拿出笔来做笔记，又变成访谈状的“听写”方式，互动一定不够，没有了我们的参与（尤其贡献谈话的由头），气氛还会那么热烈吗？……这都是相辅相成的嘛。再者，难道做田野就等于不停地记笔记吗？参与其中、感同身受，与记笔记这样将自己做成局外人的状态，还是有相当大的差别的。好在我们很快就到了韦医生父母的诊室，还有病人在候诊，大家马上被新的“田野任务”吸引，车上刚刚发生的一幕也就这样过去了。

当晚住在县城。韦医生召集了几个高中同学，在当地一家餐馆点了一大桌菜，摆开架势要跟我们喝酒聊天。吃过饭没一会儿，珠娣带着我离席，并理直气壮地告辞：“我们要回房间补笔记”。如果是2010年刚开始做田野的时候，我会对这样的做法表示异议。毕竟韦医生辛苦开车带我们转了一天，走访了好几位民间壮医，他自己还时时积极地加入我们的访谈之中，提供了不少相当“内部”的视角。此时离席，无疑让他在自己同学面前有些没面子，他们不就是冲着我们，尤其是珠娣来的吗？人类学田野难道不是很重视“交朋友”，怎能这样不顾我们的朋友韦医生的感受呢？不过这两年和珠娣一道做过田野之后，我已经学会了从她的角度来考虑这个问题：首先，人与人都是相互尊重的，我们离席是因为有工作要做；其次，我们已经与这几位朋友同桌进餐，大家也交谈了一段时间，再往下的谈话难免流于空泛，不如把这时间和空间留给他们老朋友叙旧；最后，记笔记至关重要，每天都有事情发生，必须“今日事、今日毕”。

这样“不讲情面”的事情已经发生过太多，我早已习惯并接受、认同了。与珠娣做田野，“天大地大，笔记最大”。如今回想起来，必须感谢她的严格要求。没有每天记下的翔实笔记，我们不会对田野中碰到的大事小事、桩桩件件都保有深刻的印象。这在写书过程中体会得尤其明显，因为田野材料总能信手拈来。相比之下，访谈笔录更多是作为补充材料的，如有需要，笔记里面会提醒：注意查看笔录。

回到发生在韦医生车里的“笔记事件”，我还是持保留意见的。现场记笔记与每晚结束田野后补笔记，不可等同。回想起来，除了珠娣因为语言因素而使当时气氛变得较为紧张，其实还体现了我们双方相当不同的处世方式。她非常注重“理性”，把韦医生的话视作“字字珠玑”，不记下来简直是暴殄天物。而我则随意“感性”一些。我觉得当时重要的是激发了韦医生很多想法，事后再拿去问他，他有第二次思考的机会，说出来的东西更成熟，岂不更好？当然，这样的前提必须是我们能有机会再问他，而珠娣的考虑正是在于要抓住稍纵即逝的机会。不过机会总是可以创造的嘛，第二天开车回南宁，我把头天晚上笔记里的问题拿出来又问了韦医生一遍。这回，我把笔和笔记本都拿在了手里，珠娣很满意。其实我只记下了几个关键词。在车上写字，我容易晕车。

讨价还价

吕晓宇（牛津大学　政治学在读博士研究生）

每个地方都会运行着两种迥然不同的价格体系，一个活跃于当地人中，另一个对待异乡者。然而，异乡者最大的痼疾是试图对这样的“双轨制”发起挑战，并且信心满怀地认为自己能被当作本地的一员。只是若没有当地友人的协助，往往免不了还是要经历一个被痛宰的血泪史。

而当你的肤色又不同时，被坑、被骗、被愚弄，似乎是理所当然的。居住在欧洲，这样的壁垒潜藏于深处，以至于日常生活中都有些感觉不到的错觉。只是在非洲，这样的体系再一次上了台面。

我在穿过阿卡拉（加纳首都）当地集市的时候，意识到自己是黑土地上的一粒黄沙。我此时距离西方游客的聚居地奥苏隔了两个街区，距离中国商人的抱团区更远。我丝毫没有国际化的幻觉，走了一个上午，没遇到一位和我一样的异乡者。见到我，价格则翻倍，当地人似乎认为我不懂货币，直接把五块、十块的纸钞拿出来演示。商贩把货物在我面前抖着、晃着，时不时抓住我以引起注意。乞讨的孩子拽着我走了很远。我甚至没有什么时间来好好看一看货品：那些中国制造的衣鞋或英欧进口（更多是仿制英欧进口）的食品。

我不是个会讨价还价的人。当然了，这能找出许多个冠冕堂皇的理由，如同行中有更为有技巧的谈价者、还价的一来二去耗时低效，诸如此类。但根本上是未尝到生活的艰辛。通常的情形下，我会让对方出一个低价，然后看看自己能不能接受，不能接受就转身走人。这一招罕有奏效的时候，碍于面子，我更不会回去接受那个自己放弃的价格。但来西非的第二天，我便意识到，我必须会讲价，这是第一个能把我和阔绰的商人和游客区分开来的身份象征。我在生活上，必须尽可能地成为一位当地人。

这比旅行要累人得多，我得关注那些过去遗落的细节。每一次看当地人买东西时，得盯着他们递出的钱，瓶装水 1 塞地（约合人民币三块五），袋装水 20 比塞瓦（约合七角钱），椰子 1 塞地，普通 T 恤 5 塞地，等等。当地人的月平均工资 300 至 400 塞地，我得估量好，对于他们来说，什么是会消费的，什么是绝不会消费的。

我和出租车司机讲价，想把 5 塞地的路费变成 3 塞地，我说不能出再多，要找下一辆了，如此僵持了十秒，他把车门打开，说进来吧。有时，出租车司机听到我的报价就气愤地开走了；有时我报价高出了不少，他还装作吃亏的样子摆手让我进来。我见过把 10 塞地路程报为 60 塞地的，也有只加一两个塞地的。我需要揣摩到一个平衡点，比正常的价格略低些，这样留出来讨价还价的空间，5 分钟以上 10 分钟以下的车程约 3 塞地，城区内 5 塞地，到郊区不超过 10 塞地：我渐渐琢磨出一些可循的原则。

尴尬的是，当地买不到像模像样的地图。出了首都，只有个大略的全国图，小地方的图跟实际相差甚远。于是，有时候乘车还价，讲着讲着，自己都笑了，因为我真心不知道有多远，更不知道底价。所以有的时候只能耍赖，坐到了终点，下车的时候一脸无辜地对司机说我兜里只有 5 塞地。要不然的话直接给大钞，装出明知道价格的样子，等着他找钱。

不久后我发现当地人打的时多是带人的（dropping），费用立即降成了 50 比塞瓦一人。一天晚上，我等过了五辆车，都说不能低于 5 塞地，终于到第六辆才收 50 比塞瓦，其间是十倍的价格差。每次我说我要带人时，司机的反应总是笑，觉得外国人也学会了这个呀。无奈的是，当地人十分默契，往往结成同盟一起坑外地人，时常有路人给司机帮话，即便同车的人也会跟着司机一起抬价。在这点上，总是惊人的一致。

有次我回旅店，和一位司机几个来回谈好了价，坐了上去。他说现在外国人的钱越来越难赚了，我说这趟车比当地价格仍然高出了 1 塞地，你有什么不满意的。他笑了，说你不像个游客呀。我说，本来就不是，我的加纳名字是 Yaw（星期四出生的男人）。他大笑，把刚买的烤香蕉分给我，看见我拿不住烫手的烤食，哈哈又笑了。这是我第一次吃烤香蕉，因为来之前，在指导手册上看到，也有人特意嘱咐，绝不能吃路边的摊点，尤其是烤食。但这些想法只是一闪而过，丝毫没影响开吃。我们边吃烤香蕉，边聊天，他谈到了家庭，他的两个女儿和一个儿子，我说到中国的独生子女。快到终点时，他把最后一截掰成两段，递过来一份，同我道别：“Yaw，我会怀念这段对话的”。付钱的时候我多加了些，说不好意思吃了你的东西。他摆摆手，说下次见的时候再说吧。

之后我就开始坐 tro-tro 了，一种当地平民的公交车。说是公交车，事实上都是有二三十年历史的私营面包车，外表的沧桑不说，门都是靠绳子系上的。七座的车通常可以坐上 20 个人。这样的车是忽略外国人的，也不会怎么向你招手，况且 tro-tro 的站点没什么标识。我把 tro-tro 拦下时，车上人会总是微笑着，那种微笑和我跟出租车说要带人时的微笑一样，像是在看个稀奇玩意。Tro-tro 便宜得寒酸，市内都是 50 比塞瓦，城市间一个多小时的路程也不过 3 塞地。

我喜欢 tro-tro，这里收费从来没有因为你是外来人而有任何改变。收钱的人友善，等你坐稳，车开出了一段后，便逐个旅客买票。车上的人也没有沆瀣一气的默契，反而会帮你整理好零钱，看你有没有多出，再帮你递到售票员那里。但有一次看到路边翻倒的、摔得不成样子的 tro-tro 后，我走长途再不敢搭乘这样的交通工具了。

有时候我会想念英国不用还价的日子，但这种想念很快便过去了。刚来的时候看到超市觉得满足，因为可以走进去拿起明码标价的商品，免去一番口舌。而今我对自己讨价还价的能力日益满意，虽说仍没有像其他人说的那样体验到砍价过程的趣味，但对我来说，这是适应当地生活的坎儿，得迈过去。

除去交通外，日常生活中还有各种各样的谈价之处：衣服裤子、手工艺品、景点门票、路边小吃，尤其是买炒饭米团和菠萝、杧果的时候。我在一个集市上口渴了，看到了椰子摊，摊主开价 1 塞地。我看着拿砍刀的摊主，说："绝对少于 1 塞地"。

"那你给 80 比塞瓦。"

"这可以。"

他指指摊点，说你给我看着点，我去帮你找零钱。于是，一个顶着大草帽背着双肩包的亚洲人在一个满是当地人的集市上，开始打理椰子摊。有人过来问，我只好摇摇头，说不会削椰子，你得等。旁边摊点的人像看热闹一样看着我跟人解释，其间还有调侃要买椰子的小孩。

那摊主小伙总算回来了，折腾得满头大汗。我心存愧疚，本来想说，零钱不要了，都不到一块钱人民币。但转念一想，那不是耍别人嘛，接过钱连连道谢。

讨价还价成了个习惯，而后的谈天更是我所享受的。似乎还价之间，双方就能有个了解：你我都是一样在生活的人。于此之上的沟通也畅快了许多。

一天同伴看到我的卡夹里有五十美金，作为应急之用。问道："五十美元能干什么呀？"我说："指不定哪天你被军阀掠去了，就靠这把你赎回来。"

他头一转，"我就值五十美元吗？"

"还还价，应该差不多。"我说。

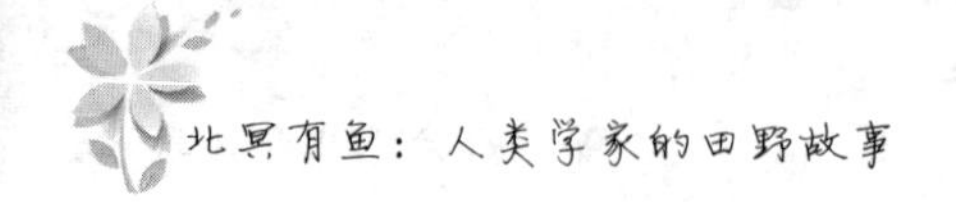

喀拉拉的摩托车后座

吴晓黎（中国社会科学院　民族学与人类学研究所）

2005年4月，当为博士论文田野调查而申请的、似乎永远不会来了的印度一年研究签证终于到达手中，我欢欣之余，一阵心慌：真的要去一个遥远而完全陌生的地方待一年了！是，几年之前短暂地去过一次，但那是跟着一群师长、朋友。而作为一个半路出家的人类学学生，我此前仅有的田野调查经验是在妙峰山庙会待了三天。出发前惶惶不安……三四个月后，国内朋友问我田野感觉如何，我想了想：哎呀，我好像没什么“文化震撼”，反倒生出来熟悉感了。

这不是说感觉不到环境的差异——那时候我在首府特里凡得琅待过了一个多月，在田野调查点的村子安顿下来也有一段时间了。让我消除陌生感的，是人际交往中的质朴和真正的接纳。我在特里凡得琅的房东莫琳是位40出头的单身女士，我们很快成了无话不谈的朋友，然后我就认识了她的亲属、朋友和她的好邻里，跟着她参加邻居和友人的婚宴，去她老家的渔村。我搬到了村里后，仍然跟她保持着联系，每次回特里凡得琅都住她那里，还结伴去电影节上看电影。我在村里的房东一家对我进入田野和认识各种人提供了最大的帮助。虽然作为左翼人士的男主人初次见面就因为人类学与殖民主义的历史关联对这一学科表达了质疑，但这并没有妨碍我成为这个家庭的一员——尽管辈分有点乱：上小学和初中的两个孩子叫我“姐姐”，我管比我大不了太多的女主人也叫“姐姐”。

让我产生熟悉感的正是这种人与人之间距离拉得很近的、乡土性的人际关系，它可以让我这样一个外来者很快融入其中。而进入一种近距离关系，也就进入到地方社会规范之中，这一点，我却是逐渐体会到的。房东上七年级的儿子、聪明的翁尼是我特别好的朋友，他可以在排灯节的时候不找他爸妈而是找我要零钱买烟花，但我在跟他们一家去镇上看电影想请客买电影票时，却被翁尼坚决地拦住了，不是因为不要我掏钱，而是：“你看售票窗口那儿哪有女的？”在小镇的电影院，女性来看电影一般都是跟家人一起，她们无论年纪大小，都在离售票窗口一段距离外乖乖地等着家里的男性去买票。

我知道喀拉拉的性别规范与我自己所属的社会有差别：刚到特里凡得琅时，莫琳就告诫我，作为一个年轻女性，晚上 7 点后就不要在外面待着了。我听说喀拉拉的大学里边的女生宿舍晚上六点半就关门。有一次我和莫琳去电影节看过晚场电影大概十一点多了，她开着小面包车行驶在空荡荡的马路上，不断嘟囔“天啦，我们这么晚了”。莫琳说过，没人做伴她是不会自己去看晚场电影的，可两个人在车里她仍然紧张。她还嘟囔：“千万别碰上邻居。”我明白女性晚上 7 点前归家的规矩，不仅是对安全的考虑，还包含着道德意味。后来看喀拉拉的电影，片中大晚上还在外面闲荡的女性，果然都不是什么正经人。

但是在村里，我的安全感好很多，因为各种事情也总会有在暮色已落时还走在路上的时候。村里的女人们对我说，你不害怕吗？我说，不怕呀。她们彼此看看，说，她不知道害怕。被当成无知者无畏也罢，我想我毕竟是来做田野调查的。后来我还独自旅行去卡纳塔卡邦看朋友。对于这些，房东一家从未表示过异议，毕竟房东夫妇也不是普通村民——一个是积极参与社会运动（喀拉拉民众科学运动）的行动分子，一个在妇女非政府组织工作，女主人自己也时有晚回家的时候。

有一天，是好不容易约上了当地一个伊斯兰组织的人访谈。访谈完已经晚上九点多了，从镇上到村里房东家大概三四里地，平时都是坐摩托的。正在等摩托时，碰见房东男主人姐姐的儿子阿努，他大专毕业正在补习准备考大学，家就在房东家旁边，平日里经常来聊天，对我帮助不小。他正从镇上的健身房锻炼完准备回家，见到我，问我要不要搭他的摩托。我不假思索就坐上了摩托车后座。回到家，女主人鲁帕姐已经在家了，忙于社会运动的男主人如往常一样还没有回来。我打了个招呼就上楼回到自己的房间。后来的吵闹声让我意识到不对，下楼看究竟——是鲁帕先在电话里跟阿努吵了起来，又跑到他家门口当面斥责他，原因是他用摩托车载了我，而面对她的追问时出言不逊！不知道坐异性的摩托是这么严重的一件事，眼看自己引发了争端，我赶紧跟鲁帕姐解释搭阿努车的过程，说阿努是好意，没做错什么。这话却起了火上浇油的作用，鲁帕姐说了一大串话，大意是，我住在她家，她得为我负责，不能让邻里说闲话。马拉亚拉姆语的“samudayam”不断出现，我深刻地体会到了这个表示“群体、社会”的词所包含的道德压力。连翁尼也生气地帮腔，说他们是为我好，以前也提醒过我，而我似乎不知好歹。我愣了半天想起来，翁尼的确曾向我暗示过，阿努有过骚扰女孩子的不良记录。但我真的不以为意——每次见面都叫“姐姐”的阿努在我面前一向礼貌、友好而坦率。这事儿闹的，所有人都觉得委屈，我回到房间也很没出息地流下了委屈的眼泪。

摩托车插曲很快就过去了（我之后找机会跟鲁帕姐说到阿努），但这件事让我意识到，我在享受近距离人际关系的好处时，高估了自己外来研究者身份相对于地方社会规范的超越性。当然，我也更深刻地体验到这些社会规范的分量。我自此也更能注意到，婚后在丈夫的影响下加入到社会工作领域的鲁帕，她成长于一个正统印度教家庭的经历在她身上留下了或深或浅的影响。

回头来看，对这一年田野经历我感到的是深深的幸运，不仅因为机缘巧合而去的喀拉拉真的很美，自然和人文环境比印度多数地方都好，更因为一路碰上友爱且有趣之人。后来有机会去德里待一年，其间最高兴的便是回喀拉拉和卡纳塔卡拜访旧友，相比德里，那真是回家的感觉。旧友们说，德里？呵呵，我们质朴的南印人民也应付不来。

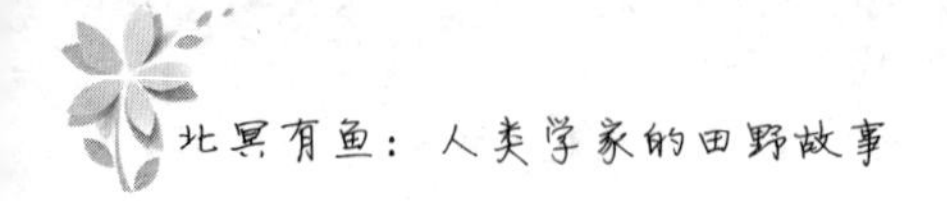

回　访

高美慧（中国社会科学院　研究生院）

2015年8月中旬，我结束了调研9个月的监狱田野工作回到北京，我的几个调研对象也恰好服刑期满，回到了自己的家乡C市。我们不时有联系。在下田野之前，我的导师教导我说："这个调研能不能成功，关键还要看你自己的德性"。的确，在监狱这个特殊的环境中，坚守研究伦理很重要也很困难。在导师的点拨下，我格外注重去采用一种同情关怀的立场去做访谈，用平等和尊重的态度去赢得研究对象的信任。到了年底，我的访谈对象芹姐给我打电话，说在监狱中能听到别人说几句理解自己的话都是很难的，想起我就觉得特别温暖。她父亲让她带一只羊来看我。我想她家庭特别困难，身体也不好，不应该再让她奔波了。我就说我去看看她，顺便去看看F监区的其他人。

就这样我二下田野，走访了C市下面两个县的三个家庭。C市地处东北，地广人稀。我去的几个调查点竟然间隔一百公里以上，荒凉偏僻。A村只有四十几户人家，四面环山，以畜牧为业；B村是有名的贫困村，但信仰天主教的历史长达百年，有一群最虔诚的教徒；我走访的第三个家庭，十年前母亲反抗父亲家暴将其杀死，只留下两兄弟相依为命，如今哥哥靠打工已经还清父母留下的债务，还为弟弟积攒下了上大学的学费，弟弟学习成绩优异。三个家庭都对我以诚相待，他们的真诚和信任让我感动。二下田野，不仅让我的心灵得到净化，也让我更深入地认识了所调研个案的复杂文化背景，最重要的是让我更清醒地认识到我的研究是为了谁，是为了什么——为了在那片广袤而贫瘠的土地上挣扎的那群女性，也为了她们的痛苦。

据说法庭辩护中有两种类型，一种是“有罪假设”，另一种是“无罪假设”，它预示申诉方的立场。相比之下，当人类学者观察研究对象时，总是希望自己能够站在文化主体一方去表述和理解他者文化，在研究暴力犯罪的问题上也不例外。这次的回访经历让我进一步看到了她们所拥有的更大的世界。这一点在监狱里是我无法体验到的。我一直在问自己：刑法世界和生活世界的确分属两片天吗？

那天下午，我被“纪录片”

鲍　江（中国社会科学院　社会学研究所）

大约是2008年夏天，孩子放暑假了，孩子、妻子和我，一家三口一起从北京回丽江老家，跟父母及其他家人一起待一段时间。

碰巧老朋友李昕出差来丽江，他在昆明云南大学教书。老朋友见了面，李昕给我介绍来自台湾地区的老井——井迎瑞老师。老井和我行业有交集，我搞影视人类学，他搞纪录片，在台南艺术学院教书，暑期带学生来丽江做田野工作。同行，又是远方来客，我就做东请他俩在有高原特色的牦牛火锅店聚了一次。那天，宾主之间既陌生（初次见面），又熟悉（有引荐人，有共同话题），经过青稞酒催化，可以说宾主尽欢，相约改日再聚。

过了几天，老井打电话给我，说要来我家里叙谈，我愉快答应，跟他约了时间。那时候，我们古城的院子还没出租，一大家人住在那里。老井来了，我引他到我们住的西厢房楼上，在走廊落座，上茶。按丽江人的习惯，纯聊天场合，你我不面对面，而是并肩坐一起，背墙，面朝开阔空间。老井和我也是这样，在茶几两侧，一个人坐一把竹躺椅，椅子背挨着隔扇，视野近处是天井，远处是古城一隅错落自由的瓦屋顶线条、天空、远山。就这样，我俩看风景，喝茶，漫谈。话题不知不觉转到《云之南》——英国导演阿格兰德在丽江拍摄的著名纪录片——行内话题，思绪一旦激活，言语即喷涌而出。聊着聊着，我忽然感觉有点不对头，老井的问题，一个接一个，还步步紧逼，感觉到他说话的语境已经不是纪录片同行交流。我感觉有点怪异，下意识地转过头看了看他，我这才发现，他的样子看上去非常紧张，一边跟我说话，一边拿摄像机镜头对着我。原来如此。老井没有闲心欣赏天井景观，他已偷偷从闲谈状态转入工作状态，把我设定为纪录片对象了！一下子，我的谈兴遭遇秒杀。受老井的紧张感传染，你问我答，我干巴巴地满足了他的工作需求。老井是敬业，这样子，他继续拍了好一阵。

我当时没有跟老井说穿，“默默”配合他完成他的工作是我“与人为善”的道德立场使然。那个下午给我留下一个印象——做纪录片的跟做人类学电影的区别很大。做人类学电影，被拍摄者知情是一个伦理前提，“墙上苍蝇”式的偷拍是已被否定的过时方法。拍摄完成，与被拍摄者一起分享拍摄结果，既是田野工作乐趣，也是影视人类学知识形成的一个环节。我至今没有看到那个下午的拍摄结果，也许在老井的行业里没有这个必要。这么一想，据说纪录片在欧洲处于下行趋势，也是在情在理的。

最近读人类学电影大师让·鲁什的文字，他提到可遇不可求的、拍摄者与被拍摄者心心相印的“优雅镜头”。我跟老井这段，我想离这个境界就太远了。

今夜无人入眠

郑少雄（中国社会科学院　社会学研究所）

人类学者离开自己熟悉的环境以后，睡觉往往成为一个麻烦。麻烦不仅源于居住条件相对艰苦，很多时候还是一个文化适应的议题。换句话说，我们面临的不仅是在什么样的物质空间里安置肉身的问题，还包括对睡觉的空间本身如何进行社会意义建构。

先说居住条件本身。到目前为止，除去康定县城，我在甘孜关外的半农半牧区和纯牧区陆陆续续生活了近三个月。半农半牧区的生活条件相对较好，尤其是我得到S寺堪布的关照，大部分时间住在半山腰寺庙的客房里，他们给我准备了雪白的被套、枕套，与花团锦簇、色彩鲜艳的藏式床配合起来，可算是令人赏心悦目。只是枕芯和棉被显然已阅人甚繁，兼之藏人多半没有晾晒被褥的习惯，钻进去不免叫人狐疑满腹。常常在山下待到晚了，也就寄宿在村民家里。村民住的都是木石结构的三层房子，习惯上一楼关牲畜，二楼住人，三楼一般是半开放的，除了堆放粮食、柴草等杂物，家有出家人的，可能还会辟一间净室做经堂，兼喇嘛回家时的居室。人每天要从牲口身边穿过，才从屋角处的木梯爬上二楼。一楼没有窗户，牲畜及其粪便的气味和声息在局促的空间里发酵蒸腾，可以沿着楼梯直上人界。如果可以有效屏蔽气味和声响的话，冬天在这样的房子里睡觉貌似相当不错，身体会始终包裹在一种饱满充盈的温热感中。我虽然对声音不敏感，但气味却折磨得我欲生欲死，于是就幻想高升到三楼的净室睡觉，可惜作为俗人，我始终没有获得过这个优遇。甘孜的纯牧区（俗称“牛厂”）基本上是高山草甸，条件之艰苦远超想象。虽然有地方政府“牧民定居计划”以及“帐篷新生活”运动的推广，但上了年纪的人还是习惯住在远离定居点的黑牦牛帐篷里。帐篷里依靠太阳能蓄电池供电，加上通风不畅，终日都烟雾缭绕、影影绰绰。牛厂娃为我准备了双层的垫子和褥子，以抵御高海拔地带的严寒，而他们自己常常就蜷卧在宽袍大袖的康巴大羊皮袄子里睡觉。被褥、垫子的历史大约颇为久远，混合了世间的一切奇特气味和油垢，加上身边就是奶饼子、奶渣子和酥油，晚上牦牛还可能进来掀开被子呵你的脚丫子，直让人气得在黑暗中笑出来，并且开始怀念住在寺庙的美好时光。

后来又去库布其沙漠边上的一个蒙古族社区。我获准住在嘎查（村）办公室的小院子里。作为北京沙尘暴的主要源头之一，这里春天的风沙铺天盖地，虽然嘎查书记亲自动手帮我做了细致的清扫，但是屋里的每一寸角落仍然暗尘浮动。一觉醒来，一抹嘴角是沙，被褥上也盖上了薄薄的一层细沙，窗框外面则已经尘沙堆积盈寸。办公室的铁皮门只能从外面挂锁，人在屋里时无法关紧，晚上被大风一刮，彻夜“哐哐哐”地响得让人头皮发麻。且因为人口外流的缘故，社区早已萧瑟，到

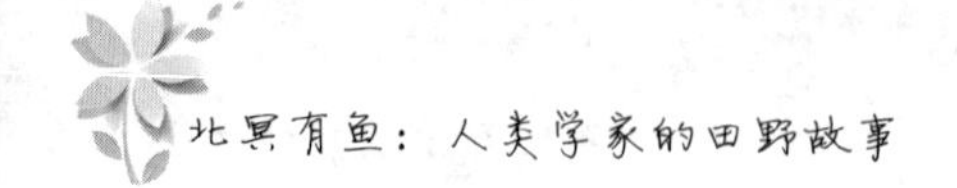

处都黑灯瞎火。置身这样的环境，直叫人打算天一亮就卷铺盖走人。

再说到睡觉空间的文化建构，令人啼笑皆非的情景更是屡见不鲜。

头两年我独自住在寺庙客房里，客房是一栋独立小楼，离大殿和普通喇嘛们的住处各有数十米，虽然晚上松涛阵阵，让人倍感孤单无措，但胜在够自由自在。第三年堪布让我搬到大殿居住。大殿是喇嘛们念经做法会的地方，中庭轩敞巍峨，佛像庄严肃穆，环绕大殿二楼是堪布及其随从的住处，还有一两间房空着，原来有一位活佛住过，据说和S寺瓜葛不大，现在常年住在另一个寺庙里。我住进来后，喇嘛们都开玩笑说我高升了，但麻烦也如影随形而来。推开门是“凹”形过道，栏杆下就是大殿，我也就再也不敢在屋里抽烟、看片和放音乐了，气味和喧响涌到大殿里是极其大不敬的行为。更要命的是，起夜如厕必得穿戴整齐后方可出门，生怕佛祖看见我衣履不洁而怪罪。卧榻之侧有佛祖真是令人诚惶诚恐之至。

一旦下得山来，又是另一番情景。藏民的房子尽管高大如碉，睡觉空间的区隔却并不严格，常见的情景是厨房（就是一处火塘）、客厅（主客围着火塘席地而坐）和全家（包括客人）的住处集中在一起。如果这样睡觉倒也罢了，偏偏我遇上的一户人家，当家的单独有一间卧室，其他人士不分男女全部住在一起，七八张藏式床沿着三面墙摆开，与火塘之间用玻璃及布帘隔开。他们家有位正当好年华的女儿，正好大二暑假，我在村里家访的时候就充当了我的翻译。她进屋睡觉的时候，我就在火塘边磨蹭，估摸她收拾妥当才进屋，反之亦然。同居一室四五日，我至今仍然没有搞明白藏族女性是如何完成宽衣解带等睡觉前的程序的。我睡的床是她当喇嘛的叔叔的（家里经堂还没有装修），床头贴着不少大喇嘛的照片，在圣人们的注视下，想必客人们都要努力睡得安稳。

更叫人坐立不安、辗转反侧的局面发生在内蒙古。我有一段时间离开嘎查驻地去蒙古族牧民家踩点，只有短短数日，主人懒得收拾一间空屋子，晚上我就和房东夫妻共享一个六七平方米的土炕。房东夫妻约莫五十多岁，正是将老未老的光景（不好分类的人生阶段），既来之则安之，我贴着墙角居然还能和主人聊得宾主尽欢。后来我搬到他们家住了半个月，总算有了自己的房间，恰巧我的妻子和一个外国人类学家朋友一起来探班，这位可怜的朋友就当仁不让地享受了几天我当初的待遇。他不太完美的中文能否在炕上游刃有余，深深地牵动着一墙之隔的本土人类学者的心。

在隐私等个体权利成为极高价值追求的今天，我的田野经历展示了另外一番文化可能性。不管条件多么艰苦，情景如何尴尬，田野工作能够开展到闺闱之中、卧榻之侧，实在应该算是人类学者一种难得的福分。当人类学者怀抱自命不凡的知识追求和所谓的现实关怀，从天而降到一个遥远的社区时，正是“土著”朋友及其诸神放下睡觉时的戒备，给了他们温暖的栖身之所，尽管人类学者们可能还在喋喋不休地抱怨今夜无人入眠。

第二部分　文化逻辑

理解他者文化的方法

小女子难为荣誉男人：田野中的性别与阶级

刘绍华（台湾“中央研究院” 民族学研究所）

在赴中国做田野的外来女学者眼里，性别常是男人无感、女人痛感的地雷区。性别与阶级屡屡堂而皇之地手牵手，令人哭笑不得，也让我对许多中国女学者的处境深感同情。在课堂上论述“异文化”的所有田野工作者，该身体力行理解与尊重不同的性别了。

女性在中国各地做研究，尤其是在农村与少数民族地区，大不易。比方说，地方干部以男性为主，女性多沦为招待外宾的插花角色。男学者人数多，抽烟、喝酒等社交习惯与干部雷同，哥俩一拍即合。不仅学者圈内男性主大，连接待学者的地方干部，也对女学者多有所轻忽。

对女性，尤其是年轻女性的视若无睹，是我体验深刻的田野记忆。一次经验以蔽之。记得某年在藏区康定，我与数名中年以上的男学者一行鱼贯进入当地政府的接待室，男高干就站在门口对来访学者一一握手致意。轮到我时，那高干就直接越过我，直接把手握向我身后的另一名男学者。

当然，性别与阶级的对偶关系也不是只有一种样貌，如果我是来自欧美的白人年轻女性，可能便会迎来众人争相握手欢迎。阶级也是有

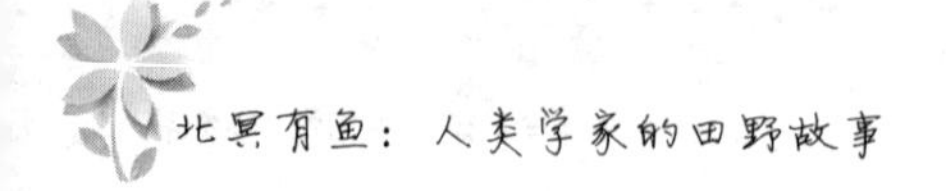

相对性的。不然，当年，我一个不知地雷深浅的台湾年轻女子，也许就无法在性别界线分明的凉山彝族地区混入男性报导人的圈子了。

在凉山的农村里，男性对我的接受程度明显高于女性。我主要的研究对象是吸毒与感染艾滋的年轻男子，他们都曾下凉山到汉区讨过生活或者说混过，对于族群互动中的阶级差异很敏感。我虽是女性，但是汉族，而且是在美国受过博士教育的台湾地区的汉人，不涉入当地的彝汉关系纠葛，而我的教育背景又冲淡了传统彝族对女性的刻板印象。换言之，我是这些男人眼中的“荣誉男人”，不是真男人，但受到礼遇。就像“荣誉博士”经常是授予那些没拿过正式博士学位的名人一样。“荣誉”一词说明了身份的特殊性与暧昧性。

当地男人常对我说：“（这事）女人不行（参加），但是你可以！”毕摩可能请我与他同席而坐，德古也让我参加谈判过程，这些通常是女人的禁区。不过，“荣誉男人”终究不等于男人，这些破例并非通行无阻。有阵子某位德古主事的协调案一直未决，他在探究原因时就把矛头指向我，认为正因有女人（就是我！）参加，协调才会失败。当我知道德古的因果推论时，虽然遗憾以后可能没有机会了，但亦觉开心。这说明我已“真正”进入当地的生活世界，当他们不再视我为稀奇、异类，我才有机会成为日常生活的一分子，进行寻常的参与观察。

但是，当地女人视我为奇特女人，我也不可能成为“荣誉女人”而受礼遇，毕竟谁都看得出来我真的是女人。我再奇怪，也得遵照当地女人的规矩，即使是三更半夜摸黑去户外找厕所时，当地妇女宁愿喊一个年幼女童跟我，也死活不肯让男性帮我领路。同是入乡问俗，女人不论阶级对性别禁忌一视同仁，倒令我莞尔。

诚然，不是同一生物性别的人，都有同样的想法与感受。本文仅以个人经验略谈梗概。希望男男女女的田野工作者，都能自由、平等、博爱。

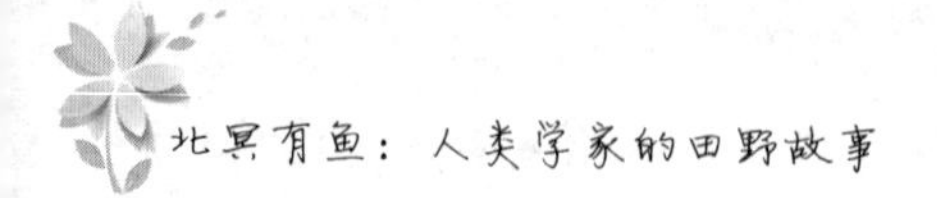

“德国鸟不吃大米！”：欧洲民族志日记

郁　丹（云南民族大学）

前院和周边林子里的鸟和往常一样四点之前已经开始情景对话，听起来比前些天稀散些。深秋来了，有些鸟可能因为路途遥远已经全家南迁。不过黑羽红嘴鸟（Amsel）、知更鸟（Rotkehlchen）、蓝雀（Blaumeise）等和往常一样在远近互语中。尽管习惯了每天四点起，但还是设了闹钟。泡上早茶，打开从北京带来的一体机，开始写作。不知不觉在鸟语中五个小时过去了。已经快九点了。赶紧吃些麦片去办公室。今天得主持高万桑（Vincent Goossaert）的讲座，他的讲稿还没读上一遍，有些心愧。估计他已经在从巴黎过来的早班列车上了。

出家门走到街头拐角，想起前院的鸟食盘空了，太太回加州探亲前关照鸟食盘不得空。当然空一天不会像王铭铭老师说的那样罚跪搓衣板。不过我还是转身往回走。厨房和地窖储藏室的鸟食都用完了。幸亏厨房里还有些大米，盛上一小碗后走向前院。一边把白白的大米倒入鸟食盘，一边抬头看着树叶间的鸟影。

“德国鸟不吃大米！”突然身后传来邻家老太萨比娜的声音。萨比娜年轻时在香港和北京生活过，平日爱给我讲些德国人的习俗以及和闻达、闻道讲德语。我的两位千金来德国两年后德语说得溜还是有萨比娜的功劳的。

“噢，是吗？”我有些不知所措。从来没有听说鸟不吃大米。不过细想哥廷根的宠物店和加州的一样，出售的鸟食里的确没有大米。今天没时间与她多聊，得赶去办公室了。

走过拐角，穿过另一条街，我步入了每天去马普所的林间小道。小道入口处那户人家的金毛猎犬（golden retriever）和往常一样隔着栅栏冲着我“汪汪”几下。这是哥廷根唯一一条对我吼几下的狗。这边的狗大小都很斯文。和北京、加州的狗比较的话，哥廷根的狗斯文得有些冷漠。狗的肢体语言很丰富，我也爱和狗逗着玩。不过，在哥廷根这个愿望得搁浅一下。你看啊，对面走来邻居亚瑟和他的小猎犬（beagle）。他的宠犬先看到我，停下，用大眼安静、斯文地看着我，亚瑟注意到手腕中的皮带松动了，看见我走来，把皮带拉紧些。亚瑟退休前是一座电影院的放映员。我们很少说话。尽管是白天，我们像两条黑夜交差而过的船，不过还是相互说了句：“guten morgen”。

一边听着林子里的鸟语，一边疾步走去单位。满脑子在想着萨比娜的话“德国鸟不吃大米！”难道鸟和人一样也有“大米”和“面包”之分吗？这边的德国邻居和从国内来的很多客人倒是常有这样的文化饮食疑问：“吃面包习惯吗？”但看到我身边站着的太太和两位千金，再不说啥了，那友好、带微笑的沉默好像在说：“噢，原来他们是混着吃的！”

很快一公里长的林间小道把我带到爱因斯坦街。这条弧形街道常常有慕名而来的中国游客。爱因斯坦尽管在第二次世界大战前在哥廷根的一个马普所工作过，但是他的故居还是不确切。四月份索达吉堪布来马普所和哥廷根大学访问时，他的工作人员提出堪布参观爱因斯坦故居的愿望，但我只能把他们带到这条安静的街道。堪布当时在街牌下感慨回忆他第一次从他的一位中学老师那里听到这位物理学家的相对论。看来爱因斯坦比娃哈哈和可口可乐更早进入四川康区的大山和草原。回味着索达吉堪布对爱因斯坦的赞叹，不知不觉就拐入了胡盟伏格街（Hermann-Föge-Weg），顾一眼对街现象学家胡塞尔（Edmond Husserl，1859 ～ 1938）的故居，就到了马普所。院子还是往常的安静，安德烈斯——所里的"管家"，在擦洗所里刚新购的宝马车，还一边放着叶风机，看来今天他要清理所长后花园里的落叶了。

下午高万桑提前半小时到，我也认真学习完他题为《宗教地域性及中国都市化》的文稿，梳理完点评思绪。文章的理论重心是当代中国宗教景观的"生态性"。当然，"生态"在他的阐述中只是一个譬喻，指的是一个宗教的社会延伸或退缩会影响到其他宗教的社会空间大小。但今早出门时萨比娜"德国鸟不吃大米！"的话让我走神，联想到晚清中国基督徒的绘画中耶稣形象是穿长衫的中国人，而当代西欧禅修中心里供奉的释迦牟尼佛像还是亚洲型的。

是否中国宗教人口更能把外来宗教本土化？或者说西欧佛教徒只接受佛教教义而难以接受佛教的亚洲文化习俗？宗教改宗或转型

（religious conversion）的物质表述是否应该从某个地域特定的自然、人文生态甚至饮食习惯着手来研究？

晚上陪高氏晚餐后回到家已经过了九点。放下背包，不顾两位千金满脸的问号，我去查看了院子里的鸟食盘，空了！

“花馍”和“饺子”的相互解释

周　星（日本爱知大学）

在黄河流域中下游的麦作地区，老百姓的饮食以面食为主，面条、馒头、饺子、馄饨……面食种类很多，在这些地方“做田野”，大概都会喜欢上它们。但研究者在调查现场常会“遭遇”的各种食物，既有吃起来分外可口的，也有难以下咽的；它们既有看起来不需要打破砂锅问到底的，也有不少令人迷惑、一时想不明白的。随着对当地人们的生活有越来越多的了解，往往就会有对食物颇为不同的心得。

2007 年春节，我是在陕西韩城党家村过的，趁着过年做一点民俗调查。春节期间是村民较多举行婚礼的时节，我也碰上了参加村民婚礼的机会。新郎家院子不大，这天挤满了前来行礼、贺喜和看热闹的村邻。主人家招待大家，吃“流水席”：每人一碗饺子，来了就吃，吃了就走，以免人多拥挤。问题是流水席的饺子特别小，大概和我们在北京饺子馆里吃的饺子相比，只是其四分之一的大小，虽比西安饺子宴的“珍珠饺子”稍微大点，但确实称得上是“迷你”饺子。我询问主人为什么做这么小的饺子，主人笑一笑，并不回答，只是说饺子小，包起来太费事，要为今天的流水席准备足够的“迷你”饺子，新郎的母亲和亲戚们连着累了好几天呢。再问其他村民，也没有谁能回答为什么饺子这么小个，却都说包小饺子很费人，自己家里包饺子，不会包这么小的，流水席上吃的就是麻烦，这就是当地的风俗。

2007 年 8 月，我再次到党家村做调查。我所住的村里的那户人家的房东大妈，有好几天显得心事重重，一打听，才知她正为一件事烦恼：年近八旬的舅舅要过生日了，必须去行礼，表示孝敬。按当地传统，一般要做“花馍”给老人家贺寿，呈送的“花馍”还得是一种特别制作的“寿盘”。但做这种“寿盘”颇费手工，还得准备多种好吃的馅料。房东大妈想，现在乡下也时兴生日蛋糕了，就去附近镇上定做了蛋糕，很大盒的，显得洋气又时髦，虽说花了点钱，也算能够表达心意了。买回蛋糕，大妈却闷闷不乐，总觉得哪儿有点不对劲，总觉得对不起敬爱的舅舅。再有两天，就要去舅舅家行礼，她犹豫再三，最终还是决定要为舅舅亲手做一个大“寿盘”。时间紧，备料又不够，尤其是那馅料，需要用芝麻、花生、核桃仁、果脯、砂糖等来配制，大妈觉得好久不做“花馍”，也有些手生，于是，她就动员了几位近邻大婶一起帮她做。如期给舅舅送去了“寿盘”花馍，回来后她给我讲起这件事，说幸亏亲手做了“寿盘”，因为舅舅根本就不喜欢腻人的奶油蛋糕。

一天晚饭时，和房东大妈聊天，她一句话让我把小饺子和大寿盘联系了起来。大妈说，乡下人讲情分，这情分只有亲手做了才算数。我一下子恍然大悟，原来在村民们看来，情分的真挚不能用钱买来，你得亲手做，而且越是费时、费事、费心，情分也才显得越为珍贵和诚恳，

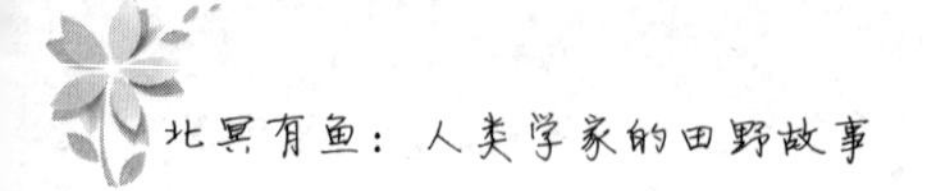

所以，大妈觉得为了舅舅，必须得亲手做“寿盘”，里面再包进各种费心配置的馅料，总之，这个做的过程越复杂，她所表达的孝心也就越能让她心安理得。相比之下，花了钱的蛋糕来得太容易，不用费心做，就总觉得对不住舅舅。同理，婚礼流水席上的小饺子，正是因为它包起来特别费时、费事，要让上百人都吃得到，委实不容易，但正是在这份辛苦劳累之中，饱含着新郎父母为儿子办婚事的那份沉甸甸的心愿，以及对每一位来宾诚挚的答谢。我们做人类学田野调查时，通常很难测知情感的浓度和厚度，但在党家村，我切实体验到了乡民们表达心愿时的那份质朴的厚重。

物心交错的几个瞬间

王铭铭（北京大学）

沙漠上的一棵小树

在沙漠之城通布图（这座城位于撒哈拉沙漠边缘，外观只是一座华北村庄那么大，但内部隐藏着许多历史的奥秘），一天中午，气温依旧接近50℃，我到城外走走，瞧见沙漠上有一棵小树，约一米多高。就是在这么小的树下，居然坐了一小群人！我走过去，发现众人在树下环绕着一个烧煮着的茶壶，席地而坐，聊得不亦乐乎。“为什么大伙儿坐在这？”我问。他们说：“因为在树下好乘凉。”那么小的树怎样乘凉？我不相信，探头往小得可怜的树荫下试温度，马上大吃一惊：比起小树周边50℃之多的高温，小树下的温度怕是低了有10℃，我大为赞叹。老话说“一方水土养一方人”，比起中国南方的任何地方，通布图都不算有什么水有什么土，在这座名城里有的只是沙子。可这里的人们自有他们养育自己的一套办法。沙漠上的那棵小树不知是怎么长出来的——在烈日暴晒下的沙原之上，居然会有它。若是在我生长的南方，这么小的树永远不会进入人们的视野，它个头太小，树叶太少，兴许只有小鸡小鸭会在它下面乘凉。可在撒哈拉沙漠，情况却截然不同。我当时想，这帮在树下乘凉喝茶的非洲兄弟们，不知多早就起了床（他们的“床”多数不过是沙上肮脏的帐篷内的一条发黄的布）来占据这块神奇的地盘了。他们闲聊什么我听不懂，只跟他们嘻嘻哈哈了几句，他们知道我想尝尝他们煮的茶，于是倒上一杯递了过来，我一饮而尽，后果很严重，我没有抵御住煮了一天的茶对我的肠胃的挑战，吐了一地。

由西夏与大理历史上的创造想到的

游荡于西夏和大理古城的地盘上，我对西方社会学家提出的民族国家理论产生了鄙夷之感，这些学者把近代社会形态的形成全然归功于欧洲封建向国族的转变，他们全然不知道，被视为近世欧洲独创的那些国族制度，早已在古西夏和古大理被王者与文人实践过。不同的只不过是，对东方的这类王国而言，宏大的帝国近在咫尺，“民族”生存难以长久。然而，道理似乎也不全如是。对我说的这件事有兴趣者，倒是可以想象一下所谓“中国的周边”，到日本、韩国、越南、缅甸、老挝、柬埔寨、泰国等地看看，那里，人们除了能够目睹“汉字文化圈”的余晖之外，还能体会到，王国到国族的转型是可能的，而其中间的环节居然是西方殖民主义——是这种东西自身被套进了当地既有的体制中不能自拔，而最终必须经由“分而治之”实现自我的逃匿。

阿尔卑斯山上一条杰出的狗

在法国南部阿尔卑斯山村的那段日子里，我遇到了一些使人难以忘怀的人与事。其中，让我最耿耿于怀的，是一条不知名的狗。这条狗个头很大，是守护一座千年教堂的荷兰教士的伙伴。远远看去，它让我觉得有些害怕，但走进教堂，它和它的主人都友好地迎了上来（我采访过的当地教区首领早就来电话告知教士，有个华人学者来山上采访）。我跟教士站在教堂门口说话，狗在我们周边玩耍——这家伙闲不住，老是从周边咬些石子过来放在我们脚边，让我们跟他玩踢球的游戏。并且，这狗从来没有放弃玩耍，即使它的主人忍不住骂它、踢它，它也不依不饶地纠缠我们……最终，我对教士的访谈很不成功，所获资料不足以让我写出任何具有民族志风格的文章。而我，对那条杰出的狗，却没有太多抱怨。

伦敦公园里，与一位英国老太太戏说猪蹄子

在伦敦留学好多年，只能租便宜的房子住，算是有点像做民族志考察吧。有一年，我住在五环外一座大公园边上，每天坐地铁到学校，无聊时，我常于黄昏到附近公园散步。有一天，我遇到一位友善的老太太，相互攀谈起来。话语间，她问我："伦敦物价这么高，你吃得好吗？"我说："不会啊，你们英国人觉得好吃的东西我们中国人不见得

觉得那么好吃，你们不吃的东西有时我们吃。比如，猪脚，你们不大吃，所以超市里猪脚很便宜，炖后吃特别香，买它来吃很合算啊。”听到这，老太太面露异色。我于是问：“怎么了？”她说：“猪脚多肮脏啊。”我说：“哦，我知道。”过了一会儿，我突然想起这一对话具有跨文化比较的意义，于是，紧追不舍，以俏皮的语气问：“假如您的丈夫吃猪脚，您会做何感想？”她果断地回答说：“那我永远不会亲他！”啊，真是如人们说的那样，被一个民族视作美食的东西，在另一个民族中完全可以被视为垃圾。

貔貅、《礼物》与曹德旺

国内各地茶店，均出售泥质貔貅以供泡茶者“养”之。貔貅有嘴而无肛门，传说能吞万物而不泄。国人喜欢这一物，乃因其聚财魔力。我总想，貔貅代表了一种“反《礼物》观念”。法国人莫斯（Marcel Mauss）著《礼物》一书，宣扬散财以促成交换互通，进而促成社会。貔貅观念则相反，这一神话意象宣扬某一聚财而反交换互通之“伦理”，实与自私自利心态有关。然而，国人并非全然为貔貅信仰者。据称，福建慈善家曹德旺在私人别墅前立一大型貔貅，一反传统，雕刻貔貅时，命人为之凿通肛门，且说：“貔貅没有屁股，是只进不出的，很小气。我特意挖了个大屁股，做吉祥物来说的话有进有出。财富如果不漏的话不撑死掉你（才怪——编者），应该要漏。”

印度街头上的猴子和牛

印度城市给我的印象是满街都是猴子和牛，对这些动物，印度人采取一种众生平等的观点，不杀生，所以它们拥有着在都市里四处游荡的自由。猴子在街上乞食，甚至可以跑到人身上；牛自然有年幼的，但更多的牛却浑身皱纹，显然是因为年事已高，不像我国的牛那样，年轻轻就被肢解成一块块食品，没有机会等到皱纹生成。

没有墓地的高原

一位藏族文化名人不小心认我为师，在初次见面时，他问我："老师您对西藏的第一印象是什么？"我回答说："除了为最杰出者而设的灵塔，这是没有墓地的高原！"我暗自寻思，这样的高原对我这样的汉族人来说太神奇了。拥有一块风水好的墓地，从而依旧享用世界，是历史上汉人共享的"历史目的论"；而西藏则不同，那里的人们，把最后"剩下"的肉身献给了世界。

使死者达到永恒的英国方法

我偶然经过一家伦敦殡仪馆（它离我特意造访的著名史学家托尼故居不远），透过橱窗看到，殡仪馆展出种种葬式，有传统的土葬（即在教堂院子内及周围或新建的陵园掩埋死者），有新兴的火葬，有据说也蛮传统的“木乃伊式葬”。其他我不惊讶，我惊讶的是所谓“木乃伊式葬”，这种葬式是追求死者的形体如木乃伊那样不朽，但采取的方法，却是近代科学的方法，那就是，用制作动物标本的方法，将死者遗体做成不朽的形体。还有，令我惊奇的是，橱窗里还展出一座近代英国将军的雕塑，这是一位曾使英国不败于其他国家的英雄。兴许如今英国的死者后世依旧希望其祖先如英雄那样不朽吧。

日本人的普遍之鬼，华人的特殊之灵

在大阪国立民族学博物馆访学三个月，间或会去考察寺庙与仪式。有一次，碰巧遇上某地中元普度。该节庆的核心仪式是在环绕城市的山上点燃篝火，欢迎“鬼”的来临。这使我想到华夏的普度，比如在闽南，普度也意味着祀鬼，然而，供品应放在门外，让无主孤魂享用之后，离开施舍食品的家屋。我于是问，日本人之“鬼”意味为何？有教授答曰：“此乃为所有人类祖先。”“祖先”居然无须有家，在一个特殊的日子里不带姓名地降临人间，得到人间的欢呼！我于是想，这是一种“普遍之鬼”的信仰，与华人祖先信仰的特殊之灵观念（即其无法将祖灵与家族姓氏割裂的习惯）相去甚远。日本人从华夏习得佛教，如其佛教建筑一样，其佛教习俗保留着更多中古的印记。那种对“普遍之鬼”的真正意义上的“普施”，兴许是印记之一吧。而我们呢？历史频繁变化，而它的万种风情都被某种从本土滋长出来的“特殊之灵”观念规定着。

从芝加哥的鸡腿到巴黎的学术享受

我从芝加哥到巴黎与友人聚会，顿时有一个难以忘记的感想：巴黎人比美国人瘦很多，尽管他们吃得比美国人好。在巴黎街头的咖啡店，坐在户外边品咖啡边观望经过的行人，是件美事；在巴黎参观品尝美食，更是件美事，只不过这样做时，我常会想起芝加哥的超市，那里卖的正常大小的鸡，价格都太高，正常价格的鸡，腿大得如羊腿，对我而言虽有些不可思议，对美国一般消费者群体来说却十分正常——这种鸡腿来自用“高科技”养殖的鸡。这种鸡腿经常使我想到美国的另一个特色：美国人开学术讨论会时，喜欢把每个会都办得像全国人民代表大会那么大，让数千人可以同时参加，且喜欢把每个会都办得让不同大学的院系有机会“猎取临毕业的优秀博士生的头”，所以，他们的学术会议除了显摆外没有其他太多乐趣。而法国人则不同。我有一个巴黎朋友，每次办会不过请十来人，有时没有经费，就把家里的古董拿点出去变卖，有了钱，就宴请大家痛快地吃一顿，在酒席上进行真正的学术辩论。

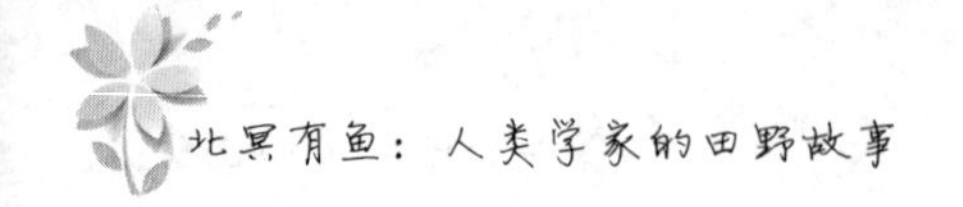

我没死！

罗红光（中国社会科学院　社会学研究所）

1999年，我这边刚完成了《不等价交换》的书稿放下笔，那边就匆匆上了辆桑塔纳轿车从北京赶往陕北榆林的黑龙潭。一路上别提心情有多轻松。昨天刚与女朋友约过会的年轻司机也沉浸在他的美丽幻想的世界里，一路上他开出了140公里/小时的速度。路过山西阳泉路段，这是一条拉煤车的路段，因煤渣而路滑，超车未成，导致严重追尾事故。我清楚地记得当时的情景：眼看着我的车要撞向前面的车，我惊呼道："怎么车停不住？"之后，连撞车的声音都没听见，也没有任何疼痛感，便昏死了过去……当我醒过来的时候已经躺在阳泉的医院里做手术和清理工作，之后半年卧床不起。

连阳泉高速公路的交警都说，这里一旦出事故，总是恶性的，桑塔纳车都当场报废了，但我却没死！这件事让我联想到人类学家在田野中的经历，如费孝通和王同惠的事件如此。我的上司李培林开玩笑说，看来人类学研究都要付出生命代价才能出成果。都说"大难不死，必有后福"，这句话的代价实在太大，不过我只能说我是幸运的。我还联想到人类学家埃文斯-普里查德在早期对苏丹阿赞德人（Azande）的研究中遭遇的与当地巫术有关的一个经典案例：当一个人坐在粮仓屋檐下，粮仓倒塌并把他压死了，那么阿赞德人就会说这是巫术的力量在作怪。当埃文斯－普里查德说粮仓的木头框架已经腐烂，是房屋倒塌砸死的人，阿赞德人却反驳说埃文斯－普里查德在瞎说。连傻子都知道他的死显然是破烂不堪的房子造成的，但这只是针对所有人都成立的解释。阿赞德人的问题根本就不在这里，而是在问为什么在它倒塌时砸到的“是这个人，而不是别人”的问题，作为科学家的埃文斯-普里查德无言以对。联系到我自己的这次事故，或死或生都不奇怪。黑龙潭人说，老天没让我死，一定认为还有事情需要我做。这成了我后来勤奋工作的宗教动力，至少它让我学会了自律。我与阿赞德人、黑龙潭人一样，认为与宣称世界是科学理性的解释相比，虽说仍然是个谜，但是阿赞德人、黑龙潭人的解释涉及了科学目前无能为力的那个领域，他们的答案给事件赋予了人性。对于科学的信仰至少目前无法取代人们对宗教的信仰。

生命长河里渐渐趋于同一的关系

鲍　江（中国社会科学院　社会学研究所）

“这件衣服我不要了，你把它扔掉得了。”

“我如何扔掉它呢？”

“呃……那我带走得了。”

上面这个对话发生在我与伊德茨哩之间。2015年夏天我访问叶青村，住在他家，临行收拾行李时，我随口托他替我把一件旧衣服扔了，结果他委婉而坚决地拒绝了我，出乎意料！

伊德茨哩是中国西南无量河流域叶青村人，纳西族，东巴（祭司），他是我认识多年的好友，我们彼此以“滕布”（义兄弟）互称。

我第一次见到伊德茨哩是在1997年。那时，我在读人类学专业的硕士研究生，因为想了解在我家乡丽江已经消失的作为宗教信仰的东巴文化，我与丽江东巴文化研究所学者和品正结伴，一起到金沙江上游W型大湾以北纳西族地区考察。跟着马帮进到无量河流域，“咚，呱嗒，咚，呱嗒……”东巴仪式鼓声从村落人家传出，打破大山的寂静，令我激动不已。那时，我学习东巴经籍已有时日，也读到许多从现代各种学科出发的解读，但这类研究属于外部视角，始终是隔靴搔痒，所以我一直苦于因不明东巴经籍用途而无从领会它们在原始语境里的含义。那一次，我是在一个葬礼中看见伊德茨哩年轻的面孔夹杂在一伙老东巴中间诵经，一问知道他属猴，29岁，与我同龄。

我与伊德茨哩成为滕布是在2001年。那年，我在叶青村做人类学博士论文田野工作，跨度为一整年，其间回了几次丽江。我的论文题目是东巴教仪式，伊德茨哩成了对我帮助最大的“田野导师”，即西方人类学所谓的“田野工作报告人”。很荣幸，我在他那里获得了徒弟般的待遇，他倾其所知，教我所有仪式流程，为我答疑解惑，每有仪式场合他都叫上我，给了我无数的参与观察与拍摄记录的机会。一身兼四任（“纳西人”“丽江人”“东巴学徒”和“拍摄者”）大约构成我在叶青人心目中的角色定位。当然，交往是相互的，我在叶青村的居留也影响到伊德茨哩，有一回他父亲就客气地感谢我，说因为我伊德茨哩变得成熟起来了。

回到篇首的对话，我觉悟到，我尽管对东巴教仪式宇宙论及人观已有整体性、概念化的把握，但我离发心体会叶青人的心境还存在相当大的距离。伊德茨哩的这个拒绝，让我回忆起当年一个类似的场景。那次田野工作，我住在乡政府客房，离开收拾行李时，我把一条穿破的旧裤子扔到了垃圾堆，当时伊德茨哩也在场，他淡淡地说了一句：“自己的衣物不要了也不能随意乱扔”。当时我听了若有所悟，但过后也就忘了。这回他总算把我引向了这样的思考：物是物，但某物可能不仅只是物。在叶青人看来，衣物是由新穿到破的，一件衣服一穿穿好几年，各人与自己衣物的关系在生命长河里渐渐趋近于同一，乱扔不得，这种关系类似于剑客与自己的佩剑、收藏家与自己珍爱的藏品、球迷与自己钟爱的球队、白头偕老的夫妻，如此等等。同理使然，曾有热心公益人士募集二手衣物赠予叶青人，他们领会其好意，并且明白这些衣物的使用价值，但他们心里并不完全接受这些“来历不明”的东西。

没有检票员的站台

马　强（中国社会科学院　俄罗斯东欧中亚研究所）

2008 年 6 月，我和师弟前往俄罗斯文学泰斗列夫·托尔斯泰的故乡——位于距图拉城不远的小村亚斯纳雅波里亚纳庄园旅行。在这座风光旖旎的庄园里有宁静的小湖、高耸的白桦林、幽长的林荫路、一望无边的旷野，眼前的每一个场景仿佛都是一幅壮美的油画。这位希冀用道德力量拯救俄罗斯的伟大作家长眠于此，一方没有墓碑的坟墓成了托尔斯泰精神的象征，让很多热爱俄罗斯、热爱托尔斯泰的人前来朝圣。

傍晚，我们要坐电气火车从图拉返回莫斯科，在售票大厅买好了票，在站台等车。让我们感到诧异的是，这座州府的火车站站台是完全开放的，站台和周边的居民区甚至没有围墙或者护栏相隔，火车到站后，很多人直接翻越铁路回家。站台很破旧，没有安检机，没有验票器，甚至连检票的工作人员都没有。简易的遮雨棚上挂着一个蓝底白字的牌子，上面醒目地写着“совесть пассажира – лучший контролер”（“乘客的良心是最好的检票员”）。

离开车还有半个小时的时候，开往莫斯科的电气火车已经停在站台上。乘客三三两两地走进站台，直接上车，根本不需要安检和检票。

我们也随着人流上了车，车厢里没有列车员，乘客们悠闲地看着书，或者轻声聊天。我们攥着车票，还在左顾右盼地等着检票验票的时候，列车开动了。电气火车从图拉开往莫斯科的途中要经停很多小站，小站简单得连围栏都没有，乘客下了车，转身就会走出站台，也没有看见有人验票。大概一个小时以后，车厢里走进两个验票员，他们没有穿正式制服，只是手里拿着补票器，胸前挎着一个破旧的票夹。他们挨个查验车票，没有车票的乘客需要补票。我发现，有的没买票的乘客掏出十卢布攥在手里，等到验票员走来的时候，偷偷地塞给验票员，验票员熟练地装进兜里，没有验票，也没有按动手里的补票器就开始查下一位了。从图拉到莫斯科的四个多小时的时间里，一共上来了四拨验票员，这些乘客每次都如法炮制。我的邻座是一位经常往返于图拉和喀山之间的商人，他对我们道出了其中的奥妙："在这趟火车上，我从来都不买票，每次塞给验票员十几或二十几卢布，一共四五十卢布就可以到莫斯科。而要在火车站买票，全程票价要二百多卢布呢。"还有些没买票的乘客在验票员进入车厢后就会躲到厕所里，或者在当时经停的小站下车，快速跑到已经查过票的车厢再上车，这样可以一个卢布都不用花。报纸上形象地称这种逃票者为"兔子"。

火车傍晚从图拉出发，夕阳下，俄罗斯旷野一片金黄。喀山商人告诉我，他以前是工厂工人，后来工厂倒闭了，做起了小生意，虽然两地奔波有点辛苦，但在俄罗斯，只要这里（他指了指脑袋）灵活一点，日子还过得去。说完，他冲我们眨了眨眼，嘴角挂着狡黠的微笑。快到莫斯科的时候，将至深夜。我知道，在莫斯科的几个火车站都是有验票器的，便问那个喀山商人怎么办。他告诉我莫斯科城边有一座小站，那里没有验票器，下了火车便是地铁站。果然，到了那一站，所有逃票的“兔子”们都下了车。喀山商人也下了车，和我们挥手告别，很快便消失在黑暗之中。

多年之后，回想起“没有检票员的站台”、那个喀山商人、那两位熟练收钱的验票员、那些躲避验票的乘客，我仍历历在目。这个故事之所以让我如此记忆深刻，是因为我总觉得这是俄罗斯社会转型的表征。苏联解体之际，严苛的“检票员”突然消失了，“逃票者”的“搭便车”行为不只是逃掉一张火车票那么简单，而是让工厂、矿山、农场以极低的成本完成私有化，这背后是“逃票者”和作为临时执法者的“验票员”看不见的共谋与交易。在没有健全的、行之有效的制度约束下，寡头和官员分别扮演了“逃票者”和“验票员”的角色（有些官员直接成为“逃票者”），他们成为俄罗斯新贵，即所谓的“新俄罗斯人”，一夜暴富。一位俄罗斯朋友对我说，现在俄罗斯生活最好的人就是那些狡猾的能游弋于法律空隙的人。但俄罗斯新贵毕竟是少数，多数人并没有去“搭便车”，就像那列火车上的逃票者毕竟还是少数，多数乘客还是买了票。问题是，既然没有制度约束，逃票成本又很低，为什么并不是所有的人都去搭便车？面对这个问题，我困惑了许久。随着在俄罗斯的经历越来越丰富，接触到的俄罗斯人越来越多，我似乎找到了答案。其实，真正约束人们行为的，就是站台上的那句话——“良心是最好的检票员”。正是有“良心”在，逃票者要面临着巨大的道德压力，人们在逃票获利和道德压力的抉择中往往会选择后者。无法承受这种道德压力，是因为在多数人看来，站台上的那句话不只是写在了牌子上，而是写在了人们的心里。

如今，莫斯科的大小电气火车站普遍设立了自动验票器，没有票的乘客再也不能随便出入站台了。我想图拉的站台上大概也会安装上这种机器，毕竟无序是不能长期存在的。和图拉站台上的牌子上的标语相比，每次看到火车站整齐划一的验票机、安检机都觉得那么冰冷。也许让人的良心成为检票员永远也不能成为现实，但我还是希望立于托尔斯泰故乡站台上的标语不要成为这位文学泰斗的墓志铭，而是俄罗斯文明前行的路标。

“山寨版人类学”的应用价值

邓启耀（中山大学）

2001 年我和当年的知青伙伴——画家老刘等一起回盈江看望傣族乡亲，回程按当年我们“乱窜”边境外五县的路，重走一趟。30 多年前步行时刻骨铭心的记忆，今天在车上一晃就过了。

从畹町往芒市走的那天早上，老刘和我都望着窗外。当年为了避开瑞丽桥的关卡，我们绕山路渡江。走到半夜才到渡口，那时已经整整饿了一天。在江边熬到天亮，渡过江，还得空肚子走半天才能到畹町。到那里才找得到吃的。

正想着，忽然听到司机大叫。随司机手指的方向看去，一辆下坡的越野车，超越了黄实线，直朝着我们冲过来了。我们边喊边靠边停下，那车还是直接撞到我们车上。车被撞横，我飞离座位，背脊把边门都撞凹了。

下车后，才知撞我们的是森林警察，穿便衣，非执勤。问怎么回事，那司机说下坡突然发现刹车不行了，控制不住，只能用我们的车挡一挡。这帮家伙，竟拿别人的命当刹车！好在人都没事，就算救人一命吧。车还能开，我们掉头回镇上处理事故。谁知走在前面的他们，半路

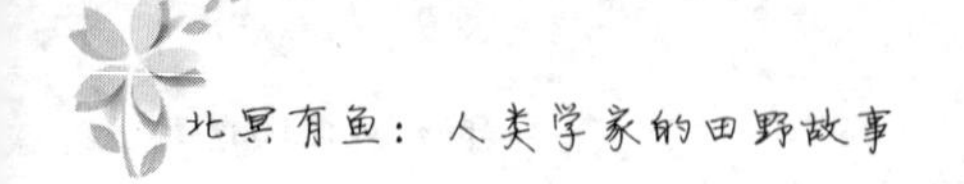

突然拐进一条林区小路，加速逃跑，亏得我们的司机拼命追上，把他们堵回。我们这才明白，遇到了一帮无赖。

第二天他们来了七八个人，全部穿着警服，那气势一下把在场的人都镇住了。他们个个雄赳赳、气昂昂，大着嗓门嚷嚷。领头的说，他最近很不爽，前段时间打了人，最近又丢了枪，接着就撞车了。他明明白白给我们的暗示是：我有枪，会打人，又撞了你们的车，我很不爽，你们别惹老子。那意思我们还成了他不爽的原因之一了。显然，此人心不善。

我也很不爽，一边听一边想，怎么教训一下这个家伙。他带来七八个警察，我们只有三男二女，力量悬殊，谁都可以看出这个形势，只好任由他越说越起劲。他看我们都不吭声，暂停，得意地审视大家。

我开始说话，音量不高："你，有没有发现这些事情的关联性呢？"

"什么关联！"他有些愕然，但依然气盛。

"你有枪而枪丢了，打人被处分了，这次突然车就没刹车了。一次比一次升级，那接下来会有什么？"

"什么？"他的音量有些低了。

"你印堂发暗，似有血光之灾。"我看定他的脸，沉吟片刻，"你有枪，能够和正规军的装备比吗？你打人，可以和鬼打吗？麻烦大的还在后面，撞车只是它们的一个提醒。你自己想想，为什么你们的车到那地方就没有刹车了呢？这地方阴气很重喔。"

他支吾起来。我知道他明白我指的什么，但我不点破，继续充当

域外高人，装神弄鬼说许多玄乎乎的东西，涉及因果，涉及超自然，也涉及做人做事。主要意思是，如果老干坏事，一定会遭报应的。

我滔滔不绝地说了许多，好像对地方历史和某些不可言说之事所知甚多的样子。那人渐渐虚了，弱弱地问："有没有解的办法？"

这种人，光空说不行，得让他肉疼一点才实在。所以，我就卖了个关子："化解的办法呢也不是没有。俗话说，折财免灾，你想免多大灾，就得折多少财。自己考虑吧。"转念一想怕他公款私用（修车已经是保险公司付账），再补充一句，"你烧过香吧？你知道烧香的钱必须自己出才灵"。

他犹犹豫豫，最后还是从自己口袋里掏出2000元。这钱我没要，给了司机，这样我好站在道德制高点继续教训他们。那天我口才空前的好，教训了他们整整一个上午。

他们走后，伙伴们大呼过瘾。老刘问："你什么时候会看相的？"

我这才告诉大伙，自己哪里会看什么相，只是用了一下山寨版的人类学心理学而已。原来，昨天下午无事，我到镇上逛，和人闲聊时说我们撞车了，当地人说，撞车有什么奇怪，不撞车才奇怪呢。我说怎么这样说话呢！当地人告诉我："你知道那是什么地方？你们撞车那地方叫作黑山门。抗战胜利前夕日本人逃往缅甸，被中国军队全歼在那里，中国军队也死了很多人。那地方阴魂不散，所以出事是肯定的。不然，好端端的车，为什么突然刹车失灵呢？"我问："那咋办？每天来来往往那么多车。"他们打开一辆车的车门，车门上粘着两个折叠起来的纸马。“这是当地车解决问题的办法。”他们还教我，回去的时候，到纸火铺买几张马子（纸马），带一点供果，到黑山门纪念碑前烧烧、拜拜，就没事了。我正做纸马的研究，这意外飞来的田野资料，当然得抓住。本来只是研究用的，要是恶警不那么嚣张，也没想到现蒸热卖正好用上。

自我小结一下，这正是：他以力唬我，我以心攻他。借力发力，以心攻心。山寨版的人类学，成！

自以为是

罗红光（中国社会科学院　社会学研究所）

1994年我又一次来到自己钟爱的陕北田野杨家沟。每当我去那里，第一件事便是去位于村落中心地段的小桥滩，因为那里整天有老人们聚集在一起天南海北地聊天，每次我也能从他们的聊天中获得一些关于村落的信息，因此我称小桥滩为杨家沟的“信息中心”。这次我听到了马家有人去世，逝者是我此行前一年见过的一位老大妈，她当时84岁。为表达对她老人家的敬意，我决定参加葬礼。当时我不熟悉如何随礼，便来到“信息中心”的小卖店，并问那里的店员如何随礼。店员便告诉我买了挂面、布帐和香，还推荐说：“你们城里人有钱，可以多买些送去。”于是我按照店员的话买了双份，以此想表达我对逝者的浓重敬意。葬礼那天，我带着礼品，与其他参加葬礼的村人一样，经过一套程序之后呈上礼品。记录礼单的人按照常规记录下了我的姓名、礼品种类和数量。

事后房东告诉我，按当地习俗，葬礼结束后，主家要给参加葬礼的所有人回礼。当时我也认为，这正是人类学“参与观察”的好机会，通过参与这次葬礼活动，我可以学习随礼和还礼的全过程。可是我等了

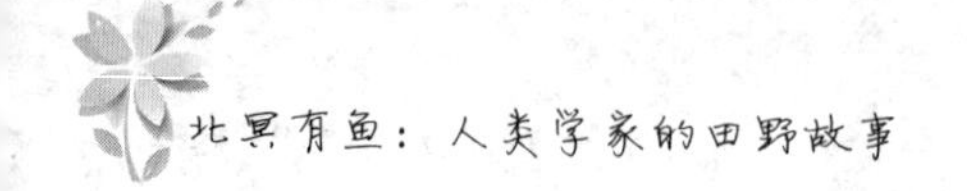

许多天，却不见回礼的任何迹象，就好像从来没发生过此事似的，连房东都觉得葬礼的主家失礼。我自我安慰地想，也许面对外来者可以不顾及礼尚往来。将近半个月的时间过去了，忽然有一天傍晚，葬礼主家的总管捎话来说请我去他家吃饭。我的疑虑终于可以解开了。

来到主管的家，一进窑洞，他请我上炕入座。炕上摆着一个炕桌，其他都很简洁。随后郑重地端来了在当地来说属于佳肴的鸡蛋挂面。我们一边吃一边聊天，我也沉浸在回礼的感觉中，忽然老人凝重地向我说："我们这里讲究还礼，但是你的随礼数额高出了我们家族长老的额度，所以不知道该如何给你还礼。还礼少了对不起你，多了又对不起长老，规矩也不是这样讲的。"我恍然大悟，这里的随礼是有规则的，礼钱并不是多多益善啊！在仪式的规矩上，办仪式的家族长老先规定一个额度，自己出最高的那一份，其他人的随礼都要逐渐地按辈分递减。我犯了一个致命错误：那就是，我以为随礼多一点可以表达我更多的敬意，可是这却打破了当地人的权威秩序。如果给我多还礼，我就似乎成了该家族的长者似的，这意味着对长幼有别的亵渎。

日子久了，我还参加过其他葬礼和婚礼，同样，人们按照长老所规定的最高额度安排各自辈分的那份额度即可，由此我通过各种仪式可以清晰地看出消费等级和权威秩序。在杨家沟，我发现那些几乎不能劳动，甚至没有多少钱的老人同样具有很高的权威。看似普通的礼尚往来，其中却有这么多的文化观念和实践规则在其背后发挥作用。这让我想到：人类学家的田野工作实际上就是在田野实践中学习他者文化的过程，而非以科学家自居，用自以为是的量表居高临下地“调查”别人。人类学所说的客观性就是在这样一种道德情操中得以呈现的。

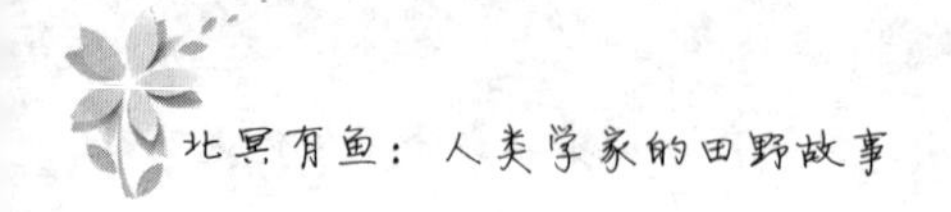

厕　所

陈如珍（香港中文大学　人类学系）

因为关心民工的议题，我在中国进行田野工作时经常在思考的一个问题是：什么是城乡差异？我们说民工跨过城乡的边界来谋生，究竟他们跨越的是什么样的差异？城乡的差异是像国家管理的行政区划般有一条清楚的界线，跨过这条线就是另外一个地方？或是像过去有城墙的市镇一样，进了城门就是城？在日常用语中，对都市人而言，农村总在一个模糊的远方。对农村人而言，城市代表了某些日常用品、住宅形态、公共建设的获得。对两者而言，城乡的边界其实都是一个带着价值判断的模糊想象。在田野开始几个月之后，我有了一个难得的机会，透过在一段通往黄土高原的长途旅程中上厕所的经验，身体力行地明白了城乡差异是什么。

2000 年 5 月，在中国社会科学院罗红光老师的带领之下，我加入了一个来自日本的友好访问团体，从北京去陕北的黑龙潭植树。对于没去过中国的农村、没看过黄土高原的我，这是一趟新鲜的体验。我们从北京的郊区坐上长途巴士，从石家庄一路往西行，经过山西，穿过黄河，直奔陕北。在阳光炙热的正午时分出发，直到第二天早晨才抵达目的地。在长途巴士上，夹着正中的走道两边，各有一排上下铺的床。宽度不到一米的一张张铁床，卖两张票，让两位乘客共享。我和一位初识的日本女孩，只能勉强并排侧睡，尴尬地比手画脚搭讪着。相比于我们的无所适从，特意到北京接我们的几位陕北大汉，一老一少、一胖一瘦地配对，在窄床中肌肤相亲地挤着。他们操着乡音，开心地聊着，或坐或卧，抽抽烟，习以为常。破晓之前，巴士从山西中部穿越黄河进入陕北。我跟着仍然清醒着的陕北大叔，站在敞开的车门边，等待人生中与黄河第一次相遇的那一刻。那不是一段特别壮阔的河面，但是在寂静的月光下，河水的低鸣和翻腾，在我心里刻下了如浮世绘的浪花般隽永的印象。

过了黄河之后不久，长途巴士就在黄土高原上迎来了一个阳光灿烂的美丽早晨。当巴士在一个高崖边停下来后，过了在巴士上颠簸闷热的一夜，大家陆续下车寻求“解放”（上厕所）。眼前是连绵到天际、一片又一片、光秃秃的几乎没有任何植被的高台土丘，还有夹在土丘之间、高度陡降、一道一道狭长的山沟与错落其间的村屋。不论地形的高低变化，放眼望去尽是深浅不一的黄泥色。这样单一的地景色调，同样漫天的黄沙，却有一种绝境的美，让人深深地敬畏。面对这片美景的高崖边有一片短墙。等我看够风景，回头发现同伴们都在短墙附近抽烟，闲聊。我知道那就是我们到此一游的目标了。急急忙忙走近时，我却倒吸了一口气，犹豫了起来。

上厕所，对我来说是田野工作开始后的一种日常的挣扎。在巷弄胡同间的公厕，男女厕所隔间共享一道沟，没有冲水的设备，味道自然不是很好。除了臭味之外，更让人尴尬的是厕间是没有门的，彼此之间，往往仅有一道及腰的隔间墙。上完厕所若想要站起来着装，不免会打扰隔邻的隐私。当上厕所的街坊来来去去时，更是完全没有隐私可言。在新的商场大厦里，虽然有抽水马桶也有可以上锁的门，但也常见使用厕所的朋友开着门聊天，让人觉得无法那么"自私"地把门给关上。即使有这些经验，但在黄土高原上的那个"厕所"，还是不同。它更进一步，连隔间的短墙也省却了。所谓的厕所只有在悬崖边的地上并排的几个坑洞，眼前是震慑人心的黄土高原，背后则仅一道隔开坑洞与马路的短墙。没有门，没有隔间，没有屋顶。我从没见过风景如此壮阔、使用厕所的同伴之间又如此坦诚的厕所。心里快速地转过不同的"裸露有理"画面：体育馆的更衣室、公共浴池，还有露天温泉。但是坦诚相见泡温泉或是更衣和一起解手还是大大的不同。尴尬程度完全不可比拟。罗红光老师，一边和人聊着天，一边把我的犹豫看进眼底。他慢慢地说："小陈啊！从这里开始，就没有有墙的厕所了。"他抽了一口烟，嘴角促狭地笑着。

"从这里开始"这五个字完全捕捉了我的注意力。这几个清楚简单的字，有力地标示了就在那里，在那个当下，我们进入了一个不同的中国。那一个悬崖边的厕所，像是界碑一般，划分了两个不同的世界："繁复的"相对于"朴实的"、"文明的"相对于"原始的"、"进步的"相对于"落后的"，或是"城市的"相应于"农村的"。所谓的城乡差异，其实不在于一个能够在地理空间上画出来的界线。城乡差异不仅是空间的区隔，更是物质经济的区隔。

那一个清晨的领悟，在往后的一年多的田野中一再地提醒我，以经济和物质条件为基础的社会分层，很容易被包装成城乡差异。以城乡差异之名，合理化了阶层的差异，最终成了“农村人不行，素质就是不一样”这样内化的价值。厕所，是物质的也是话语的，标示了城乡和阶层的差异，以及两者如何混而为一。

“一只混在羊群里的狼”

刘　谦（中国人民大学　人类学研究所）

2013到2014学年，受富布莱特奖学金资助，我有机会到宾夕法尼亚社会学系访学，期间在导师安奈特·拉瑞（Annett Lareau）教授的指导下，在费城市区一所公立小学开展田野工作。

在那里我看到因为政府对公立教育投入锐减，教师、员工、家长怨声载道。2013学年期末，学区解雇了将近4000名教学人员，相当于每5个教工中，就有1人被解雇。教师们忍无可忍，2014年3月19日晚上6:30，学区教师工会（Philadelphia Teachers' Federation，PTF）在女子高中礼堂集合，商议对策。

在女子高中教书的E老师，是我的好朋友，告诉我这个消息，并理解我很想看看美国“阶级斗争现场”的心情，便想方设法帮我入场。我先到Q老师的办公室。在那里，见到她的好朋友Eric，他们经常一起合作教学项目。Eric同时也是PTF在女子高中的工会代表，四十来岁，是一位有点秃顶的白人男性，身着红T恤，脖子上挂着相机，行色匆匆。Q老师直截了当地把我引荐给他，并介绍我作为一个外国人，一个访问学者，只想体验一下，能不能进去？Eric直接拒绝了我们：“不能！只有PTF会员才可以进。门口要查验身份证和工资条。工资条上面可以证明你是这个学区工会的会员。我可以把照片拍好，明天发给你。”

Q老师和我有些泄气。然后，我们决定先到会场看看什么阵势。到礼堂大厅一看，比音乐会验票还严格。音乐会也只要求一张票，而这里，要检查身份证和工资条这两样证件。一队老师正在排队，等待核验身份证等。同时，大厅里充满了人们相互问候、拥抱的嘈杂声。我趁着人多，绕过验票的桌子，想直接溜进会场，却在门口被拦下。结果，我不得不回到注册的桌子那里，拿着自己的在美国的身份证，想蒙混过关。人家看我没有会员工资条，也不给我换票。这时Q老师赶来，亮出她的工作证和工资条，才换了张入场券。我俩一嘀咕便决定，把Q老师的入场券给我，而Q老师正乐得自己回办公室加班。

我们暗自庆幸：看来这个流程，还是有漏洞啊。

正在沾沾自喜，映入眼帘的是几乎座无虚席的千人礼堂，不同区域还飘扬着不同学校的校旗，而那满眼的红色T恤又让我心里一惊！原来，红色是PTF的标志性颜色。今天，绝大多数教师都身着大红色T恤衫出席大会，或者红毛衣，或者红裙子，或者红围巾。我一面为这具有行动力的集体意识表达所震撼，一面寻思着我这一身没有一点红颜色的东方开禁衫和少见的亚洲面孔该怎么应对。我心虚地想，可能我真的是这里唯一一个非PTF成员吧。好在我瞄见最后几排也有个别没有穿红T恤的人，我便猫腰坐在那一小撮人里。坐下之后，赶紧低头看手机，不

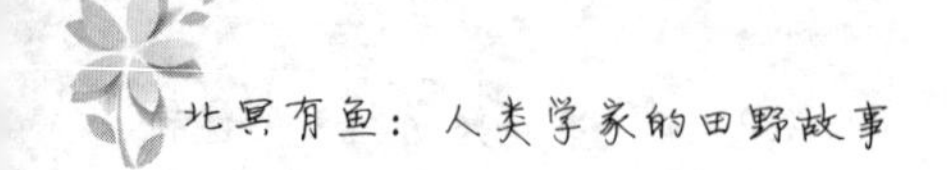

敢理会周围人的搭讪，生怕一聊天就露馅儿，人家再把我检举出来。我小心翼翼地伪装着，按照咱中国人的话讲："一只混在羊群里的狼"。

人家不愿让我看，我偏要看。人家不愿让人知道的事情，人类学者却处心积虑非要搞清个来龙去脉。人类学的田野工作，常常以窥见不为常人所知的景象与信息作为成功的标志之一。哈佛大学赫兹菲尔德教授在一次演讲中，干脆说："人类学研究实际上就是对小道消息的研究"。小道消息从来不是公开的，恐怕传播者也无心被研究。而人类学者，作为听者，却也是"混在羊群里的狼"。

羊和狼，属于不同的种群。人类学者参与得再深入，也永远不可能从内到外成为当地人，更何况总是怀揣着那份人类学的理论使命。把人类学者比作"狼"，是因为"狼"的伺机有心和"羊"的无知自然，使"羊"在浑然不觉中，有可能被伤害。好在人类学者不是真的"狼"，更多是在运用自己的知识为社区人民服务。但是，"狼"的比喻，也足够提醒我们，不要滥用田野中这份"混在羊群里"的权力关系。否则学者将因此失去信任，学科将再次蒙上侵略与殖民的色彩。

在“田野”胡思乱想

周　星（日本爱知大学）

人类学者总喜欢谈论他们的“田野”。其实，绝大部分的田野经验很难为他人分享，因为，归根到底，那些经验非常个人化，第三者很难设身处地地去检验或者想象。我也不大相信田野工作的方法可以在教室里由老师传授，因为每一个“田野”都不一样，人类学者在“田野”面临的问题，又总与他们各自设定的课题或非常个人化的兴趣密切相关。在我看来，“田野”经验完全不需要被神秘化。

我自己没有太经典的“田野”经验，说起来，只是随机应变，很多事情是在“田野”中发现、“田野”中解决，所以，我比较主张不必过于在意教科书告诉我们的那些“田野工作”的招式，倒是不妨在“田野”中去思考各种甚至是不着边际的问题。1994～1996年那几年，我参加了中日民俗考察团在云南丽江的调查，为自己设定的课题是了解丽江地区的医药生活与文化。我在丽江古城调查那些草药摊子，去丽江周边的山村调查农户房前屋后有哪些植物在乡民看来可以入药，访问著名和不那么著名的纳西族“草医”，也访谈因病成医的普通乡民，同时，还去乡村卫生所了解情况，总之，想尽了力所能及的办法，最终完成了

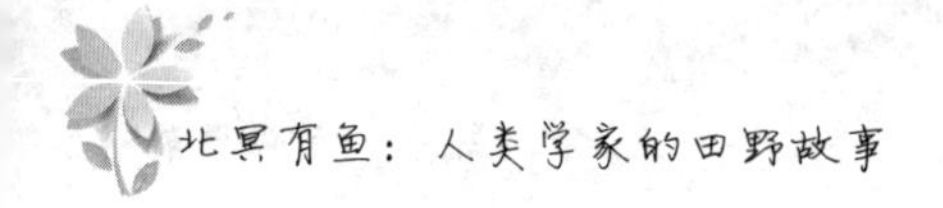

调查报告的撰写。但对我个人而言，当时最大的收获反倒是在东巴文化研究所翻阅东巴经有关文献时对“宇宙药”的偶然“发现”。

“宇宙药”是我自己原创的概念，我用它指称基于某种宇宙论或对宇宙秩序的想象、解说而成立的药物。东巴经《崇仁潘迪彻舒——崇仁潘迪寻找长生不老药》讲述了主人公为医治母亲的疾病，外出寻找长生不死药的故事。这种药“点到天上，天空高又广；滴到地上，地面宽又阔；滴到日，日迸出红光；滴到月，月射出白光”。奇异的宝药可以穿透生死两界，献于母亲灵前，“虽然死了不能又复醒，但愿回到祖先故地后，病了能医好，给饭又能吃，给衣又能穿，给马又能骑”。当时是基于直觉和冲动，就将东巴神话里的这种“药”命名为“宇宙药”，但令我兴奋的还有自己一些未必有严格逻辑性的胡思乱想：

在和纳西族同属彝语支的彝族的彝文典籍里，居然也有反映“药”可以穿越生死两界之类理念的《献药经》。这两个民族更古老的历史或许可以上溯至西北泛羌系统的文化。而在西北，上古时曾有西王母、昆仑山和“不死药”的诸多神话与传说，部分汲取了泛羌文化的藏文化也有类似的药物实践，同样也多少汲取了一些泛羌文化的周秦文化，后来出了一位秦始皇，他统一天下后最热衷的事就是寻找长生不老药。秦始皇从西往东找去，最后“发现”了“蓬莱”仙岛；汉武帝则由东向西，试图邂逅西王母，想和后羿一样从她那里获赠不死之药。秦皇汉武开拓了一个漫长的帝王探寻长生不老药的文化传统，由此生发出道教的丹药实践。中国古代丰富的药书包括著名的《本草纲目》在内，往往有很多“海岛仙方”或服之身轻、延年益寿的表述。岂止只是表述，正如明人高濂撰《遵生八笺》明确记载的那样，长生不老一直是古人服药养生的一种信仰。直至当今，一方面医学昌明，延长寿命的各种举措日益成熟；但同时，被认为可以“延年益寿”、其原理却暧昧不明的滋补商品和药品依然大行其道。冬虫夏草和人参被反复神秘化背后的文化逻辑，还有在南北各地百姓中大面积存在的“端午百草为药”的理念……就这样，我一边在丽江各处调查医药方面的事项和知识，同时却也在没完没了、毫无边际地胡思乱想。

因为受到东巴神话里某些描述的触发，那些天在丽江做实地调查时的胡思乱想，居然令我在完成田野调查报告的“正业”之外，获得了有关“宇宙药”之类全新的思考，至今“宇宙药”仍是令我着迷、并一直试图做深入探索的研究方向。

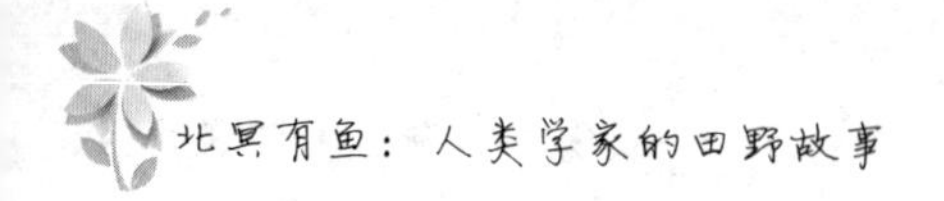

与"神经病"们欢聚在田野

杨春宇（中国社会科学院　民族学与人类学研究所）

有一种说法，即人类学专门研究"另类"。这话当然值得好好反思，不过本文大约可以幸免于难，因为"神经病"在任何文化里都是另类，而这篇小文，就是要谈谈我在田野里遇到过的形形色色的"神经病"。

初遇"神经病"，是在大一那年参加的一次全国范围的抽样调查中。按规则，调查员入户之后有一定权力选择被访者，于是我挑中了窗边那位看起来满和蔼的大叔。不出所料，问卷完成得很顺利。在这个暑气将尽的傍晚，我突然意识到坐在我面前的是最后一位访谈对象了，将近一个月的忙碌终将告一段落，于是长长舒了一口气，提出最后一个问题："除了上面说的这些之外，您还有什么要补充说明的吗？"

"啊，对了，我神经上有点不好，不要紧吧？"大叔依旧和蔼地笑着。

"啊？"

晚上回宾馆汇报完情况后，领队老师亲切地叫了我一声"大哥哎！"

我哪敢答应？讪讪地解释："只要没犯病，神经病的话也还是可靠的……吧？"

在某种意义上，正是"神经病说的话怎么就不算数？"这样的思考把我从社会学引到了人类学。真正独立开展田野工作之后，因为研究的是宗教，碰上各种奇人的概率也“水涨船高”，其中自然包括更五花八门的“神经病”。

那是一个午后，我在鸡足山一座古刹的廊下纳凉，有一搭没一搭地与一位年轻的居士聊着天。寺里帮忙的居士主要以老年妇女为主，这让我特别想了解他的人生和想法。在聊到第三个钟头时，这位居士似乎下了很大的一个决心，凑过来压低声音说：“你这个人可以，来跟我一起创业吧！”

我一惊：“您做什么事业！”

居士把眉头一皱：“啧，你懂的！”

“我……不懂。”

“就是……这么说吧，我在北方联络了一位将军，还有部队里的很多军官。天南地北，我们有很多同志！”

明明是初春的午后，我却觉得脖颈儿里一凉。

分手时，我还是忍不住身上残存的人类学习气，想问这位“同志”要个联系方式。

他用力拍了拍我的肩膀：“时候一到，你自然就知道了！”

第二天，寺里就没了他的踪影。于是到今天，我还像戈多一样在等待着。

福柯说，疯子的世界其实并不荒诞，而是充斥着另一种理性，只是这理性建立在与众不同的假设之上。这一点，我在与保罗的交往中理解得最为深刻。

曾经在国内学术刊物上看到过一种不靠谱的说法：澳大利亚人口中的四分之一都有精神疾病。我至今搞不懂这是为了说明人家的心理医学昌明，还是资本主义的罪恶滔天。在我做志愿者的教堂里，倒是有种说法——来这里吃早点的流浪汉，一半都“脑子有问题”，其中就包括保罗。

与大多数流浪汉不同，保罗穿得总是干净得体，戴着一顶当地常见的宽檐帽，待在角落里羞涩地笑着。他常来教堂，却并不是基督徒，他虔信印度的“赛巴巴”，却又与本地教友保持距离，据说是因为看不惯中产阶级的信仰方式。

在大约三个月的时间里，我们都会在社工中心的活动结束后，去公园里的长椅上聊两三个小时。话题从生活、家庭、社会问题到中澳文化，无所不包。保罗没有正经职业，却对很多问题都有独到的见解，正好可以给我提供一个中产阶级之外的视角来看澳大利亚社会。

我回国前，我们见了最后一面。出乎意料的是他递给我一个厚厚的信封，里面是他深思多年的整整一套改造社会的方案，是借教堂办公室的打印机陆陆续续打出来的。

“澳大利亚已经没救了，希望你回去后能用它来拯救中国。”他依然羞涩地笑着。

这样的经验还有很多。有一次我跟人在庙子里聊了一天，自信收获满满，一出庙门却被人问：“你干吗跟一个疯子聊那么久？”又有一次在新华书店里听店员说有人要买《推背图》，转过去详问，那老人却连一句完整的话都说不出来，店员都说这人“怕是神经有问题”。

这些别人眼中的“疯子”“神经病”，对人类学者来说却往往是打开另一扇大门的钥匙。每当我面对酒桌上拍着胸脯的官员和满篇“很大程度上”“毫无疑问”的学术文章时，总会想起这些被抽样框省略掉的“另类”们，明白这表面上“不动如山”的社会，背后却是“难知如阴”。

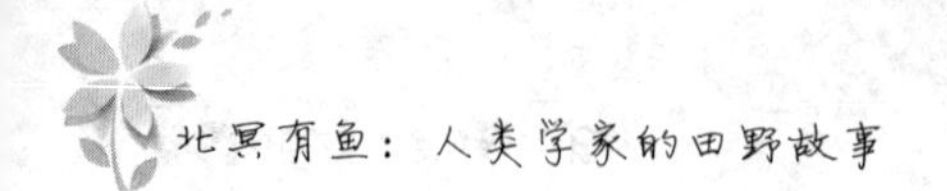

身份的尴尬

刘正爱（中国社会科学院　民族学与人类学研究所）

初次做田野是在家乡。靠着母亲和兄长的关系，从踩点到确定调查地点，再到后来的调查都是一帆风顺的。乡人的淳朴与友善一直是支撑我把田野做下去的强大动力。那时我在日本留学，每次到村子里，一些村民便会说“那个‘日本人’又来啦”。其实，他们知道我老家在县城，更知道我是中国人，但他们还是认定我是“日本人”。原因很简单，因为我住在日本。这种身份认定中不包含任何价值判断，更没有丝毫的恶意。假若我住在北京，他们会叫我“北京人”。

后来的情况就不同了。记得在写博士论文的时候，经定宜庄老师的介绍，我到福建去调查当地的满族。福建满族联谊会负责人张先生（为了保护个人隐私，此处对人名做了技术处理）热情地接待了我。在福州，张先生带我拜访驻防旗人的后裔，查找福建满族的相关文字资料，寻找庙宇、石碑，去看终未能免于拆迁之厄运的八旗会馆等，后来，他又亲自带我去琴江满族村……张先生是我福建调查的第一位报导人，在他无私的帮助下，我顺利完成了第一次福建调查。我对张先生的感激是无以言表的。

然而，就是这样一位热心人让我第一次遇到了田野中的困惑与尴尬，让我哭笑不得。原来，他在带我去琴江之前就已经跟村里人打了招呼，说此人有可能是日本特务，千万要小心，最好不要接待她。此后他又多次专程从福州赶到琴江再三嘱咐。

当然，我是后来才知道的。当时琴江的许先生不仅接待了我，还为我提供了吃住之便，并成为我在福建调查最重要的报导人。

现在想来，十多年前张先生那令人费解的所为，可能与福建特殊的地理位置有关，也可能与他和村庄之间错综复杂的权力关系有关。无论如何，我还是要感谢张先生，毕竟在那种极为“特殊”的情况下，他帮了我。

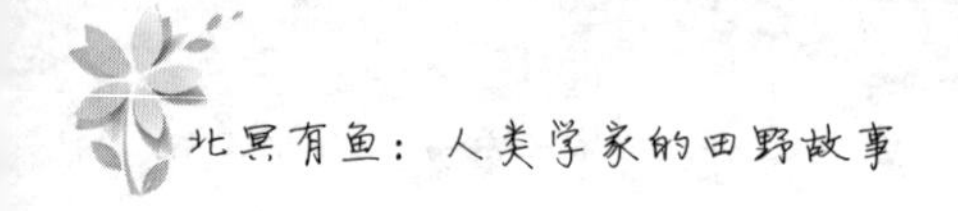

淡定的时间

刘　琪（华东师范大学）

生活在现代社会中的我们，对于时间，总是有很精确的概念。一年被划分成12个月，一天被划分成24个小时，一个小时又被划分为60分钟……我们总能很清楚地叙述“某一天的某个时刻”发生了什么，也能清楚地讲述未来的某一天打算做什么。在“惜时如金”的社会，守时被认为是必备的美德，因为你没有理由浪费别人的时间。

因此，当我来到这个位于滇藏交界处的小镇——德钦，看到当地的藏族人如何大把挥霍时间的时候，我感到一种深深的不适。对于他们而言，喝酒似乎是比工作更加重要的事情，即使是工作日，如果没有特别的要务，他们也可以从中午（甚至从早上）开始就泡在酒馆里面，从一家到另外一家，从一拨人换到另一拨人，讲的几乎都是同样的笑话，说的几乎都是同样的事情，就这样，耗掉整整一天时间，却没有任何的罪恶感。

当我还在内心里谴责这种不负责任的行为的时候，他们的所作所为，却再一次给了我这个“文明人”当头棒喝。记得那天，和一位当地朋友约好上午九点一起下乡访谈，之前我曾再三叮嘱再三确认，得到的都是满口承诺。然而，当我在八点五十分收拾停当，开始一遍遍打那位朋友的电话的时候，传来的却只有悠扬的铃声。快到中午十二点，当我脆弱的神经已经几近崩断的边缘，电话终于被接了起来——理由很简单，昨天晚上醉酒了，没爬起来。电话那头传来藏族人标志性的毫无悔意的哈哈大笑，我却气得在心里扇了他无数个耳光。

类似的教训，在我的田野经历中还发生过数回。有一次，泥石流导致山路垮塌，我和另一位当地朋友被堵在了村子里。我在那里上蹿下跳，心急如焚，因为第二天，我还在县城里面约了人访谈，所以，我给村里的主人和陪我进村的朋友下了“通牒”：今天无论如何要赶回去。我的愤怒当然是无人理睬的，他们已经开始在那里淡定地商量晚上是不是要杀只鸡、搞两瓶好酒一醉方休，还一边劝我不要着急，着急也没用，约好人没去也没事的，等等。事实最终印证了他们的劝告——路没修好，回不去，而且我自以为自己约好的那个人压根也没在家里等我，而是和朋友一起到丽江泡温泉享受去了。抓狂的，永远只有我一个人。

于是，我开始逐渐学习放慢自己的时间。我也知道了，藏族人所谓的“昨前天”“明后天”只是一个大致的约数，从明天开始到未来一年内，几乎都可以被归为“明后天”的范畴。时间嘛，总是大把大把有的，不用着急。于是，在找不到人访谈的下午，我也逐渐学会了如何度过漫长的时间——搬一把小板凳，坐在晾晒的屋顶上，看蓝天上云的变幻。我仔细看过两朵云如何并为一朵，又如何分成好几朵；也看过一朵云如何在风的侵蚀下逐渐变小，变得只有一丝，最后，那一丝云又如何

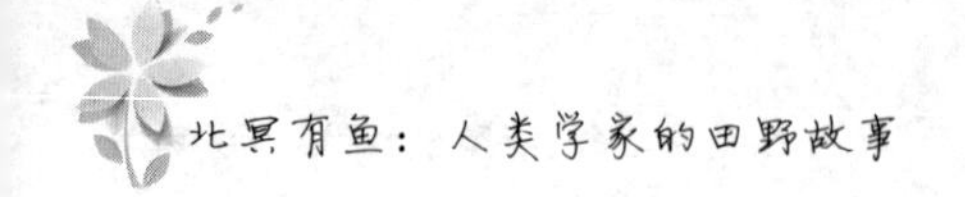

淡淡隐去。原来，在没有事情做的时候，内心也可以如此平静。

从田野回来之后，每当看到萨林斯那本《石器时代经济学》，看到他笔下热衷于休闲享乐而不是努力工作的原始人，我总是能发出会心的微笑：曾经，我也感受过那样的日子。

走过那曲*

朱炳祥（武汉大学）

还没有来得及想点什么，我就一脚踏上了青藏高原！

布琼的家就在那无边草毯的另一端。这是一顶不足10平方米的黑色帐篷，帐篷的门朝向东方，太阳每天把第一束朝晖馈赠给了这个牧民家庭。布琼全家9口人，全都生活在这顶帐篷里。他今年38岁，他的妻子次仁卓玛与他同岁。他的一个27岁的弟弟桑吉与他们住在一起。他们有六个孩子：洛阳，男，11岁；阿丽，女，10岁；扎巴，男，9岁；才玛，女，8岁；丘嘎，女，7岁；英卓，男，3岁。帐篷里最重要的财产是床，除了开门的那一侧以外，沿着帐篷的三边挨着摆满了六张床，组成了一个横写的“U”字。“U”字的中间是灶台，兼做案板与饭桌，次仁卓玛烧水、打酥油茶在这里，阿丽读书、写作业也在这里。帐篷的一端还有一张小桌，供着他们信仰的佛像。

布琼有着一个特殊的打扮：这里的男子都将头发盘上去，而他却

---

* 作者原文标题为《寻觅对跖人》，由三则故事组成，分别为“走过那曲”“深山夜遇”及“纳木错畔的候龙者”，编者根据本书安排将三则故事分置不同版块。

要拖下来，留出长长的两条辫子。布琼可以说几句汉语，他说他家本来有27头牦牛、97只羊，那是一个很多的数字，他就要给弟弟办婚事了，又准备再把才玛送去上学；可是前年一场大雪灾，27头牦牛只剩了5头，羊全冻死了。布琼没有悲伤，说那曲这个地方常常有大风雪，冻死牛羊是常事，这不要紧，再养牛，再养羊。桑吉也说，婚事不着急。一年多过去了，牦牛虽然还是5头，羊却已经增加到27只了。等到有了"27头牦牛、97只羊"这个数字，布琼的弟弟又可以结婚了。27岁的桑吉每天就放这27只羊，他在帮助这个家庭积攒一笔财产。5头牦牛归洛阳与扎巴放牧。布琼自己却动了新鲜的念头：做点小生意。他的辫子就是这时留下的，他为他的辫子而骄傲，说话的时候，总要摇上几摇，摇出许多时髦与风度，布琼说这样就可以做成生意。

在我就要离开那曲的时候，布琼说他也要去拉萨，第二天同行，而且一定要我在他的帐篷里住一晚。布琼说藏民的居处有砖房也有帐篷，帐篷好；帐篷有白也有黑，黑的好；黑帐篷有大也有小，小的好。他家的帐篷黑而小。

到了晚上的时候，次仁卓玛带着她的小儿子英卓睡"U"字左边一"竖"靠门的床，里边的一张是布琼的；右边一"竖"也是两张床：靠里的属阿丽和丘嘎，靠门的是才玛的；而"U"字中间的一"横"同样是两张床，洛阳和扎巴一张，桑吉一张。我去的时候，桑吉挤到别家去，将他的床位让给我。我与洛阳和扎巴对跖而睡。一夜北风紧，冻得发抖，黑色帐篷到处灌风，丝丝入骨。我难以入眠，听着外边的藏獒此起彼伏地吠叫，有些凄厉。几个孩子也很激动，好像陪着我睡不着。脚头的对跖人——那一对高原小兄弟——时不时轻轻地触碰一下我，生怕我离开了似的；顶头的高原小姐妹也不断伸过清泉般的小手轻轻摸我的眼睛，看我是否还醒着。

天还没有亮，我朦朦胧胧地被什么声音弄醒，只见阿丽高高地站在床上，原来是次仁卓玛唤醒她上学去。六个孩子中只有阿丽上学，布琼妻很重视。学校规定六点钟到校，她每天5点半叫醒阿丽。10岁的阿丽穿好衣服后，竟又困倒睡下；次仁卓玛又重新唤她，这一次揉一揉眼睛背起小书包走了。晨光熹微，次仁卓玛早已挤完羊奶，27只羊挤在一起，一堆小孩子似的，等待着两个小主人。

太阳升起来，照着这顶小小的帐篷，黑而美，真的是黑得好看，美得自然。我绕了几圈，一边用手在这儿那儿抚摸。布琼也跟出来，向我微笑。喝完酥油茶，我催布琼早点动身去山那一边等过路车，他一边说“不急，不急”，一边回到帐篷里翻寻出一套漂亮的藏服换上，又仔仔细细地在腰间佩上一把威武的藏刀。太阳老高了，我们才出门；但很顺利就拦着了去拉萨的长途汽车。

布琼一上车，便开始唱歌，那嗓子是高原雪山赠予的，声音高亢亮丽。他是用藏语唱的，我听不懂内容，但我为曲调陶醉。窗外的风景变换着，一会儿是望不到边际的绿色草毯，一群一群牛羊白云般地在绿色草毯上飘动，他的歌声也显得那么婉转、悠闲；一会儿窗外又是突兀之雪峰，有“刺破青天锷未残”之雄伟，他的歌声又随之变得大气磅礴、惊天动地。一车的人都在听他唱歌，他一首接一首，从上午到中午，从中午到下午，毫不停歇。

不知是什么时候，车子停了下来，原来前面塌方，正在抢修公路。等了许久，汽车排成的长队依然不动，我很焦急。忽而刮起大风，黑压压的云低得仿佛朝上一跳就可以抓着；皑皑的雪峰皆被遮蔽，眼看要下大雨了；牛羊却还在草毯上自如游动，若无其事一般。

终于，长蛇开始蠕动，乘客们都已上车，突然我发现布琼不见了，急忙叫住司机，并立即下车去找。狂风刮得脸痛，视线都被吹弯了，可四周竟无他的踪影。又朝远方喊去，声音被风吹散，也听不到任何应答。周围是一片平坦的草地，没有白色黑色帐篷，没有砖房瓦舍，甚至连一棵树都没有，他能到哪里去呢？这时车上一个藏民也下来帮着找，他只走出几步，便用手一指。我循着指尖向前方细看：原来布琼竟躺在路边的草丛里睡着了。

这个布琼啊！

我赶紧喊醒他，他还是不慌不忙。我拖起他飞奔。暴风骤雨狂追猛扑过来。我们几步跨跃进了车厢，将滂沱大雨关在了车外。

汽车徐徐开动了，大家也平静下来，布琼又开始唱歌。

风声，雨声，布琼的歌声，在那无尽的苍穹里，在那无际的草原上，在那无数座雪峰间，自由激荡着，纵横驰骋着，激荡着，驰骋着……

我与洛阳和扎巴“对跖”而睡，象征意义上的“对跖人”已经找到；而由于藏族文化相对于我所属的汉族文化是一种区别极大的异文化，人类学意义上的“对跖人”也可以说已经找到。布琼一家是典型的“他者”，他们的观念、他们的生活、他们的文化与我决然不同。大雪灾冻死牛羊，他没有觉得那是大不幸，“再养牛，再养羊”就行了。藏族的多夫制正是适应这种环境的，所以桑吉也说，婚事不着急。布琼很欣赏他自己的文化。他家的帐篷小而黑，本来是贫穷的象征，而他却说黑的好，小的好。这不是阿Q精神，而是文化中的乐天适性。他的文化并不是早上八点钟上班，迟到就要扣工资或者受批评的文化。布琼想做小生意，但我推想，他的生意水平超不出公路上提着一个小布袋卖山货的行商的水平。他去拉萨做生意，一上车就唱歌，还在等车时去草丛里睡觉，他并不具有现代的经济观念。

而“我”，则与这种文化有些格格不入。就说修路堵车那件事，诸人自得，诸物自得，唯我独忧。我全无布琼风范，考虑的是如果当天赶不到拉萨我就要沦落街头。在暴风雨就要来临时，有几个荷兰人，他们悠闲地在公路上扮鬼脸，接着就扭起脖子跳舞，逗得人们哈哈大笑，我还给他们照了相。而公路边的草地上有一些藏民在睡午觉，狂风对他们无事一样。如云朵般飘在高原上的一群群牛羊，只顾低头吃草，对于形势的变化竟然那般沉着冷静。我当时写了一首打油诗自嘲：

堵车，修路，老外跳舞；

乌风，黑雨，牛羊自如。

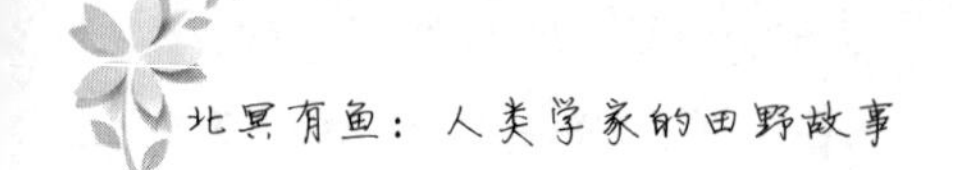

高原，雪峰，藏民睡午；

忧心，焦虑，我自作苦。

这样看来，在文化上，“我”与“他者”对跖而立。然而，进一步思索却又发现：布琼一家也有变化。他们的子女，同样接受着现代化的教育。阿丽上学，布妻很重视。学校规定六点钟到校，她每天5点半叫醒阿丽，这与布琼在草原上睡觉的风格迥然相异。布琼在遭受自然灾害之后，也生出做小生意的念头，还留下辫子，一个模仿来的怪异形象。他将“经商”与“辫”二者过于简单地关联在一起。我虽然可以肯定布琼即使留上三五条辫子也不会把生意做得更好，但布琼毕竟学到了一点什么。于是，我发现了如下一个问题：我到藏北来寻找布琼，而布琼沿着反方向向外寻找“我”，“对跖人”奇怪地离开原点相向而行，而且，两者的差距在慢慢缩小。如果这种差距缩小到“无”，我的“对跖人”又在哪里？

田野中的欺骗

赵旭东（中国人民大学　人类学研究所）

人类学者大抵会以田野来标榜自己所具有的独特性，也就是在大道理之外，总能见到活生生真实存在的场景。因此，时间、地点、人物，三者都会齐备，这也便是田野故事能够产生的基础。纯粹的编造故事，那一定是不为人类学者所欣赏的。

但问题是谁能保证故事的真实性呢？即便是真实的故事，那谁又能保证，它一定恰巧就出现在了人类学者的手中呢？再退一步说，即便巧了，这真实的故事落在了人类学者的手中，那真实的故事背后就不可能是隐藏着一种欺骗吗？今天对你而言是一个真实的故事，回过头有人再告诉你一个事情的原委，那故事与原来的就不同了，也就不再是一种真实了，那对于这个写故事的你难道不可能是一种欺骗吗？

像普通人一样，人类学者也同样会上当受骗，在你不知情的情形下，那一定是要被认为是真实本身。格式塔心理学家曾经描述过的那位行走在贝加尔湖冰面上的访客，因为有人突然告诉他，其脚下所踩着的冰面下面乃是浩瀚的贝加尔湖湖水的时候，那种既有的愉悦之情不仅顿然消失，而且当场还被吓得昏厥过去。

因此，人类学者不仅要学会去把握真实的文化意义，同时也要注意去揭示那些虚假的文化意义。受人欺骗便是其中值得去揭示的一种文化的意义，它的形式在不同的文化之间也会表现出各自的差异。记得我上小学的时候，大白天不上课，都要去学农基地学习。一小组的毛孩子进了村，村口见一四十几岁的男子走过来，问及我们姓甚名谁，从哪里来，到村里做什么。反过来，我们也问他叫什么名字，他只回答说，自己姓“祖”，单字一个“宗”字。我清楚地记下这件事，放学后跟家里人一说，父亲大笑，说我们都被欺骗了，且还都被人骂了。因为，那人称自己是“祖宗”，无意中就是说，他是我们的祖宗了，那不是骂人，又是什么呢？只是我们小孩子涉世不深，不知道这里面隐含的骂人的奥秘，这显然是一个城府很深的成年人跟一些年幼无知的孩子们玩的一场恶作剧。

我们作为小学生，确实受了骗，但今天社会中的一群人，非要找个不知名姓或至少无法考证的祖先认作祖宗的事还少吗？我在河北范庄龙牌会做过有关庙会的调查，那个地方每年都会在二月二龙抬头这一天举办一些信仰习俗，它为了赶当下的时髦，使自己能够跻身“非物质文化遗产”的国家级名录中去，非说范庄龙牌会是龙文化的活化石，为此还专门修了一座庙，称之为龙祖殿。龙可是大家公认的华夏民族的图腾或祖先，因此，不经意之间，这个华北的名不见经传的小村落就成了龙的传人的祖先所在地了，这不能不说是当地人被逼无奈的一种非理性的合理选择，似乎也只有这样的自我欺骗，他们信仰的权益才能够得到基本的保障。

另外，自己还记得有一次在伦敦的街头见到一位自称是意大利人的生意人，他开着奥迪汽车，慢慢地停靠在我的身边，很热情地摇下车窗与我打招呼，开口就谈马可·波罗，随之又聊中意之间的友谊，最后说自己是一位服装商人，现在在伦敦搞服装展览，然后从车后座随手拎出几件包装好的衣服，对我说：“你喜欢的话，可以拿去，钱看着给”。然后又补充说，只是他急着要开车回意大利去，没有了加油钱。大约人性都是有弱点的，当你不再怀疑对方之时，贪小便宜之心便会油然而生。在把三十英镑交给这个意大利人时，他却摇摇头，表示说太少了，要求增加，看来原来说的“随便给”还是客气了，和我们汉语的这个词表达的意思差不多，即越是随便的东西，就越是不能随便。最后，长话短说，争来争去，还是自己不得已拿着银行卡跑去取款机取了一百英镑的现钞给他，并跟着说，“这是最后的价格”，他才很不满意地接到手里，勉强算是成交了。回到住处，和家人通过视频炫耀买的衣服，说很值，但妻子看了一眼衣服的图片，便笑了，当然是一种嘲笑了。自己暗暗知道，可能是上当了。果真，过不了几天，拿出其中的一件衣服一穿，四处都开裂，原来自己又真的上了一次当，被欺骗了。

这样的事情也许还有很多，每个人大约都有类似的一两次受骗遭遇。但它们都无法记述在你的以“真实”自称的民族志里，因为民族志所要求的绝对的真实，不能是有前后的不一致。但要知道，田野就是一种生活的真实，它既有真，也有假，只是你从什么样的角度来看了。因此经典的田野民族志如果回到它所书写的本土人群中间，你总会觉得有些顾此失彼、挂一漏万。当地人看了、听了，总是有一种恍如隔世的感受。而作为一个人类学者，大约是不去想这个有悖真实的问题，特别是真实在什么情况下才可称之为是一种真实，确实，这触及了真实及其参照物的问题，即真实的表达需要有一种参照物。现代人类学的鼻祖马林诺夫斯基的田野日记，也许相对于他本人而言是一种真实的记录，但相对于他规定下来的科学民族志的工作规则而言，那可能又是一种彻头彻尾的虚假了。

这方面我们确实要为自己的田野故事做一种坚定的捍卫，即它的存在有真的，也有假的，它应该有真的故事假的内容，也会有假的故事真的内容，只是看你所要说的“真”究竟是在什么参照物意义上的真了。大约太阳升起是真，太阳落下也是真，但要附加说明具体的时间才可以有这种判断的成立。绝对不能无时间背景地随意说出这样的判断。如果时间说不准确，太阳升起和降落的真假也就有分别了，比如就不能说“晚上太阳升起”，也不能说“白天太阳落下”，如果是这样，即便弱智的人也会知道，这里肯定出了问题，有悖于他们最基本的对于自然存在的感知常识。对此，如果不说出来，那真的是会使知识陷入到了真假难辨的境地了。

观·世音：田野中的倾听与感悟

张　原（西南民族大学　西南民族研究院）

2009年的那个闷热夏天，炎炎烈日，点点绿荫，热浪袭来，知了聒噪。我和车子喘着粗气挣扎在盘旋扭曲的乡村公路上，这一路的颠簸和眩晕，为的只是去倾听远方那个叫“灾后重建项目点”的地方会有什么样的“乡土之声”。当灾后重建被作为一项任务执行时，我们去乡村似乎只为解决问题，而不是去理解乡土之上的生活有何意义。因此，人类学田野中的倾听和感悟，在这里是如此的重要。

在田野调查的第一天，我就听到了两种声音的交织与对话，也确认了我面前的这些略显惊恐和疲倦的村民其实仍在用心地活着。来到这个汉族受灾村落，村民们带我参观的第一个地方是村外的一个水源地。一片密林之中的断崖之下，一股细小的山泉水弱弱地涌出，这就是当地村民赖以生存的水源。如何呵护这些山泉细水，我看到了两种景观——水窖与庙宇有趣地并置在一起。一方面是山外的“爱心人士”用他们的技术、资金和社会资源，在泉水的出水口修建了现代化的水窖，并将水管接入每家每户；一方面则是山里的“善男善女”在灾后极为困难的情况下自发筹资在水窖的旁边重建了新的观音庙，以使菩萨的恩惠泽被苍生。为此，县里“有觉悟的”干部非常恼火，而资助重建项目的“爱心人士”也颇感焦虑。他们提出，灾后重建的一项重要工作就是“收拾人心”！并不断地追问，为什么重修呵护水源的观音庙时，当地居民有如此强烈的意愿和自发自觉的能力；而在修建更为实用的水窖时，他们却失去一种最基本的能动性，完全依赖于外界的帮助。这是一种愚昧和迷信的表现吗？当这种困惑与偏见闪现在每个外来者的心头之时，当“收拾人心”成了一种政治思想工作被执行时，我们其实失去了一次真诚理解当地居民生活意义的机会。由此，乡土生活再一次成为一个要被解决掉的问题，信仰人心也就成为一个要被收拾一下的玩意。而这些其实正是固执顽强的村民们，在遭遇大灾之后，对家园的一种坚守。

在之后的田野调查中，我越发感觉到，这两种声音的交织已经从一种对话变成了对抗，当然这也更确认了我们这群外来者的爱心很容易变为一种肤浅的强制迫力。作为一个由单一姓氏居民组成的汉族自然村，祖先崇拜和宗族组织是该社区内的一种重要社会组织机制。在田野中，村民们总会自豪地拿出他们近年来重修的族谱给我看，并三番五次地带我参观当地的家族墓地和宗族祠堂遗址。重建祠堂也就是重建灾后的社区之根，这是村民明确向灾后援建团体所急迫表达的一种愿望。然而外来的项目管理者对这一期望，既没有精神上的同情，也没有物质上的支持，有的只是一种不理解的埋怨和极严厉的批评。后来，援助单位花了大力气帮助村民修建了一个文化娱乐活动中心，以此表明他们的重建工作是有人文关怀的。崭新的活动中心建在了祠堂的遗址之上，山里人有些遗憾，总觉得山外投进来的这些钱和力似乎总用不到对的地方。灾后重建本应为外来援助者和当地村民们的一次有缘有意的贴心之旅，最后却成为一次充满遗憾又相互纠结的擦身而过。最后，我打破了人类学者在田野中要尽量克制干预社区生活的这一清规戒律，在一次村民聚会中建议村民们在援助项目官员离开后，将祖先牌位请进文化活动中心的活动室中，并搞一些祭拜先灵、和睦族人的“传统文化活动”。对此提议，村民们意味深长地会心一笑，而一个坐在我身后抽着兰花土烟的老者悠悠地回了一句：“正有此意！”

那句沧桑又带有浓厚乡音的“正有此意”，正是这乡土的回声，它提醒我们，灾后的生活要持续下去，首要的是修心，而非修物。当我们把基础建设和生计发展作为重建工作的首要之事时，外来援助者就容易成为热衷于修各种实物的包工头。而水窖水渠、公路电线、活动中心、生态厕所、垃圾站等设施，也就成了一个个丰碑，彰显的是外来援助者的种种丰功伟绩。然而，我们并没有真正关注村民们一直想修的是什么？这种“不修心”的支持，其实只是一种“不上心”的帮助。实际上，使村民们的生活能够延续下去的，不是物的建筑，而是心的坚固，因为物是空洞的，心才是跳动的。所谓“劝君不用镌顽石，路上行人口似碑”，灾后的社会重建与社区营造，首要的是贴心，否则纵使万般好事做全，仍然不得人心。这些正是我在那个叫“灾后重建项目点”的地方，驻足于水窖旁的观音庙，在观音庙中观世音，所真切感悟到的经验教训。

照相机

侯豫新（清华大学）

进入田野的时候，我带了一个照相机和一台 DV。这些东西对于城市人而言司空见惯，但是，图瓦人却很少使用。还记得，我用照相机和 DV 记录了一些影像，那时我发现，图瓦人非常喜欢并享受在镜头前的感觉，并且会很用心地摆出自己精心设计的各种姿势，有些图瓦人还会主动要求留影。但是，当时令我不解的是，他们很少有人会要求日后给他们照片，只是很享受镜头前一瞬间的感觉。

之后，我冲洗了其中的一些照片，并在敖包节翌日的聚礼时分发给了他们。图瓦人把分发照片当成了一件非常重要的事情。分发照片时，大家围拢上来，都想看到自己的影像，他们的表情中洋溢着孩童般的快乐。之后，从一个图瓦长者处得知，他们不主动要照片不是因为他们不想要，而是他们相信一种冥冥之中的人与物的缘分，一种自然的给出与获得的过程。即使未能拿到照片，他们也会认为获得了某种重要的东西。那时，我方才深切地感悟到图瓦人世界观中对于人与物关系的自然性的理解，是自然赋予了他们某种不同于我们的特质。

“海”“岛”有别

王晓慧（中国社会科学院 当代中国研究所）

为什么研究海南岛的黎族，除了人类学老祖宗马林诺夫斯基是从海岛研究起家的之外，一个重要的原因就是我的老家在青岛。青岛和黄海毗邻，我想看看黄海边上的人是否能在南海边愉悦地“荡漾”，想看看齐鲁文化养育的“物种”——我到底能在黎族人群里感受到什么样的文化冲击。于是，满怀各种憧憬和幻想，我勇敢地奔向海南岛了。

嘿！真幸运，村里有个姑娘要结婚，赶上了一个结婚仪式。我们人类学研究者最喜欢结婚了，这可是一个参与观察的好机会！

新郎家照顾得很周到，特意租了一辆中巴车，拉着新娘家参加婚礼的青年男子和女眷们。婚宴结束，我们大家吃饱了、喝足了，坐着车就打道回府。大家情绪很高涨，个个喝得面红耳赤。今儿日子好啊，大家很高兴啊，怎么办呢，咱们唱歌吧！我们黎族最好听的是什么歌？当然是情歌了，对不对？！真棒！

于是，整整一车的人，将近二十个，包括司机，除了我（我没敢喝多少，只抿了几小口，毕竟有任务在身），开始唱起了黎族情歌。但凡唱过 KTV 的人都知道，一堆人一起唱的时候，大家之间一般会有眼神的交流，这种眼神的交流能有助于内心产生一丝微妙的感觉，并引发对歌曲产生共鸣。于是在类似KTV而实际是中巴车的相对封闭的空间里，我看到了儿子与妈妈有眼神的交流，侄子与姑姑有眼神的交流，堂哥与堂妹有眼神的交流，堂弟与堂姐有眼神的交流。

当时我的第一反应是脸很红，感觉很害臊。不是因为听不懂而觉得不好意思，而是因为感觉有点乱套……在儒家的传统文化里，男女有别，长幼有别，在任何场合都是需要极为注意的。可是，我现在分明看到了一种类似“身份的重构”，在集体欢唱的氛围里，只有充分抒发感情的个人，没有长幼男女之分；只有颂扬爱情的男女，没有妈妈儿子、姑姑侄子、姐姐弟弟、哥哥妹妹……内心一个调皮的想法涌现了出来，我父母连我跟非男朋友的异性单独照相都会严令禁止，要是知道海南岛黎族唱歌这样随便地“眉来眼去”，不知道会怎么想，哈哈。

转熟为生：就近的民族志两则

潘 蛟（中央民族大学 民族学与社会学学院）

人类学的田野工作一般是指去一个遥远的地方了解一个陌生人群的生活和文化。这个大家默认的有关田野工作的定义暗含着这样一个看法，即我们浸淫在自己的文化中，被自己的文化麻痹以致失去了洞察自己的社会和生活的敏锐。因此，去异乡经历异样的生活和文化有助于生成对自身习惯的察觉和反思，亦即有助于所谓的“转熟为生”。

对于上述看法，我是基本认同的。我承认，对于那些自认为熟稔的地方，我们的认识其实是不够的。不同的是，我认为，田野工作不一定必须要去那些遥远的地方才能做。只要你细心倾听和品味，即便在北京城中的学术讨论会上，在与朋友觥筹交错的饭桌间，你都能发现对于熟稔的陌生。

我所在的大学是中央民族大学。它坐落在魏公村南边。除了民大，国家图书馆、北京大学口腔医学院、北京外国语大学、北京理工大学、北京舞蹈学院、中国人民解放军艺术学院、现代国际问题研究院、中央民族歌舞团等机构也都坐落在魏公村。因此，除了少数民族学生和教师相对较多外，魏公村至少还有两多：一是美食多，它的主街荟萃了各式

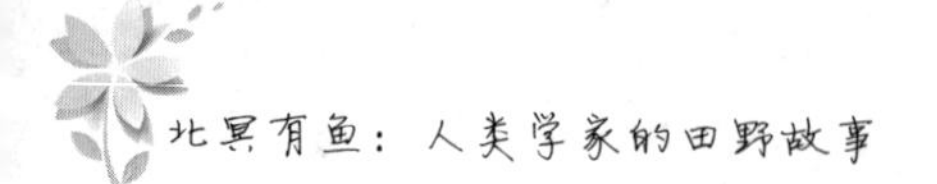

各样的饭馆，因而有民族餐饮街誉称；二是美女多，由于这里集中了不少全国著名的艺术团体，徜徉在魏公村街上的美女总是让人目不暇接。总之，我一直以为坐落在中关村南大街上的魏公村在人们的意象中应该是一个文化多元，充满时尚、香艳及知识创新活力的街区。

然而，数月前在一所著名高校举行的一次闭门讨论会让我觉得这不过是魏公村人的主观意象罢了。这次会议是由该校一些从事国际关系研究的人发起和组织的。按照他们的说法，这会之所以必要，是因为他们注意到国内的少数民族问题正在或可能被国外势力利用。尽管他们对于国家之间的博弈已有很好的把握，但对国内民族关系和民族问题却不是十分了解，因此希望邀请一些人类学家、民族学家与他们一起来讨论问题。在会上，办会者和外来参会者的研究取向差异还是比较明显的。做国际关系研究的人倾向于把国内的一致性当作保证参与国际博弈制胜的前提。做人类学研究的人则认为，承认和尊重国内各民族的差异是保证民族团结和国家统一的前提。这些分歧的存在其实并不让人感到意外。让我感到吃惊的是，在论及民族政治是否危及国家统一的发言中，有人举证称他走在魏公村街上总是觉得瘆得慌。显然，让他发瘆的不会是魏公村街上的美食和美女，而是他在街上能够看到的少数民族的身影。然而，对于中国的少数民族，此公究竟了解多少？我估计是不多的，要不也就不会把我们请来开会。但要说他一点也不了解少数民族，那也不对。听得出来，他对亨廷顿的《我们是谁》、马戎的“民族问题去政治化”、胡鞍钢等人的“第二代民族政策”论还是很熟悉的。

把少数民族的存在当作问题，这是民族国家政治常见的问题。民族国家把立国的正当性构筑在对其国民同文同种的预设上，这很容易把那些文化和世系认同有别于这个预设的人群当作妨碍这个国家团结和进步、有待消化或剔除的杂质，这就是对少数民族产生恐惧、推行民族同化或民族清理的由来。中华人民共和国之所以伟大，其原因之一就是她改变了这个预设，认为自己是一个多民族国家，各民族都为创造国家的辉煌历史做出了贡献。然而，自20世纪90年代以来，尤其是自西藏3•14和新疆7•5事件以来，中国共产党的民族承认政策却在受到一种质疑。质疑者认为中国共产党的民族承认政策人为地固化了国内各民族之间的界限，妨碍了国家的整齐合一，因此希望能以一种无视差异的公民政治来取代现在的民族差异政治。于是，那些认为自己文化传统应该得到应有承认和尊重的少数民族又成了问题。对于这一点，我想用我前两天在饭局上听来的故事加以说明。

前两天，我和几个朋友在眉州酒楼魏公村店与一位来京出差的某大学副校长一起吃饭。这位副校长是藏族人，和我们一样，也能喝点小酒。酒过三巡，交谈变得热络起来，话题从学科建设、反腐败转到了民族政策和西藏、新疆维稳问题上来。当大家议论到少数民族文化得不到承认和尊重也会导致边疆的不稳时，这位副校长给我们讲了他昨天在魏公村的另一场饭局上的遭遇。那天晚上，他与一些学校的副校长和书记们在魏公村的另一家饭馆吃饭喝酒。席间他也谈到了诸如尊重少数民族传统文化这样的观点。意外的是，一位来自某著名高校的书记竟拍案而起，质问他："你是不是人？是人该不该进化？"好在这位副校长还没有喝多，没有直接与他干起来，而只是回答道："你的观点很新颖，很像19世纪的进化论"。确实，无论是民族同化主义还是殖民主义都是通过进化论话语来实施的，而且，同化听起来也总是从被同化者利益着想的（To be us for yourselves）。在21世纪的魏公村坚守19世纪的进化论，这学校的书记的确也是够奇葩的。

最近经历的这两件事让我得到了这样一些新的认识：第一，在别人眼里，魏公村其实是个问题村；第二，摆脱社会达尔文主义和民族主义设下的思想牢笼，我们尚有很长的路要走；第三，并不是只有在异乡才有田野的真实，我们熟悉的周遭也可以是田野，问题在于有没有去细查和领悟。

裤子和裙子

马 祯（中央民族大学）

我的田野开始于在村子里漫无目的地游荡，这个过程是我被村民熟悉的过程，也是我渐渐从初到田野的兴奋中恢复平静的过程。归于平静的原因，来自那些“文化震撼”。记得多年前当我读到“文化震撼”时，觉得这个词就像有人突然在你身边放了个鞭炮，惊吓是必然，但总带有几分喜乐。然而，对于我，田野中的文化震撼并不是爆发出来的，而是在生活的点滴中，静默地来到身边的。

我带了三条长及脚踝的裤子到了曼班老寨，这是人类学田野常识使然。纵使天气燥热，但我还时不时地感激可以保护自己免受蚊虫叮咬的裤子。到曼班一周以后，我受邻居之邀去她家的旱谷地拔草。我们到了旱谷地几乎还没热身，就下起了大雨。由于没有预料到雨会来得这么快，没有准备雨具的我们只能回来。

回到家里，我冲到自己的行李旁拿出干爽的裤子，准备换下已被雨水打湿的那条。当将要脱下身上湿漉漉的那条裤子时，我突然发现在这个屋子里坐满了看电视的人——包括很多异性。除了一层薄薄的蚊帐，没有任何不透明的东西将我和他们隔开。我又羞愧又委屈地看了一眼在电视机前嬉笑的众人——他们盯着电视里演的动画片《熊出没》，笑声淹没了雨声。那一刻，我似乎也看到了自己的惊慌失措。一周以来睡在自己带上山的铺盖上，早已将这个原本开放的空间视为自己的私人空间。传统的布朗族家屋里面没有独立卧室，一般是父母、一对已婚青年睡在屋子的两个不同的角落，稍微讲究的人家会用几块木板或蚊帐作为隔离物，未婚的儿女则单独睡在另外几个角落。家屋中也没为客人设置的住处，客人若要在家里过夜，就将垫子铺在火塘边或某个角落，即成为床铺。因此，客人睡的地方一般是家屋的公共区域。

自从那天以后，我深深意识到生活经历中对私人和隐秘的理解在这里受到的冲击——在一个公共场合换衣服、裤子是个难题，这是我遇到的文化震撼。最终，还是人类学者的看家本领“参与观察”解决了这一难题，那就是——穿裙子。

在观察中，我发现布朗族女人换衣服有妙招，这种招数来源于她们所穿筒裙的设计，也与居住方式有关。布朗族女人换裙子的步骤为：1. 先将干净的裙子从头上套下。2. 双手将裙子的一角送到嘴里，用嘴咬住裙子一角。3.“被解放”的双手自上而下伸入这条新的裙子里，解开待换的裙子，裙子自然落到地上。4. 将新的裙子从嘴里移到腰间，系上扣子。这个过程的巧妙之处为：从头上套下的裙子保护了女人的身体，在公共场合也可以安全换衣服。

在接下来的田野生活中，借穿裙子是我每天必须打算的事情，而被认为最适合在田野中打磨的裤子却一直在行李箱中躺到下山之后。

对于一位女性田野工作者，穿裙子是受欢迎的。裙子不仅解决了在公共场合换衣服的难题，而且当村民看到我身上的裙子与其他任何一位布朗族妇女的裙子一样时，他们总会说："玉香，你越来越像我们布朗族人了"。

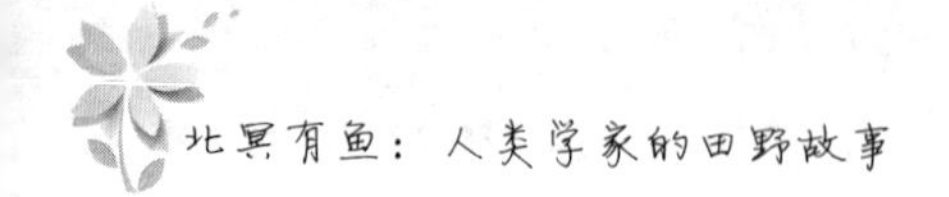

“本土人类学家”的田野

战　洋（纽约州立大学宾厄姆顿分校　人类学系）

在美国读书到第三年的时候，我读到一些探讨人类学田野工作的文章，觉得“native anthropologist”（本土、本国的人类学家）这个词非常扎眼。它指的是那些研究“自身文化”的人类学家们。也就是在看到这个词的时候，我才猛然意识到，我和周围的美国同学的工作内容原来存在重大差别。他们出国做研究，是作为anthropologists（人类学家）去的，而我回到中国做研究，就成了研究自己文化的本土人类学者（native anthropologist)。这让我多少有些愤懑。

几年前，我回到北京，开始做田野调查工作，认识了一些生活在北京的人类学学者和学生，和他们的相遇更加确认了我作为本土人类学者的身份。第一，他们中大部分人的田野都在北京之外的地方，只有我面临“北京是我家，北京也是我田野地点”的情况。第二，他们的研究对象，往往和他们有阶层、民族或信仰差异，不像我面对的研究对象，都是和我同一阶层、有相近背景和经历的人们。就凭这两点，我就比我在中国工作学习的同行还要“native”（本土)。

当然也会有人言语间表现出一些羡慕，觉得我在北京的人类学工作不用翻山越岭，不需要忍受很多皮肉之苦，不需要忍受“异文化”带来的冲击和折磨。可是，我却觉得，我的田野工作照样困难重重。现在回想起来，最大的困难恐怕就是如何超越日常，让田野调查中遭遇的人和事变得“陌生”起来。

在田野工作中的陌生体验，对于人类学家往往是相当必要的，因为它通常是生产性的力量，刺激我们反思自己的立场和既有的知识框架，也为我们生产理论化的知识提供了必要的空间。然而，对于我这样的一个“本土人类学者”来说，当我降落在首都机场的那一刻，我感受到的不是文化震撼，不是陌生或不适，而是“回家”的喜悦。

这样的喜悦，很快给我带来了危机。该如何区分我的生活和工作呢？我该如何斩断这不断流淌的日常生活，让反思性的时刻浮现出来呢？这些问题反反复复出现，伴随着我的田野工作。对我来说，“陌生”不是唾手可得的东西，不是避之唯恐不及的东西，而是我需要努力才能获得的体验。只有当我在田野中捕捉到了陌生的体验，我的研究对象才能变得面容清晰起来。当然，作为“本土人类学者”，我们也会获得一些便利。譬如，可能进入田野的时间会相对短。因为毕竟我们研究“自己”的群体和文化，很少遭遇过大的文化障碍。

作为一个“本土人类学者”，我的困境和挣扎恰恰印证了人类学知识生产的特点。我所遭遇的困难让我更加相信，人类学家的知识生产，不是客观真理的生产，而是一种以自身头脑和身体为中介的行动。人类学家在田野中的定位，往往决定他（她）能获得怎样的知识。我们的身体和社会身份，制约着我们所能够搜集到的体验和故事，这些恐怕也将会为我们日后的写作和论证打下深深的烙印。

时空穿越

章邵增（科罗拉多州立大学）

田野调查经常给我一种时空穿越的错觉。当今交通和信息传输如此便捷，更是增强了这种穿越的感觉。在美国攻读人类学博士期间，我坐飞机多次前往巴西开展调查，而且无论在巴西还是美国都可以轻松上网看中国的报纸和网站。这样的穿越把不同时间和空间都呈现在我的面前，虽不免有时候晕眩，但是也能刺激思考。

2008年9月初，我赴巴西预调查后刚刚回到美国，偶然打开《南方周末》的网络版来看，看到9月8日的生活版有一个专题，《寻访中国的“尖头鳗”》（http://www.infzm.com/content/16947，或http://www.infzm.com/content/16964）。“尖头鳗”来自英文的gentleman一词，即所谓“贵族绅士”。该文出言必引所谓伦敦的老牌绅士杂志《GQ》，出语必称该杂志主编的所谓英国绅士幽默，大谈所谓西方文化中的贵族精神和绅士风度，意指当今中国人日渐富裕，该怎样提升精神层面，学做优雅的贵族和绅士，比如“在西餐厅怎么点菜”、“血液里面带着贵气的男人”怎么“文质彬彬地品着香槟谈女人”，等等。这个文章先是引述了英国绅士做派的遗老约翰·莫根（John Morgan,

1959～2000）关于如何吃香蕉的礼仪："把香蕉横放在盘子上，用刀叉先将它的两头切去，然后再横向剖开香蕉皮，其后才将香蕉切成小块，优雅地送入口中……"并悻悻地说现代绅士不复如此，然后开始追寻现代西方绅士文化"在新时代的崭新面貌"。我看到这一段，猛然想起一个月前在巴西之所见，不禁哑然失笑。

那天早上，我在巴西的一家点心店吃早餐，看见一位老先生正是如此"优雅"地吃香蕉的，毫无二致。当时我惊异得很，所以自始至终地看着他吃完香蕉。此后我也见到了更多的（当然也不是所有）巴西人如此吃香蕉，生香蕉、熟香蕉都遵此法。莫不是这英国绅士精神的经典却在此传承？那《南方周末》的编辑和文章作者是不是应该来此地现场观摩一下这标准的维多利亚时代的绅士风度？

等我把这一幕的镜头稍微放大一点，读者你或许也会会心而笑的。这个点心店位于巴西东北部城市萨尔瓦多（Salvador）最老也最破旧的七月二日街区（Dois de Julho，以重要纪念日或节日来命名街区或道路在巴西很常见）。这样的点心店（Lanchonete）在巴西遍布大街小巷，属于低档餐饮场所，点心、咖啡、果汁都是现成的，价格也便宜，很多巴西老百姓都在这样的点心店吃早餐，有的白领阶层也在装修和卫生稍好的这类店里吃早餐。我所说的这家小店在同行里还算不错，顾客包括附近中下阶层的各色人等，有摆摊卖水果的、扫大街的、开小货车的……而且几乎所有人的装束都是夹指拖鞋和短裤短袖。我说的这位老先生，皮肤黝黑，头发灰白，胡子拉碴，T恤已洗到褪色，坐在吧台前的高脚凳上，一只脚架在高处，一只脚挂在低处，一边吃一边跟小店老板聊天，偶尔还跟小店门口路过的人高声打招呼。

这位老先生的肤色和举止在巴西东北部中下层民众中非常典型。这些皮肤黝黑的“东北人”（Nordestino）受到巴西其他地方人，尤其是巴西东南部和南部白人的歧视。一则因为历史，“东北人”是巴西殖民地历史上葡萄牙殖民者与黑人奴隶或土著印第安人的“杂种”后代。二则因为现实，“东北人”往往比较穷，缺乏好的教育，更不要侈谈什么学习和继承绅士礼仪了。可是为什么这位老先生以及其他很多巴西人会习惯于这样吃香蕉呢？这与巴西的历史有关。

自1500年巴西“被发现”之后，直到20世纪初，巴西的经济和文化都有着鲜明的殖民地特点。尤其是在1822年独立之前，其殖民宗主国葡萄牙并无意真正发展巴西的经济，而只是尽可能多快好省地榨取巴西的资源和财富，如矿产和木材。殖民者挣到钱之后，最紧要的是两件事：一是建立自己的种植园，二是从欧洲运一个白人女人来做妻子。然后慢慢开始建巴洛克式的豪宅，添置精美的家具和餐具，开始出入歌剧院和高级俱乐部……一句话，就是追求在欧洲无法实现的贵族梦想。出身卑微的暴发户如此，社会地位较高的殖民官员及其后代因为忌讳被欧洲人视为在蛮荒之地谋生的人，更是如此。稍有能力的父母们，都把子女送到欧洲去学习“先进知识”和贵族文化——这一方面是因为他们信奉欧洲贵族文化，另一方面是因为宗主国葡萄牙禁止在巴西设置中学及以上的教育机构，通过对殖民地子弟灌输宗主国的观念来维持对殖民

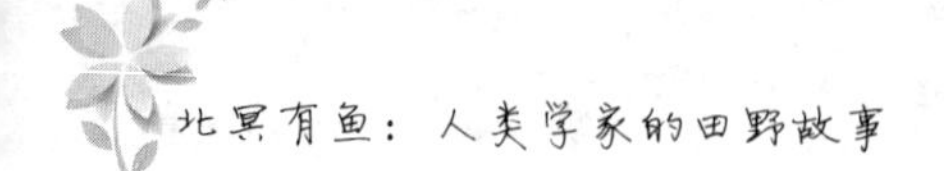

地的政治和文化控制。

在巴西的很多城市，有不少留存至今的20世纪之前的建筑，包括政府议会大楼、富人宅第、宾馆、歌剧院等，忠实地保留着欧洲17～19世纪的主要建筑风格。那个时代的巴西人对欧洲贵族文化的执着追求，也在今天巴西人的日常生活中留下了痕迹：如中上阶层对去剧院看演出的钟爱，再如家庭主妇对精美和繁复的家具、餐具的热爱，直至普通人优雅地用刀叉吃香蕉、比萨饼和烤鸡翅。这些物质和非物质的文化遗产，在萨尔瓦多这个城市尤为典型，因为萨尔瓦多直到1763年都是巴西首都，此后至今仍是巴西东北部最大的城市和历史文化中心。

我初到萨尔瓦多时，房东约我一起去剧院看戏。那家剧院就是这种美轮美奂的早期建筑，我觉得去这样高档的地方，肯定要着装正式，于是我穿了休闲西服，还特意把皮鞋擦亮。房东一见我就说，你穿得很好，但是不安全，容易被抢劫，你还是穿平常的衣服比较好，短裤、T恤加拖鞋就更安全了。我换了衣服，我们一路走去剧院，房东继续跟我解释：你穿成那样如果有专车接送当然很好也安全，但是我们这么近不用坐车……再加上你的亚洲面孔，穿成那样，一看就知道是初来乍到的外国游客或生意人，晚上走在街上百分百遭抢劫……你来了就得像本地人一样，衣着举止都本土化，才会比较安全。巴西治安不好、抢劫多发，是我来之前就听说了的，但是这一次的经历，让我了解了更多的细节。

几百年的殖民地经济历史和对欧洲贵族生活方式的追求，导致巴西社会高度两极分化，社会结构呈金字塔形。占人口大多数的下层人民或许学得了贵族生活方式的一点皮毛，如用刀叉吃香蕉，却从未真正过上富足的生活。占人口少数的中上阶层虽过着物质优越的生活，但是因为两极分化所导致的贫困和暴力犯罪等社会问题，使得他们不得不把自己的小区和房子加上好几道铁栏、铁窗，还有报警器和门卫，夏天傍晚在街上开车，尤其是等红灯时，再热也不敢开车窗。以至于有的巴西朋友开玩笑说，他们有时候觉得像生活在监狱里一样——这样的状态离当初所追求的优雅和绅士风度实在是谬之千里了。

而正如《南方周末》的专题文章所说的，如今，在贵族生活方式的起源地欧洲，那些“现代绅士们”也不再用刀叉吃香蕉了。在号称最为发达和富足的美国，我也没有见过这样的吃法。巴西萨尔瓦多点心店里的老先生，倒是非常自然地展示了《南方周末》文章所仰慕的这种贵族绅士吃法，真是现实的讽刺。古人讲，读万卷书、行万里路，我的理解就是，读书和旅行可以让我们在不同的时间和空间里穿行，以增进对世界的认识。在媒体和网络如此发达的今天，并不意味着田野调查就没有必要了。相反地，正是多种认知途径一起，才更有助于我们穿梭于不同的时空，在不同的历史文化情境之间，有所比较，有所反思。

田野工作：从犯错中成长

褚建芳（南京大学　社会学院）

2002年，我到云南芒市做博士论文的田野调查。刚到芒市不久，便赶上当地的清明上坟。在芒市傣族村寨，清明上坟集中在清明节前三天举行，仪式很隆重，对此，我很感兴趣。然而，我此前读到的文献都说，至迟在20世纪40年代以前，那里的傣族都没有祭祀祖先的习俗，连祖先甚至已故父母的坟墓都没有。这让我很困惑。那时，我除了“吃饭”“再见”等少数基本用语以外，对傣语一无所知。于是，我问当地懂得一些汉语的年轻人，他们在清明节给祖先上坟的习俗是什么时候开始的？对此，他们的回答是：他们早就有这个传统了。

过了一段时间，大概是我到达寨子里两周左右的样子，我问到寨子里的寨心崇拜习俗——根据我此前读到的文献，傣族村寨都有这个习俗。然而，我请来帮忙为我翻译的那位小学老师自己就是一个家在临近寨子里的傣族人，在我向他表述了我的问题之后，还没去问寨里的老人，他就很果断地对我说，芒市的傣族没有寨心崇拜，那些写到傣族有寨心崇拜习俗的学者没有亲自到寨子里生活过，是在瞎说。我坚持请他帮我问一下当地的老人。结果，他把“寨心”翻译成了“寨子的中心”，而且在翻译中加进了他个人的看法，引导回答问题的老人们否认了寨心和寨心崇拜习俗的存在。

听到当地人的这些说法，我曾一度相信清明上坟确实是芒市傣族村寨由来已久的习俗，而他们也确实没有寨心崇拜的习俗。

7个多月后，我结束了田野工作，准备返回北京。当我向寨子里的老人们告别时，我问到他们的鬼魂问题：

“你们在清明节到山上给祖先上坟，说明山上的坟墓里有祖先的魂魄；你们也在家里向祖先献供祭拜，说明家里有祖先的魂魄；你们在做帕嘎摆时还在佛寺院子里升起给鬼魂指点方向的旗幡，说明佛寺里也有祖先的魂魄。那么你们认为人到底有多少魂魄？它们究竟在哪里？”

“我们小时候是不上坟的，（上坟这一习俗）还不是跟你们汉人学的？”

“按照你们汉人的说法，人应该有三魂七魄吧？所以，鬼魂有的在家里，有的在山上的墓地里，有的在佛寺里。”

“这么说，你们在清明节上坟的习俗不过一百年的历史了？”

“对，我小时候就没有这个习俗。”

“是的，我们小时候，还没有清明上坟的习俗呢。”

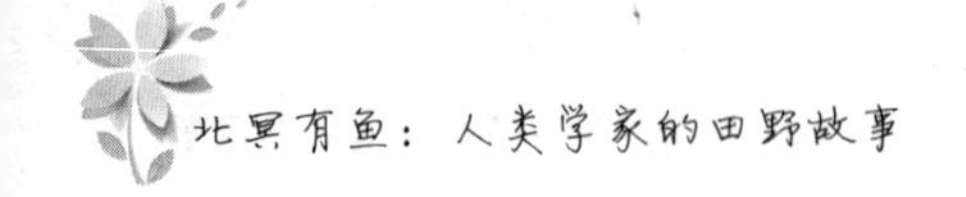

可见，我刚到那目寨时问到的年轻人给我的回答是不准确的。不是说他们骗我，而是说他们经历的时间不够长，因而确实没有见过清明节不给祖先上坟的情况。因此，我在最初调查时曾经一度相信他们的说法，是一种错误。

关于寨心崇拜习俗，当我的傣语水平提高到足够自己提问的时候，我发现，芒市傣族村寨确曾有过寨心崇拜的习俗，至少在“文革”以前还有。这种仪式往往在农忙时节举行，目的是为了驱鬼出寨，求得寨民的身体健康和诸事顺遂。但是，把“寨心”翻译成“寨子的中心”虽然不错，却未抓住该词的本义。确切的译法应该是“寨子的心脏”或“寨子的核心”，即寨子中最重要的地方。因为，寨心是寨子最初建立时的中心，寨子中的房屋便是围绕这个中心建立起来的。因而，最初建村立寨时，寨心确实是在寨子的中间位置或中心。但是，随着寨子的不断发展、扩大，最初的寨心位置已经不在现在的寨子的中央。不过，寨心对于村寨生产生活实践的宗教和象征地位还是极其重要的。寨心崇拜仪式便是对于这种重要性的一个最显著的证明。

因此，我在田野工作的最初阶段相信芒市傣族村寨没有寨心崇拜的说法也是一种错误。

幸运的是，我后来学会了傣语口语，改正了之前的错误。美国的一位著名人类学家曾说，田野工作就是在不断犯错中完成的。对于这句话，我是“心有戚戚焉”的。

与蝇共饮一杯茶

何贝莉（中央民族大学　民族学与社会学学院）

2011年，在桑耶寺考察时，寺院民管会的大次仁拉借给我一间办公室做宿舍。房间在寺院客运站的二楼，隔壁是经理办公室，楼下是桑耶寺餐厅，客运站的旁边是寺院宾馆——镇上唯一的“星级”宾馆。宾馆的大堂经理仁青，是我最早认识的当地人之一。

仁青出生在扎囊县的一个村子里，十几岁来到桑耶，起初为寺院放牛，之后又做杂役，“哎呀……什么事情都做过撒……”仁青一摆手，“只有和尚没当过……”

此刻，仁青舒舒服服地躺在前台的大班椅上，呷一口清茶。晚上，人少时，我便去找他聊天。他在商店、餐厅、宾馆里工作过，长年接触汉人与老外，自学了汉语和英语，还会一点日语，是镇上少有的多语种人才。

“在寺院这么久，不想当和尚吗？”

“想呀！”仁青忽然拉高了调子，可随即又放轻声音，指指自己的脑袋，说：“这里笨，那么多经，背不了……不过，

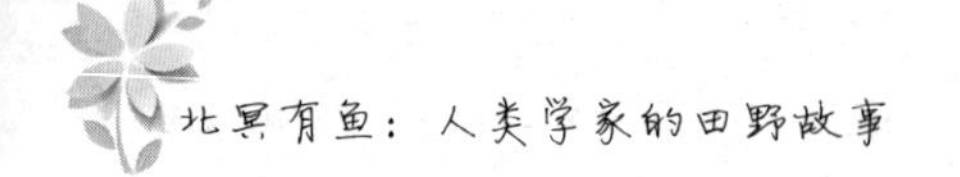

现在也很好，俗人一个，有老婆和儿子。”他冲我挤眼一笑。

“他们也在桑耶？”我问他。

“不，我把他们送到拉萨去了。”仁青左手谙熟地捻着佛珠，右手夹着一根点燃的烟。言毕，深吸一口，吐出烟圈，怡然自得。看包装盒，外国牌子的香烟，想必又是游客的礼物。

“经常去看他们？”

“哦……当然不行，我离不开这里——”他两手一摊，一双狡黠的小眼睛迅速扫过整个大堂，宛若国王巡视自己的疆域，“我想他们，但我不能去，嘿嘿，我们有这个——”仁青诡秘一笑，从西服口袋里掏出一只手机，在我眼前晃了晃，“我用这个和儿子每天说话”。

我并不太理解，他为什么一定要独守桑耶，虽然寺院提供免费食宿，但每月七八百元的工资，实在微不足道。以仁青的能力，完全可以在拉萨谋得更好的职位和更高的待遇。一天，我终于忍不住问他原因，仁青却反问我：“北京不是比拉萨更大更好吗？你的丈夫、儿子不也在那里吗？可是，你为什么要来桑耶住下？”问得我一时哑口无言。

入夏后，宾馆大堂里的苍蝇越来越多，仁青每晚都要拿着拂尘驱蝇，据说，是因为客人不喜欢苍蝇。见他忙忙叨叨，我便建议在大堂内安装一个灭蝇灯。仁青听后，吃惊地瞪着我说：“苍蝇只有一天的生命，这么短的时间，你还要我提前把它们杀死吗？”被他一问，我忽然觉得很羞愧。

虽然不知苍蝇是否真的只有一日寿命，但若仅因对方的存在而要将之杀死，似乎真有些残忍。此后，我学着仁青的样儿，努力习惯与蝇共存的生活。这些闹哄哄的大个头儿们，白天喜欢在屋子里乱窜，傍晚时又想出门逛一逛。我便配合苍蝇的作息，开窗，闭窗，犹如牧蝇一般。人家牧羊放牛，我无家畜，以牧蝇为乐。渐渐地，也习惯了像当地人那样与蝇共饮一杯茶——我从未因此而腹泻，却时常为此而遭受游客的鄙夷。

半年后，一个带着领导来寺院参观的地方官员遇见我，得知我是北京大学的研究生，颇为感动，也更为同情。在他眼里，我无疑是在为祖国的民族和谐事业而献身。大家一直交谈愉快，临末，他忽然问我：

“我有一点不太明白，您说在这里做研究，但是这里有什么好研究的呢？”

“说研究，其实就是学习，学习这里的文化……”

“您说学习，我就更不明白了。西藏所有的地方我都跑遍了，陪领导嘛……可我没觉得有什么好学的。这里的人素质很低，不讲卫生，一天到晚就知道磕头——不过，您能举个例子吗，学到什么？”

于是，我毫不犹豫地讲了仁青和苍蝇的故事。

对方听完，愣了半晌，回答道：

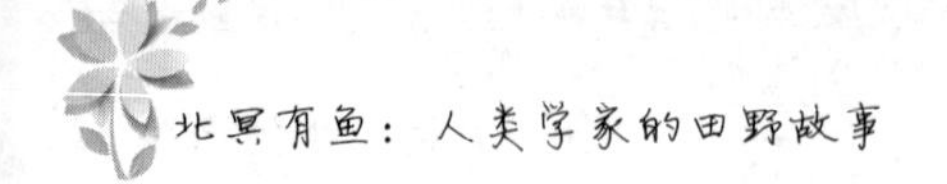

“如果苍蝇不烦我，我当然不会灭它；可是，哪里有不烦人的苍蝇呢？”

“是苍蝇烦人吗？还是我们认为苍蝇烦人？——在这里，我学到了一种不认为‘苍蝇烦人’的观念。这观念的背后，隐含着‘众生平等’的慈悲，甚至还有‘一切唯心造’的哲理。这是我在一个从未上过学、读过书的藏族乡民的言行中学到的。”

话到嘴边，却未出口，我只是对他笑了笑。

这位官员留给我一张名片，告诉我，无论遇到任何麻烦事，都可以去找他，他一定会帮助我。我深深谢过他的好意，但是，真想请他与蝇共饮一杯茶。

天龙山救火记

张亚辉（中央民族大学）

早晨起来，院子里异常喧闹，有个姑娘要出嫁，今天在大队办事宴。8 点钟照例有人来吃羊汤面。突然，我发现村妇女主任姚玉仙提着一把铁锹来到院里，没多一会，带着铁锹来的人逐渐多起来，汤玉英在喇叭里喊着让社员代表、党员都带着铁锹来大队，后面的话就没听清楚。一打听才知道，昨天下午，天龙山森林着了大火，一直烧到早晨还没有熄灭，镇里通知各村前去救火。

大约 8 点半，我和武建保以及他四哥等 7 个人乘一辆面包车赶往天龙山。每人带一把铁锹，到晋祠的时候又带上些矿泉水、面包和火腿肠。车大概走了 40 分钟才到天龙山的牌楼，那里停了很多车，其中以武警的车为主，有武警在维持秩序并安排村民步行上山。尽管那条路颇为不平，但还不至于不能走车，可武警还是要求所有村民步行。我们带上自己的铁锹上路了。从在大队门前集合，一直到下车步行，村里人都兴高采烈，半点看不出忧虑，但又确实能够感觉到他们对救火的强烈义务感。天龙山每年都要烧两三次，上山救火也是寻常事。我开始怀疑，人们有些将救火当作一次全镇集会的机会，甚至有仪式化的色彩。步行大约一个小时后，我们来到一个突兀在山间的村落，村子的房子都是用白色石头砌成的，有些城堡的意味。这个村子已经集体搬迁到山下，如今只有一个护林的老汉还住在这里。前来救火的村民再次集中，村边上停着指挥车、武警的车，还有很多武警。人们忙着和各个村子不常见面的熟人打招呼，有些没吃早饭的人开始消耗战备。不时有人张望着远处山上隐约可见的清烟，估计着火情。两个穿戴整齐的记者高傲地在人群中穿梭，并不进行采访。这让我对自己从前的记者生涯更加厌恶起来。我们在这个村落耽搁了大约半个小时之后，一辆拖拉机带着一车水开过来，车上跳下一个中年武警女干部，她迅速要求所有村民每人带上一桶水，上山浇灭余火。那个水桶是塑料的，容积在 10 升上下，掂重量至少有 20 斤。桶的把手很低，很难将手伸进去。村民们陆续出发了，基本上还是以村为单位的。也有些人没有带水，而是带上了灭火弹。

从这个村子上山就没有现成的路了，人们都循着前面的人踩下的路艰难前进。刚开始还不觉得如何，但时间一长，手里的水桶就开始往下坠。脚下的路要么是几寸深的浮土，要么就是石头，每一脚下去都要小心。路边上长满了带刺的低矮灌木，手被划伤是难免的。可水桶的压力太大，人们已经顾不上这些了。有些路就在悬崖边上，一脚踩空或者踩滑就有尸骨无存的危险。刚上路的时候，人们还有说有笑，可没多一会，就听不到说话的声音了。只剩下呼哧呼哧的喘气声。年岁稍大的开始出汗。我回头看看小站营的队伍，惊异地发现，村长和治保两个人用一根棍子抬着一桶水悠然前来。他们俩肯定是扔掉了一桶水。走了10分钟之后，开始爬山，山上除了灌木，还有一些半大松树。找路就更加困难。等爬上第一个山梁的时候，遇到几个从山上下来的武警，他们说，要翻过三个山梁，爬上第四个山梁才能将水送到。人们集中在这个光秃秃的山梁上休息，抽烟。虽然山里不让抽烟，但救火的人似乎是例外的。大家都很小心，将抽剩的烟头用手撕碎之后才扔掉。我有些着急，没有等村里人休息好就上路了，其实心里是对自己的体力没有信心，希望可以笨鸟先飞，不要太丢人。可走了一会儿之后，我发现村里人并没有追上来，再走一会儿，前面的人开始嚷嚷没有路了，一定是走错了。接着又是从根本没有路的地方爬山，这时，手里的水桶的重量似乎减轻了，反倒是两条腿变得沉重起来。终于找到正路，爬上第三道山梁的时候，大家都傻眼了，眼下是深不见底的山谷，对面的火苗有几丈高，浓烟滚滚升起，但要到火跟前似乎还得从北面的山梁上绕过去。经过半分钟的犹豫和讨论，我和一个牛家口村的人开始向北面的山梁走去，人们也都跟着过来了。

最危险的是爬最后一道梁。在大约50多米的陡坡上，寸草不生，也没有石头，全部都是浮土。我们所有人都是强弩之末了，脚蹬在紫色的浮土上，不住地往下滑，手脚并用也不济事。我几次都差点儿从这个山坡上滑下去，如果真的滑下去了，后果真的会很严重。最后，只能是孤注一掷，走一步算一步，等到过了这个险关之后，我连头都没回一下，就赶紧往前赶。没多久，我们就看到了被烧过的林区了，所有的树都是黑色的，上面还有密密麻麻的白点，那都是松针烧过之后留下的灰烬。

树皮摸上去都已经酥了。地上的灰足有三四寸厚，一点草都没有留下，只有从灰里探出黑脑袋的小树桩。人们开始叹息。在晋源（县）这一侧的烧毁林区的面积不太大，山的那一面就是清徐（县），整个山坡已经全部都烧干净了。据说这场大火就是从对面烧过来的。我看到山下有几处烧黑的农田，估计是燎荒引发的火灾，这个说法后来得到了武警的证实。

穿过这片黑树林，就到了目的地，两个武警看到有水来了，眼里放出光来，他们从昨天夜里1点开始就没有喝过水了，虽然这水是用来灭火的，但火势这么大，这点水还不如给他们喝了发挥的作用更大些。我把水交到他手里的时候，他的声音甚至有些颤抖，只吐出4个字："谢谢老乡"。那一瞬间，我心里十分难受，但也非常温暖。

我从山梁上下来，没有走原路，而是按照武警的指示，绕了一个大圈，从北面的梁上下来的，路要好走很多。沿途看到轮休的消防员躺在石板上睡觉。回到出发的那个石头村子的时候，小站营的人也才下来，大家正在啃面包。我也饿得够呛，也吃了一个面包。武警的一个干部希望村里能再派年轻人上去一趟，被村长们断然拒绝了。其实镇里对要求村落救火也没有什么强制性。村长们尽到了责任，也就不想再操那个心了。尤其是已经让邻近村落的熟人看到自己来救火了，也就达到目的了。接着就下山，村里把面包车开到了石头村，我们也就免去了步行之苦，9个人挤在一辆车里，东倒西歪地在山路上颠簸，动不动就要下车爬坡，甚至还要推车。折腾了半个小时，我们才回到天龙山的牌楼。

下了山，村长请大家到饭店吃饭，饭菜都很简单，也不好吃。大家匆匆吃饱，就回村里洗澡。所有救火的人洗澡免费，而且还提供毛巾、洗发水。

每年一次或几次的救火，在一定程度上为晋祠镇，尤其是原来的晋水流域各村提供了一个确定文化认同感的机会。今天救火的义井、罗城、姚村等村落都不归晋祠镇管辖，但还是都来了，原因就在于他们都曾受惠于晋水。村民都认为，自己的救火行为不过是扯淡，真正救火还是要依靠解放军，但还是很乐意前来，看来这个活动确实不是简单的救火，而是起到了相当重要的社会联络和文化界定的作用。

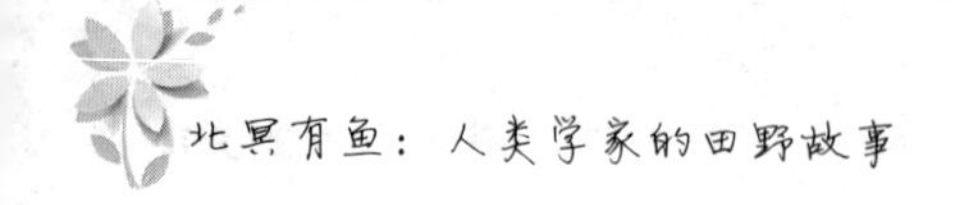

人类学逸事三则

鲍　江（中国社会科学院　社会学研究所）

这些人像木偶一样

“这些人像木偶一样！”叶青村纳西人这样评议埃及皇后与罗马恺撒的卫士。

2001年到2002年期间，我在西南大山深处无量河下游流域村落里做田野工作。那时，村里有电视的人家不多，有电视的人家也不把它作为私人物品使用，都乐意与邻居分享，大家一起看。

有一次，看CCTV-2播出的《埃及艳后》。屏幕上出现了一个场景：埃及皇后与恺撒在花园里调情嬉戏，卫士们肃然而立。看到这里，观众中有人说这些人像木偶。乍听这个评价，联系到画面，这些卫士确实像木偶——表情木然，像一杆杆标枪插在那里。再细品味，这个评价并非单纯像什么不像什么的问题，它来自评议者自身的文化背景。村里对“人前”公共空间有严格的文化规范：其一，情歌调禁止在村里哼唱；其二，男女之间禁止在别人跟前表现亲密举止，即便是夫妻。按此，剧中卫士，旁观主人公的亲密行为，既不害羞，也不愤怒，完全视若无睹的样子，这怎么可能呢，除非他们是木偶！这应该就是这个评价背后的文化逻辑。

这个评价也提醒了我一个“见惯不怪”的常识——埃及皇后与恺撒是不把卫士当人看待的。

三天以后才跟自己有关

拙作《去县城做白内障手术》有一个场景，影片主角之一——两个患先天性白内障孩子的外公，在仔细观察鸡头骨呈现出的卦象时，神情专注，并露出忧心忡忡的样子。接着，出现了我的画外音，与镜头里的老人展开一段对话。我说，这只鸡才从市场买来，卦象所征兆的应该是原主人家的事，鸡买回来养三天以后才跟自己家有联系。老人同意我的说法，赞同卦象说的应该是别人家的事。我接着建议他，把那骨头扔了，因为事不关己。老人同意，扔了手里的鸡骨，并重复强调——卦象说的是别人家的事。

按追求“他者田野”客观性的民族志电影标准，这个场景不合格，因为我放弃了观察者应有的冷静，把自己也卷入事件中。按我主张的追求“你我田野”客观性的标准，这个场景合格，因为这个场景鲜活地再现了老人、我以及我们之间的关系。

拍摄的时候，我做田野工作的时间尚短，对田野点文化的了解仅一鳞半爪，但情势所迫，安慰老人心切的我，急中生智居然活学活用讲

出了一番契合对方文化逻辑以及当下一刻心境的道理。

来自步态的民族认同

小和，我的纳西族朋友、丽江同乡。小和小时候在大理长大，所以不会说纳西话。“纳西人连纳西话都不会说”，我们常常用这样的话“打击”小和，同时暗示彼此之间的认同与默契。面对这样的“打击”，一向能言善辩的小和即刻无语，只好苦笑。

2007年夏天，我们两个一起走进丽江以北、玉龙雪山外的山村，寻访纳西族宗教祭师“东巴”，我做访谈人，他做摄像师。整个行程大约两周，从丽江出发，坐车到香格里拉县三坝乡；再从三坝坐车到洛吉乡，在洛吉乡漆树弯村雇马匹和向导，一路翻山去木里县俄亚乡；再从俄亚跟随本地马帮到宁蒗县永宁镇；再从永宁镇坐车到泸沽湖畔的落水村；最后，从宁蒗县城坐车返回丽江。

这是小和第一次去俄亚。那天，我们在漆树弯村一大早起来，上坡下坡，走了八九个钟头的山路，终于看见龙达河畔的俄日村。村边有一处烧瓦的场子，走渴了的我们去跟主人家要水喝。听说我们来自“伊古”（纳西语称丽江），主人家热情地开了一坛黄酒，款待我们。我介绍小和，说小和也是纳西儿子，只是因为在说汉语的地方长大，不会说纳西话。出乎意外的是，他们这样回应说：“像，像纳西，看他走路的样子就是纳西”。我赶紧翻译给小和听，小和高兴地笑了，笑得十分舒展。

文化差异与文野倒置：我在柬埔寨的两次“被骗”经历

罗　杨　（中国华侨华人历史研究所）

2011年，我在柬埔寨暹粒的吴哥王城遗址内做田野调查，曾两次“被骗”，个中曲折既有文化差异使然，也有“文野”关系的颠倒。

柬埔寨人没有四季的概念，只有旱季和雨季之分，公历九月的亡人节持续十五天，恰逢这年雨季的最高峰，整个暹粒城都泡在齐大腿深的水里，在已变成河的路上行走，每一步都得先小心翼翼地迈出一只脚试探河底的路，冷不防一脚踏进路上一个坑，整个人都会失去重心，栽到河里。亡人节雨水积成的河流在当地人看来是祖灵往返于此世与彼世的路径，却是阻挡我去佛寺参加仪式的障碍。在这十五天中，每天凌晨三点，在距我住地两公里外的佛寺会开始一天的仪式。我不怕路远、水深、天黑，但一路上从各户人家院子里突然蹿出许多狂吠着的大狗着实令我害怕。我联系了一个有摩托车的女孩，每天凌晨2点半她骑着摩托来我屋外送我去庙里，我每次给她一美金。

临近亡人节末，村里的女人告诉我，明天凌晨人们会到村口的皇家浴池里放船，用芭蕉茎、棕榈叶做的小船上载着给祖先们带回去吃的食物。第二天凌晨大雨倾盆，摩托车女孩失约了，我不想错过这个仪式，鼓起勇气出门。我尽力轻轻推开水波不发出声响，但还是惊起一片狗叫，更惶恐的是只闻狗声，不见狗影，这比清楚知道狗在哪里更可怕，因为如果突然从黑暗中蹿出一条大狗，在水里我连跑都跑不快。我想倒回屋里，但心又不甘，静静矗立了一会儿，还是战战兢兢往前走了。来到皇家浴池边，一片漆黑，空无一人，哪有什么仪式，真是欲哭无泪，深感“上当受骗”，却又不敢再冒险走回去，打算在池边坐到天亮，一直拿手电筒警惕地照着四周。一会儿，邻村一位老人骑着摩托车去庙里，我大声招呼他，挤上他的摩托车，由衷体会到“绝处逢生”的感觉。老人拿着三根从家里点燃的香，这三根香火在伸手不见五指的夜里分外明亮，依稀可见路旁千百年前他们祖先修凿的神殿和神祇，此时此地，神灵、祖先和鬼，与当地人的生命和生活同在。后来我才弄清楚，那个仪式在后一天凌晨举行，是一场因参照的历法不同以及时间观念的差异造成的误会。

另一次真的差点受骗。御耕节前我从暹粒坐长途汽车到首都金边，准备观看王室的御耕仪式。我提前一天到达，正在皇宫附近转悠，被一个金发碧眼的老外叫住了，他焦急地用英语问我是否懂英文，我问他有何事，他说他连找了好几个人都不会讲英文，他的钱包在来金边的长途汽车上被偷了，现在身无分文，问我能否借他点钱，他去附近的网吧跟家里人联系，让他们通过西联汇款赶紧给他寄钱，并要了我的联系方式，说钱寄来了就汇给我。我一开始还有点警觉，当听到“来金边的长途车”等词汇时，便问他要借多少，他说能否借二十，我在柬埔寨做田野穷得叮当响，只答应借五块。他拿上钱千恩万谢地走了。我正在为做好事积累功德而自喜，旁边一群柬埔寨三轮车夫笑了，其中一个告诉我，这个老外在这一带都待了四五年了，以专骗外国人为生，骗了钱就去赌博、喝酒。真是让我心疼万分，我平时连一瓶半美金的可乐都舍不得喝，却被骗去“巨款”。没想到峰回路转，我走过几个路口，这个骗子老外从一个佛寺中出来正被我撞见，我大声朝他说：“还钱！”并做好了追讨的准备，他悻悻地掏出刚才那五块钱给我，迅速消失，我真想对着他的背影大喊“shame on you！”这时，刚才那个三轮车夫把车蹬到我面前说：“我帮你找回钱，你得坐我的车，作为给我的酬谢。”我有点惊讶，但最终没有坐他的车，我住的小旅馆就在附近，他很不高兴，觉得我没有知恩图报的“道德”。

我被西方老外骗，想对他说“shame on you”，倘若是被一个柬埔寨土著骗，我是否会说“barbarian”呢？前者表示当事人或当事人象征的文化符号原本不应是这样，应是文明的、有道德的，所以才会替他觉得“shame”；而后者则暗示当事人或其身处的文化本应就这样？如同印象或想象与实际的印证。但实际的情况可能是，在那位柬埔寨三轮车夫看来，西方老外和我都是不符合他们道德观念的野蛮人。

1296 年到达此地的中国士人周达观，在其《真腊风土记》中留下这样的记录：唐人在这样一个讲究等级、礼仪体例的国度，不守规矩，越制穿衣，柬埔寨人暗笑他们没有文化，称为“暗丁八杀”，即不识体

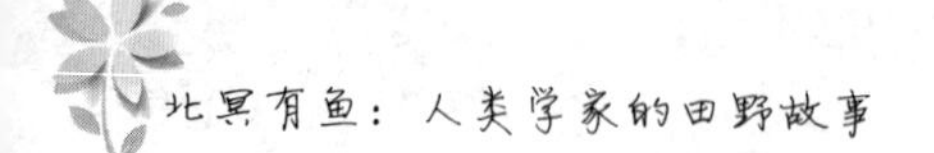

例；唐人还跟柬埔寨社会里的一些当地人不愿承认其为“人”的二形人、野人交媾，搞得柬埔寨人都不愿意与唐人同坐，怕沾上野气；唐人喜欢看柬埔寨男女混浴，并觉得这样不文明，但当地有一套礼仪规矩将它“文明化”，柬埔寨人觉得唐人围观才不文明。

我无法了解这些现象曾给周达观这位华夏士人怎样的文化冲击，他又是以怎样的心态和勇气记下这足以论证华夏与蛮夷“文野颠倒”的一笔，但几百年后的今天，这样的颠倒依然在“发达国家”“发展中国家”和“落后国家”之间存在，在金发碧眼的老外、我和黝黑的柬埔寨车夫之间重现。

械斗与瞄湖

张亚辉（中央民族大学）

晋水流域当中，北大寺村是个出了名的好打架的村子，而他们最引以为荣的打架事件几乎都与上级政府有关。比如，武慧生的三爷爷曾经带着村里的后生在太原从东羊市一直打到西羊市，打了整整一条街。再比如，一个叫作贼宝宝的70多岁的老汉，修自行车的时候，晋源一个绰号叫作“大野猪”的地痞带着狗从旁边经过，这个狗去闻贼宝宝的工具箱，被贼宝宝一砖头打得头破血流，“大野猪”上来自报名号，话音未落就被一铁锹把脑袋开了瓢。“大野猪”恶狠狠地警告贼宝宝，让他在这里等着，结果贼宝宝揣着两瓶汽油直接跟他到了晋源城，搞得晋源城所有的地痞都不敢露头。还有一次，大概5年以前，晋祠镇闹红火，各个村的村长和书记都在主席台上坐着，当评委，结果由于当时北大寺村的书记和村长都长相猥琐，被当成了残疾人和民工，蜷缩在主席台下边。北大寺人怒从心头起，在演出最热闹的时候将砖头、易拉罐、咬了一口的苹果纷纷扔上主席台，将一个好端端的红火搅黄了。在南郊区没有拆之前，区政府在现在的小店区，也是一次闹红火，北大寺的两个人还没表演就被小店区的人打坏了。报案公安局不管，自己要打架也找不到人。在北大寺的铁棍队伍经过主席台的时候，上面飘飘欲仙的小演员不见了，两个鲜血淋漓的汉子被绑在铁棍上招摇而过，这吓坏了当时的区领导，演出也顾不上搞了，赶紧要公安部门破案，同时安排给这两个人看病和补偿。前几年，水利局盖的宿舍楼截断了北大寺的饮用水管道，使得整个村子的洁净水不够用，而宿舍楼的脏水还经常渗漏到北大寺的饮用水中，村里几次和水利局协商，都没有什么结果。村长最后直接去找水利局的局长，这个局长居然态度倨傲，还出口伤人，结果被村长在办公室里打了二十几个嘴巴，第二天北大寺人集体包围了水利局，最后还是区领导出面才解决了此事。当然，北大寺这种火暴性格并不是没有办过一点好事，“文革”期间，市里的、区里的民兵都想将晋祠拆掉，就是北大寺的后生们，日夜轮流守护，这些民兵始终不敢和北大寺对着干，也就终于没能动晋祠的一砖一瓦。

北大寺的武氏宗祠是晋水流域几乎所有村庄中最大、历史最长的祠堂了。家族势力的发展自然为武力斗争提供了人力基础，但武斗的频繁发生也在相当程度上维护了宗族的团结。不过这周围实在是没有足以和它抗衡的对象，他们才将政府选作一个势均力敌的对手。弗里德曼在《中国东南的宗族组织》中提出的武斗模式在这里其实不完全适用。其中一个重要的原因是，武氏宗族是一支独大，奉行的是单边主义“政治”。并没有不同家族为了武斗分别团结起来的事实。这时，武氏的团结和宗族的力量恐怕不能通过弗里德曼的理论来解释了，因为它外部的威胁是不存在的。要解释这个现象，恐怕要结合地域寻仇和血仇两个方面来看，血仇无疑是更高级、更有力的一种方式，北大寺实际上是在地域寻仇的基础上发展出了一种类似于血仇的机制，因此在周围的村落中成为龙头老大，在尝到了宗族械斗的甜头之后，宗族组织便一步步发展壮大起来了。这里与中国东南的宗族组织的另外一个不同是，政府的力量实际上随时可能强力介入，不可能像东南那样是一个“类无政府地方”。如果真正在械斗中发生大规模流血事件，尤其是出了人命的话，还是要靠政府处理，民间是不能擅自做主的。正因为如此，村落的血仇记忆其实是没有机会发展起来的，也很难在社会互动中扮演重要的角色。说到底，村落械斗都是以争水械斗为基础的，大家对打架到什么程度要告官、什么程度要赔钱都心知肚明。

关于这个贼宝宝还有一个颇有趣味的故事：贼宝宝从小就是个打架不怕死的霸王，15岁那年就已经在周小舟的游击队里小有名气了，但此人色心忒大，居然搞上了上司的女人，结果被送进了军事法庭。蹲了几年出来之后，和一个带着孩子的寡妇结了婚，可此人恶习不改，居然又将15岁的继女的肚子搞大了。结果当然是再次进了监狱，他几次三番进监狱的一个滑稽的后果是，村里已经没有土地给他种了，因此，国家不得已只好给他一个城市户口。此后他就一直在北大寺修理自行车，当时仍旧时不时拈花惹草，从过路的老太太到村里捡破烂的女人通通不放过。后来，晋祠镇开始引进很多大学生，同时村里镇里的恋爱风气开始变化，北湖成了青年男女们谈情说爱的首选场所。贼宝宝居然非常天才地发明了一种无比幽默的行动：“瞄湖”。北湖风景优美，气氛雅致，同时也有很多隐蔽的角落。一旦有青年人成双结对地出没在北湖周围，贼宝宝就会放下手头的所有事情，摸向湖边。他以前曾经当过兵，而且军事技术过硬，他可以从50米以外的山坡上开始匍匐前进，越过所有的坑洼和树木，一直潜伏到离目标不到5米的地方而不被发现，在那里，他能够看清对方的一举一动，而且能够听到每一个字。回来之后，他会特别得意而且绘声绘色地向所有好奇的人描述他听到看到的东西。贼宝宝在这件事上的名气很大，后来居然还有几个年轻人要做他的徒弟，不过这些不成器的徒弟军事知识几乎为零，时不时就会被人发现。“瞄湖”一事在北大寺村也产生了深远影响，如今人们把闹洞房、听房等传统项目都称作瞄湖，甚至所有带有窥视性质的行为都被归纳为瞄湖。瞄湖行为本身其实并不难理解，如今当地人结婚仍旧主要靠介绍，对于电影、电视里经常看到的浪漫爱情，他们实在是好奇得很。那些身强体壮的年轻男女既不结婚，又不干活，每天都找一个僻静之所聊天，有什么可说的呢？这绝不是贼宝宝一个人的心事，而是一种婚恋形式对另一种婚恋形式的探索，尽管贼宝宝个人的动机中肯定有色情流氓的成分。为了得到第一手的资料，村里如果有个调皮捣蛋鬼能够代表大家去一探究竟，也不失为一种壮举。所以村里人说起瞄湖并不鄙视或愤恨，而是带着十二分的快乐，也正是这个原因。

徘徊在参与和观察之间

李荣荣（中国社会科学院　社会学研究所）

几年前，我在加州中海岸的小镇悠然城做田野调查。最初，我认为是海外民族志研究的团队安排以及机缘巧合等各种偶然因素，促成了我在悠然城的田野调查，可我的房东以及我在当地一所教会认识的基督徒朋友并不这样想。他们认为是上帝把我带到了悠然城，是上帝安排我与他们相识。每次听到他们这样说，我只是礼貌地笑一笑，没有表达什么观点，也不觉得这样的问题值得谈论。

悠然城不大，人口不过 5 万，基督教会却有四十来个。由于基督教信仰对于美国的社会文化具有重要意义，加上房东安妮是一位虔诚的信徒，参与教会活动便顺理成章地成了我进入田野的主要方式之一。那段时间，每逢周日上午，我都会跟随安妮去主恩教会聆听牧师布道，参加主日学。此外，每周二、四上午我也跟着在主恩教会认识的其他朋友去该教会图书室做志愿者，秋季还参加了为期半年的以女性为对象的《圣经》学习班。

主恩教会每隔一周就会举行一次圣餐礼。圣餐礼有两种形式：一种是由教会长老分发圣餐，放着葡萄酒和饼的托盘在教堂的长椅间传递，教友不用起身，在座位上就可以领受；另一种是教友起身到讲坛前的圣餐桌那儿自取，此时既可以在圣餐桌那儿领受，也可以取回到自己座位再领受。不论哪种形式，圣餐礼都具有强化信仰者身份的作用。每次领受圣餐之前，牧师总会带领众人省察内心："领受之前请先沉默一会儿，想一想自己是否相信，如果你今天由于某种原因不领受也没关系"。话音落下，牧师便低下头来祈祷："上帝啊，今天早上我们再次意识到您是我们的主……我们为那些今早尚未认识您的人们祈祷"。众人也纷纷低头默祷。大概一分钟后，祈祷结束，众人开始领受圣餐，音乐随之响起，"诗篇"的部分段落随即也显示在布道坛两侧的电子屏幕上："我安静等候上帝，他是我唯一的希望。只有他保护我，拯救我……"我从未领受过圣餐，每次都是一动不动地等待着信徒安静地领受完圣餐。在这般追问"我是谁""我们是谁"的关乎身份问题的关键时刻，我难免会感觉不自在，真切地感受到符号边界的存在。没办法，只得提醒自己：不必觉得尴尬，冷静观察信仰的社会功能足已。

我这个参与观察者也在被观察。有一次，我与在教会认识的友人伊莎贝拉到城外的苹果山谷散步，不经意间就聊起了信仰。她一连串的发问让我哑口无言：

伊莎贝拉：你平时做什么？

我：做调查，观察、访谈、收集各种资料。

伊莎贝拉：你回中国之后要做什么？

我：在这些材料的基础上写一本民族志。

伊莎贝拉：然后呢？

我：写完就答辩，然后自然就毕业了。

伊莎贝拉：然后呢？

我：继续做人类学研究呗。

伊莎贝拉：然后呢？

我：……

我一时竟回答不上。我明白伊莎贝拉想要告诉我的是，无论俗世生活如何度过，没有信仰的人生始终是空洞的。可惜，我毕竟不是基督徒。虽然伊莎贝拉认为她所信为真，并且她的委婉劝说终究也是好意，但还是保持距离为好吧。

不过，距离时不时地也会发生变化。安妮是位虔诚的基督徒。有段时间，每周四傍晚我会跟随她参加查经小聚。参加者不过八九人，都是安妮多年的朋友，其中有人来自主恩教会，也有人来自其他教会。老友们聚在一起，把生活中的欢乐与忧伤以祈祷的形式向上帝诉说一番，再就着咖啡与甜点和朋友聊一聊，一句顶一万句。渐渐地，与安妮在同一个屋檐下生活久了，每天感受着她内心的喜悦与宁静，我不禁心有戚戚焉，对自己的提醒也变成了要面向信仰开放自我、尽力接近信仰者的内心体验。这时，我开始接受朋友们的观点：嗯，是的，是上帝的安排我才来到悠然城。也正是这时，我才乍然察觉自己差点儿就忽视了一个

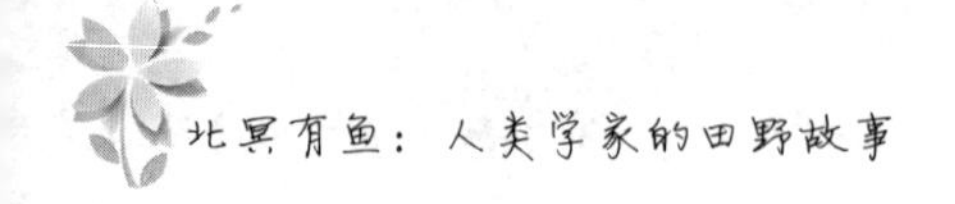

重要问题：我的想法和他们的想法之间究竟有多大距离？我能在多大程度上理解他们？

我的这种移情还在某天清晨迸发了。头天傍晚我出门做了个访谈后搭车回安妮家。第二天早晨我打算找出录音笔来做记录时却怎么也找不到它。录音笔丢失了不要紧，要紧的是里头的录音。就算我可以脑补访谈内容，可这也是涉及受访者隐私的大问题呀。就在我急得满头大汗时，脑子里突然灵光一现，有个声音告诉我：录音笔在安妮家院子里的草坪上。推门出去一看，果真如此，那家伙就静静地躺在路边，离草坪不远，原来是我下车时不小心弄掉了它。我兴冲冲地拿着录音笔走进房间，对着安妮大叫："看，我找到了，感谢上帝！"

参与要求移情，观察要求超然。做田野调查的那整整一年里，我不断地在自我投身与自我隐身之间徘徊。虽说这种来回移动偶尔也让我心生烦恼，但我更期待它能帮助我靠近兼顾情感之心与知识之理的民族志叙述。

饮食男女

章邵增（科罗拉多州立大学）

孔圣人讲：饮食男女，人之大欲存焉。可是饮食本身分不分男女，有没有性别属性呢？为这事，我在田野中，差点跟人吵起来。

2011年4月初，我去巴西亚马孙雨林地区帕拉（Pará）州的一个小村落做调查。坐长途汽车在跨亚马孙公路（Transamazônica）上颠簸了一上午，午后终于到了目的地车站。说是车站，其实就是路边一块木板搭的长条凳，长凳后面的小卖部倒是给这上百公里不见人烟的地方增加了不少人气和安全感。我刚下车不久，小卖部的人就关切地问我："小伙子，有人来接你吧？"我说："是啊，是'洋葱'（Cebola），约好了的。"等了一个多小时"洋葱"都没来，小店的人看我着急，宽慰我："小伙子，别急，'洋葱'他说过来，一定会来。"又过了一个多小时，从公路另一边的小道上蹿出来一辆摩托车，直冲到小店门口。开摩托车的人叼着烟，趿着拖鞋，个子不高，倒很壮实。朝我一抬下巴："是邵吧？"我说："是啊，你就是洋——"。终于等到人了，我高兴得嘴都咧开了，又觉得头次见面就叫人外号不礼貌，忽然就僵住了，但是当时帮我联络的人就说不知道他的大名，一直就叫"洋葱"。他左手拿下烟，伸出右手来：我就是“洋葱”。“洋葱”给小卖部里的一圈人都分了烟，叫我坐上摩托车，就去他村里了。去村里的小道有十几公里，比我小时候村里的机耕路还要窄一点，而且上下坡又多又陡。“洋葱”开得飞快，一路还跟我聊天：“大家都叫我‘洋葱’，没关系，你有外号吗？”我只好老实说：“以前在中国很多人叫我土豆。”他很高兴：“土豆啊，那咱俩肯定合得来啊！”

第二天早上一起吃早饭。巴西葡萄牙语里的早饭就叫“早咖啡”（Café da Manhã），有的巴西人早上不吃正经食物，却一定得喝点咖啡。像这样偏远小村里的人虽然穷点儿，但是早上的咖啡一般也少不了，配上饼干抹黄油，再来一点本地当季的水果，营养和口味都还过得去。“洋葱”的老婆来给我们倒咖啡，“洋葱”问我，你们中国人早上也喝咖啡吗？我说我们不喝。他很惊讶：你们早上不喝咖啡？！其他时间也不喝吗？我们这里别说“早咖啡”，中午下午也经常就要来一杯呢。我马上解释：“我们不喝咖啡，但我们喝别的啊。”我兴头上来了，打算给他介绍一下中国人喝茶的习惯，尤其是我老家浙江。我接着说：“我们经常喝茶，我爸爱喝茶，我也——”我才刚开始讲，他就打断我了：“茶？！嘿，我们这里茶是女人才喝的，男人不喝这个；男人就喝咖啡，要不就喝酒！”

我心里很不高兴，不仅因为他这么直接地贬低喝茶的习惯，而且因为他如此大男子主义。后面这点，我头天晚饭时就注意到了，他老婆给我们烧菜盛饭，却只有他和我两人坐桌前吃饭，今天吃早饭还是这样。我早就听说巴西偏远农村男尊女卑的传统，比如女人吃饭不能上桌，只能在厨房里。但是“洋葱”的老婆是村里的小学老师，而且正在进修师范专业的大学学历，“洋葱”他自己也是村里的小学老师，还是本村村长，他们两口子又都年轻，是村里学历最高、最见过世面的，没想到“洋葱”还是这么大男子主义。

但是我初来乍到、寄人篱下，也不好严词批驳他，只好忍着。不过老实讲，“洋葱”说女人才喝茶在巴西大致也是实情。巴西人讲的茶（chá）比中文里常讲的茶要广泛一些，前者包括我们一般理解的茶，但在巴西主要是有钱有闲的城里女人喝的，主要是红茶、花茶，绿茶极少，此外也指各种药茶，可能也往往是病弱的女人喝得多。就在头天晚上，晚饭后，“洋葱”带我去了小村另一头的一户人家，那家里的大妈感冒生病好多天了，附近医疗站（Posto de Saude，巴西基层医疗点，类似中国以前的“赤脚医生”，虽然全免费，但是绝大部分站点严重缺医少药）已经断药很久了，她也没钱坐车去城里买药，就一直拖着。恰好我从“洋葱”家出来得急，背包没收拾整个背出来了，里面有一些我自己应急的简单药物。我拿了两种药给那位大妈：“这是我们中医的药茶，泡开水喝，绿色小包（芙朴）一次一包，每天两三次，如果发烧，蓝色小包（小柴胡）也喝，方法一样。”

早饭吃得差不多了，“洋葱”的老婆拿来了对半切好的木瓜。“洋葱”介绍说：“这是我自己园子里产的，很甜很新鲜。”然后就狼吞虎咽起来。我顿时心生一计，决定不再忍了。我看着木瓜，咽下口水，故作为难的样子："'洋葱'你知道吗，在我家乡，木瓜是女人吃的东西，男人不吃。"他很疑惑："为什么呢？"我很认真地解释："因为很多中国人认为，木瓜是年轻女人用来丰胸或者喂奶的妈妈用来催奶的。""洋葱"半块木瓜还在嘴里，呆住了，进退不得。过了几秒钟，他若有所思地说："哎，你讲的也有道理。你看，木瓜这个词（mamão），跟乳房（mama）、妈妈（mamãe或mãe）这两个词，多像啊，肯定有关系！"他又看了看盘子里剩下的半个木瓜，扭头大喊一声："女人（mulher，口语里也可以指"老婆"），刚才你听到没有，你快来，多吃点木瓜！"他老婆长得很清瘦，他大概早就有所不满。然后笑笑："吃好了，我们走吧。"撇下木瓜，我们出门去了。

说斗嘴其实有点夸张了，只是想借这个玩笑，来记录一点生活中最琐碎处体现的文化差异。孔老夫子也讲了：夫礼之初，始诸饮食。文化习俗的形成，从饮食就开始了，其差异当然也是。所以，饮食的礼，因人因地而异，也因人因地而宜，不丰不杀就好。由此，我倒有点后悔当时的玩笑，希望"洋葱"意识到我只是开个玩笑，之后还继续吃他的木瓜。

我和我的报导人

高美慧（中国社会科学院 研究生院）

“报导人”在人类学家田野工作中处于十分特殊的位置，我的田野也不例外。2014年11月，我进入H省女子监狱进行女性暴力犯罪的课题调查。F监区教导员出门迎接我，友好热情地把我介绍给服刑人员。她突然指着一个犯人说：“这是灵梅，这十几年来，她就因为小偷小摸几进几出。找她聊估计监狱发展史都能给你聊出来。”我仔细打量灵梅，她五十多岁，走路一瘸一拐，眉间透着一股刁蛮，最与众不同的是寒冬腊月，她只穿着一件短袖。我走近她聊了几句，发现我们是一个地方的人，她就说：“孩儿呀，你在这儿可一定要混上去，替我们东北人争一口气，S监区的监区长是咱们那儿人，你要多恭敬她。”我勉强应着，觉得这人确实挺有意思。

为了和调研对象拉近距离，我在监狱和犯人一起订拉花，第二天就被来车间检查的监狱政委发现并批评了我。灵梅见到我时语重心长地说：“你不能来车间，这里总来领导，你可以去蒜房，那老年犯多。这里的队长有事多的和事少的，你得在好队长上班的时候多活动，躲开事多的人，啥事都怕没好人。”她又告诉我谁是好队长谁是坏队长。因为这个“门道”，我的调研顺利多了。后来她动员暴力犯林清秀：“把你的故事告诉小高队长吧，写进书里，你可以青史留名。”那时我真视她为依靠，她劳动不积极，但喜欢画各种漫画。她送过我一张，祝我调研顺利。

过年前，她找我要一本图画书说要给监区办黑板报，我没多想就送给她。没想到她把书拿去送给F监区刚上任的领导，并招供说是我送的。这事狠狠地坑了我一把，让我又被批评。别的服刑人员说她是故意的，就算她帮助过我，但本质上还是个人渣。那时我明白自己终归是被她利用了，从此便疏远了她。2015年3月，我又去了新的监区调研，有事回到F监区，她背对着我不再说话。2015年5月，她服刑期满被释放。2015年8月我离开监狱的时候，听到个消息：“灵梅又被抓了！”

这样的报导人在人类学田野工作中如何定位？服刑人员作为调研对象是否有正常人的心态？这样的问题直接涉及当年本尼迪克特《菊与刀》的研究对象，他们几乎都是战俘。通过战俘描述一种文化的代表性是否可信、可靠，我不得而知。我的田野经验至少让我明白了我与本尼迪克特的根本不同：她研究的是一种文化常态，而我研究的是文化的非常态——失范，通过这种失范让我看到了我们自己的常态如何失范了。

“人话”与“鸟语”

汤　芸（西南民族大学）

学习当地的语言，是田野工作的必修课之一，听上去蛮容易，感觉泡在当地找人聊天，假以时日就学会了。自恃有些语言天赋的我并不觉得这是个多大的挑战。但是，当我真正进入到田野之后，才知道语言这事，不只是“人事”，有的语句学来并不只是用来与人交流的，而且我们常常需要懂得和一些另类灵性的“他者”交流的语言。所以，学好当地语言这样重要的事，并不那么简单。

2002年夏，在贵州黔东南的一个侗族村寨，我开始了自己第一次的田野调查工作。那个因鼓楼建筑而闻名的侗寨坐落于一片密林深处，寨中鸡鸣犬吠，田间鸭吟蛙叫，村外鸟语兽啸。作为一个外来者，要想亲近这一方水土，不仅要与当地的父老乡亲“打交道”，还得和各种家畜野兽“谈得来”。

万万没有想到的是，我在村寨中学得最快、记得最牢的几句当地侗话居然是和狗儿们交流用的。刚来村里时，寨中常有几条大狗会突然地从某个角落窜出来对我一阵狂吠，让我极其惊恐和愤怒。一天，我在村口又遭遇了当地狗儿们恶作剧般的惊吓，惊魂未定的我情不自禁地大声吼这些恶狗，不过，不仅狗没被骂跑，还招来几个孩童的嘲笑。当晚我向房东大婶抱怨此事，她用不太熟练的汉语宽慰我说：“你要用侗话来训寨子里的狗，它们只听得懂这一种人话”。这时我意识到了，我说的汉语在当地的狗看来根本不是一种“人话”，而它们要欺负的就是我这类不太会说“人话”的陌生人。房东大婶教了我一句短语“申，纳听金毛”，意思大概是“讨厌，拿石头打你”。此话非常管用，发现我能说当地训狗的“人话”后，寨里的狗马上对我友好温顺起来，并成为我的好朋友。在接下来的日子里，总有那么一两条狗会跟随我在村中走访调查，成为我的尽职向导和忠实护卫。而我也学会了不少当地人与狗交流的短语，如“坎西拜”（一起走）、“梦莱丢夸”（今天我们上山）等。自从有了这些通人性的“狗友们”做伴，我的田野生活不再孤独寂寞，而且它们也算是我的侗语老师，因为侗寨的狗儿们听不懂汉语，和它们交流只能说当地的侗话，这也就逼迫我要努力地学习当地的语言，否则不会说“人话”，连狗都不搭理我。

如果说当地人与狗交流时所说的话还属于“人话”的范畴，而与各种禽类交流时所说的“鸟语”则完全突破了我之前对语言的认识定义。这些“鸟语”的发声所模仿的就是各种鸟叫禽鸣，外人听来叽叽喳喳，不知所谓，但当地的人和鸟却能心领神会，通晓其意。侗人不仅善于捕鸟养鸟，也非常善于和各种鸟禽交流相处。冬春时节，常有一些青壮年上山捕鸟掏蛋，他们进入山林之后就不再用侗语交流，而改用鸟语谈话。届时，林中只闻一片鸟语，分不清何为鸟鸣，何为人仿，而那些有经验的侗族捕鸟人则能在与禽鸟的鸟语对谈中辨别对方的雌雄。夏秋时节，则见一些妇人和小孩在田间对着鸟群呼唤，她们如同高超的口技表演者，能发出各种鸟鸣声。一问得知，她们是在警告鸟儿们不可贪吃田中的稻谷，否则影响了粮食的收成，村民就要来责罚这些贪吃的鸟。可以说，“鸟语”是当地语言中的一个重要部分，也是当地居民必须掌握的一种“外语”，然而直到结束田野离开村寨，我都无法听懂更无法说上一句这种神奇的语言，总感觉到在他者的生活世界中有一种重要的生活经验是自己无法体会与理解的，不得不说这是一种缺憾。

尽管汉语的使用在今天的侗寨中越来越普及，但侗寨的狗儿们却不把其当作“人话”，它们也只听那些会说当地侗语的人的话，这算不算是一种地方的文化自觉呢？虽然外语的学习在当代社会中越来越重要，然而侗寨村民所掌握的“鸟语”又是一种什么样的外语呢？在田野中，人类学者所要做的工作无非是要理解他者。而学会说“人话”，能够听“鸟语”，在和侗寨中各种家畜鸟兽做朋友打交道的过程中，我开始明白了他者这个概念在具体的地方有着极其丰富的内涵。

第三部分　行走与责任

趙河陽

人类学家的妙计是笨鸟先飞

档案馆田野的挫折

王建民（中央民族大学）

学科史研究中的田野工作主要是在档案馆、图书馆完成的，似乎是一项没有那么多危险和挫折的研究。马歇尔·萨林斯的儿子皮特·萨林斯就曾经告诉我，他小时候因为有过父亲在南太平洋岛屿常年辛苦地克服种种不适去做田野工作而无暇和子女们共享天伦之乐的经历，尽管有过很好的人类学家学熏陶，法兰西史却成了他的专业选择。在翻阅图书、档案困倦时，可以坐在巴黎街头的咖啡馆里听着音箱里传来轻松的音乐，看着马路边走过优雅的美女，惬意地享受树荫、花丛间的阳光！然而，撇开那些查阅档案和图书开放的限制规定不说，档案文献的田野工作也不是那么轻松，也会有不少波折。在档案馆田野中我最刻骨铭心的经历是在做博士论文资料搜集时的那次毁灭性打击。

1993 年 12 月，当我在接近两个月的考察之后，从厦门搭乘十多个小时的长途客车于凌晨时分到达原定行程的最后一站广州，我由广州市客运站背着行李来到相距不远的广州火车站，困倦而又疲惫地上了在公交站等待前往中山大学的公交车，找到一个双人空座，把那个已经背着很吃力的大背包放在座椅边，然后把随手的一个小包（里面装着准备送给友人的两盒银耳）放到里侧的座位上，就在此时忽然感觉侧旁一个黑影一闪，那个大背包消失了！这个包里放着大约20万字的手抄资料、一些珍贵的无法弥补的照片、一个访谈的笔记本和一沓复印资料，还有1500元现金、一架数码相机以及全部的换洗衣物、洗漱用品。我冲下公交车，那时的广州火车站乱得出名，加之天色未明视线有限，前期档案馆田野工作成果就这样被近乎抢劫式地偷走了！

我来到中山大学招待所，躺在床上望着天花板，心灰意冷，绝望之至，真是要死的心都有了！在后面的几天中，我甚至抽空就到广州火车站失物招领处去询问，到街头偏僻处拾荒者的窝棚里去打听，也是毫无所获。在这场危难面前，朋友们的热心帮助帮我渡过难关。在我在中央民族大学读硕士生期间的老师和领导、中山大学人类学系主任黄淑娉教授家里，黄先生打开她家的衣柜，把她丈夫和儿子适合我穿的衣服一件件地拿出来，让我挑选，为我装备了一套从里到外的行头；当时在广东省民族研究所工作的师弟陈延超和学生盘小梅、在广州市民委工作的学生林滨都给了我很大的帮助。在由原路返回弥补档案馆田野工作损失的过程中，为了帮我节省经费，陈延超和厦门大学的蓝达居、我的大学同班同学贺晓昶给我提供了住宿，在那段时间，白天在朋友们的帮助下摘抄文献资料，晚上又在一起长聊。因为已经查阅过一遍，我已经相当熟悉资料的出处，经过补救，总算重新获得了那些非常宝贵的资料。

在这次挫折中也留下了不少遗憾：有些东西是无法补救的，有些老先生因为年事已高，身体欠佳，实在不好意思再去打扰；我到上海博物馆的林嘉煌研究员家里再次拜访，他已经去了福建调查，而就在那年春节期间他在家乡突发急病，与世长辞。

人类学家常常说田野工作是人类学家的成年礼。只有经过了田野工作，人类学家才能够更为深刻地认识地方性知识，更好地反思和批判学术研究中既有的概念、观点和理论。在田野民族志研究过程中个人的种种挫折和历险性的体验在另外一层意义上给了我们一种“成年礼”。也许有些人因此而退却，然而对于我来说，正是经历了这样的“仪式”，使得我能够更加深切地意识到学科的价值和意义，更坚定地坚守着这个学科。这次刻骨铭心的往事成了我在人类学学术领域中不断坚持下去并且努力做出更多学术贡献的动力。回头想来，这正是一位人类学者所经历的具有个人独特体验的成年礼吧！

田野消失了！

罗红光（中国社会科学院　社会学研究所）

作为人类学专业的学生，当进入研究生课程之后，我也计划考虑自己的研究主题与地点。来自中国的我，当时萌生了一种想法：中苏都是社会主义国家，既然是社会主义国家，政治方向、意识形态、社会制度等都应该一样，但是我对当时中苏社会主义国家之间的冲突颇感不可思议，于是设想可能是因为文化原因导致了政治上的冲突。为此，我设定将田野放在当时的东德，试图通过对社会主义国家之间的比较研究，把文化在制度化建设上的作用作为我的关注焦点，设想社会主义阵营内也有殖民地。

为了成就“人类学者的成人礼”，我开始阅读相关书籍做铺垫，设计研究课题，建立我在德国的人脉，与此同时在语言方面在歌德学院学习了一年半德语，还结识了漂亮的德国女教师。万事俱备只欠东风。1989年柏林墙倒塌，我的田野顷刻间消失了！柏林墙的倒塌对德国人来说是否是件好事，这需要德国人民自己来回答，但对我来说却是件郁闷的事情，它让我苦恼、徘徊了近半年之久！

每当回想起这段往事，总让我忘不掉我人类学历程中的两次较大的苦恼。第一件事情是在选择专业的问题上。习惯了“老师正确”“听家长的话”的中国教育模式，当我身处自由国家，什么事情都必须自己做出判断和选择的时候，往往使我茫然。究竟做什么选题？是否适合我？这种质问自己的问题始终在我脑海里打转，面对琳琅满目的选题诱惑，自由选择让我容易迷失自我。我称这种烦恼为“幸福的烦恼”。第二件事就是柏林墙倒塌的事情。选题、准备工作已就绪，但向往的田野和田野内部所发生的事件不由我控制，这本身就是一种客观性。它会成就我，同样也可能会让我的行动变成幻觉。

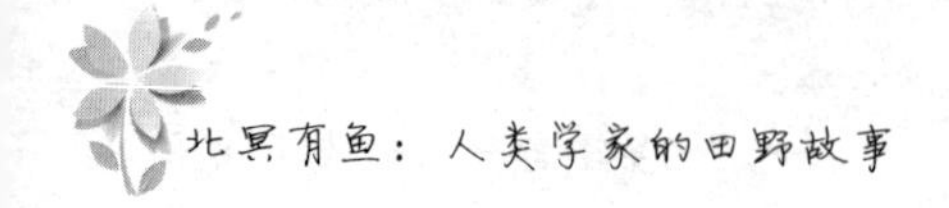

五台山朝山记
——田野囧途

彭文斌（重庆大学　人类学中心）

在美国大学的人类学系里，田野调查是当作一门技术课来上的，有专书，也有经验丰富的专任教师授课。其内容很细致、实证，分门别类地教授学生如何在调查点建立必要的人际关系，以获得进入田野点的途径；如何做田野笔记及做资料的初步分析，等等。另外，也会颇为睿智地提醒学生，在田野点停留一段时间后，应该刻意营造点距离，短暂离开，以便在前一阵全身心的田野投入以后，能够较为客观、冷静地回顾与总结，发现新问题与弥补先前调查的不足。当然，无论是田野教科书，还是授课教师，都会将田野中所涉及的道德问题（ethical issues）提到极高的程度来认识，外来的调查者与当地的被调查者之间经济与社会、政治地位的不平等是一个敏感而又值得关注的问题。一句话，“民族志的权威”（ethnographic authority）在谁？如何构建？权力与知识如何共享？主客之间如何在彼此尊重的条件下进行对话？等等。

书本与课堂上的东西，总会与实际有些距离。倡导相对论的人类学如果以西方的人类学经验为张本，对于借鉴者来说，在不同的社会政治场景里，很容易就会发现一些差异与不合时宜。不同于西方学者单枪匹马、牛仔般的田野经历，如《中国人类学逸史》的作者顾定国所说，中国的人类学家有一个优良的传统，即注重团队合作，强调调查中的搭档与集体主义精神。另外，人类学者所谓的在田野中的“高大上”形象，或多或少，源出政经话语强势的西方文化背景和对“土著”潜意识的优越感。在中国社会政治过密、基层行政人员“任性”、学人政经资源匮乏及社会地位不高的情况下，人类学、民族学者在田野调查时，障碍不少，无可奈何的情况也时有发生，村长、书记、寨老们的颐指气使甚至能够左右田野的进程。另外，调查团队的配合固然会有可观与整体的产出效应，不过成员搭配也至关重要，如果“遇人不淑”，也会让参与者产生“人在囧途”的感觉！哈哈！

2014 年 9 月 13 ～ 14 日我的五台山朝圣之旅即为一例，当然此例仅属个案，其戏剧效果也不具典范性。这次旅程初始的“进山阶段”策划得紧张、有趣，到紧要关头的时候，经历者额头和手心都冒出微汗来，所谓田野之“可控性”，对我来说，近乎于虚拟！

人类学家的朝山经典素来让人阅读后心驰神往。学界曾有李安宅先生的《藏民祭太子山典礼观光记》、费孝通先生的《鸡足朝山记》，尤其后者，文情并茂，佛缘与心性，人生境界勘识甚浓，与费先生的功能主义主体性文章相比，李先生的文章大相异趣，读来韵味尤深。近二十年来，藏边神山研究一直是我的兴趣点，对吸引汉、藏、蒙信徒且作为文殊道场的五台山一直心仪已久，去五台，就如诸多藏民去西藏朝佛，

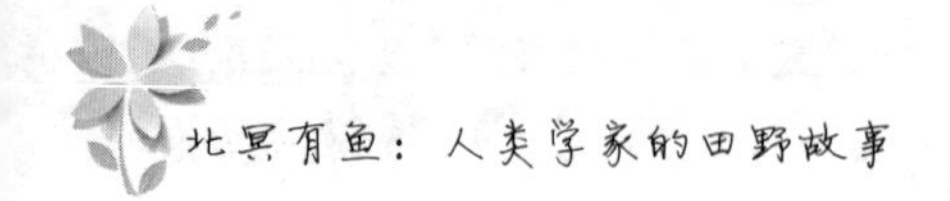

于我是一个很大的梦想！

2014年9月，我在中央民族大学做短期的学人访谈项目。民族学与社会学学院张亚辉教授是我在京学术活动的具体联络人与经办人。访谈计划暂告一段落后，亚辉提及他有一研究生正在五台山做硕士论文田野调查，他说他打算再带两个做卓尼藏区研究的硕士生，陪同我一道去五台山，续去承德看看。此次来京，也算了了我的两大心愿。

我一听自然是喜出望外，兴致勃勃跟着亚辉师徒上路，从京城一路西行，经太行，越河北而入山西，不多久即进入了亚辉师的“地盘”——当年他的博士论文做的就是山西的“水利社会”研究。对这做经典学术的“地盘业主”，其行程安排及潜在的学术底蕴，我自然是景仰与信任得无以复加，满心期待能早登五台而“三花聚顶”，早识大宝而增益人生感悟……哈哈，谁料想进五台山“入我佛门”之初还有一番不小的周折。

所发生的事情，已在我当月的“微信民族志”做了详尽的描述，现摘录于下，以飨读者。

9月13日，去五台山

朝圣的心是透明的，朝圣的路是“曲折”的，写这句大白话都是拧着鼻子的别扭，心里那个叽叽歪歪根本就没法言说，倘有一面镜子在我眼前的话，那一定是一副说不得、道不得的苦瓜脸相……

到了五台山，车驶进一宽敞的停车场，停车场的尽头是售票处。“亚辉师傅”的车缓缓靠近一辆本地牌照的黑色轿车，并排停住，几句交谈后，一脸色黝黑、身着黑衣的中年男子不知道从哪里冒出来，急匆匆拉开我们的车门，挤进后排。后座已坐满 3 人，他的挤入让本已拥挤的空间更显狭小。那人一上车，一脸的紧张让车里的空气也突然变得压抑起来……“快开车，快，快”，他开始不断地催促，声音急促、紧张，但似乎并不慌张。我们的车匆匆驶离停车场，左行 10 多米后来到一岔口，“向右，向右”，车在岔口略微停顿一下，右行到一栅栏处，那黑衣黑脸的人与小亭子里的人简短打了个招呼，车又继续前行，在并不宽敞的小道上加速狂奔。

一路上黑脸人不断用叽里咕噜听不懂的山西话打电话，一边催促，“快、快，超过前面那辆车”，路上他还叫同车的人保持安静，连电话都不许打。不一会，车接近第二道栅栏，眼见得是景区的正式入口处，“停下，停下”，黑脸人略微观察了一下，又叫道，“退回去，退回去”。我们的车在单行道上急速掉头逆行，对面的车不断驶过，让人有些胆战心惊……车回开了二三十米，在路边一空地掉头，停下来等候。这时，我们的车后又有一辆车停下来，有两三个衣着光鲜的男女在“司机”的引导下，走下路基，看样子是要顺着下面的荒地绕过前面的栅栏。

我们在路边等候期间，那黑脸男子不断打电话，里面也时不时传出一女人的说话声，依然听不懂。偶尔有一句“吃饭去了”，又模糊起来。约 20 来分钟后，那男子又开始急速催促，“快开车，最左边那条道，跟上那辆灰色的车”。这时一辆旅游大巴从我们的右边斜插过来，挤到我们的前面。开车的“亚辉师傅”一路上都没怎么搭话，一副镇定自若的样子，此时也禁不住骂了一句。前面的两辆车过去后，我们的车驶到栅栏处。车里的黑衣黑脸男子探过身子，与路边一制服男子打招呼，制服男看了看他，又看了一下车里，挥手放行……车入景区以后又开了一截，黑脸男子问了下先前谈的“引路费”是多少钱，然后急匆匆下车……

这“地下交通员”一走，我长吁了一口气，坐在后排也开始觉得宽松起来，不过，心里却是有些迷茫，就这样“进村了”？这是在干什么呀？“嗷，买嘎的”，走南闯北几十年，过了无数关口，美利坚、法兰西、德意志、加拿大……在机场脱鞋子，解皮带、提拎着裤子过安检，进出他国国门的时代都过来了，今天却在先前“阎老西”的山西地界、在我久已向往之圣地五台山“偷渡”，而且居然在“亚辉师傅”及其徒众的带领下逃票……要是被提拎住，再被无名小报作为“海龟学者逃票被查办”的笑谈趣闻，情何以堪？不远万里从加拿大回到中国，那伟大的国际主义白求恩精神大概也随之灰飞烟灭。

嘴里好一阵埋怨，心里好一阵祈祷——大慈大悲五台山文殊菩萨，我有罪，不过是无辜的呀，交友不慎，遇人不淑，不是我，都是那个“张师傅亚辉”一手策划的，还美其名曰帮助田野点的房东增加收入、发展经济，对抗旅游公司的垄断，藏富于民，云云。

唉，不幸啊，到了爱惜羽毛的时候，这半世“清名”，也差点被“张师傅”徒众毁在巍巍太行山上……

9月14日，回北京

五台山还是“舞台山”？

圣地或由圣书、圣徒或圣迹组合而成。五台山的灵力还是由系列象征体与多元化的空间和“故事”构成，这里有顺治出家的寺院，章嘉三世活佛和仓央嘉措的修行地，近代去西藏求法的汉地僧人能海法师的主寺；也有康熙、乾隆所悬挂的墨宝和驻扎的行宫，据说该行宫在抗战后期还被日本人付之一炬；这里也还有毛泽东去西柏坡途中的临时处所，以及那“振奋人心”的题词——“从这里建立山西的五台山到建立全国的五台山，争取最后的胜利”。为啥建立全国五台山还不太懂其寓意，大概是从局部到全面，从一个根据地到整个共和国的建立，这指点江山的气魄，啧啧……

五台山是多故事的地方，舞台性与event（事件）结合，特别有趣和值得研究，这两天更不虚此行……

我的两段微信，“亚辉师傅”后来也曾看过，他并无异议，反倒觉得很是有趣，打算让学生整理出来，和其他的朝山志共同呈现，不过以什么方式，至今仍未得见，我自己也快淡忘了。

而今为写“田野逸事”重读，甚觉文过饰非，当初为增加微信之

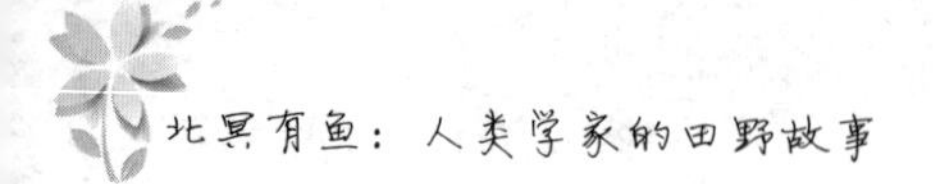

趣味性，吸引粉丝们的眼球，描述中语词多有夸张之处和哗众取宠之嫌。不过对五台山“逃票”一事不知情确是真实的。

朝圣的目的是为了超越结构、体制与世俗，不过其所嵌入的环境却是体制与世俗的。超越的形式也是多样的，有拥抱神圣、感受灵性，也有“逃票”的世俗行为，多多少少折射些司格特的“不被管辖的艺术”，呵呵！而且“逃逸”与感受“灵性”本身就是一个过程的不同阶段、不同侧面，这样的片段也特别有趣。

玛丽·普拉特（Mary Pratt）在其被收录进《写文化》一书的文中，对人类学家的“文本呈现”与民族志生产提出过尖锐的批评——“为什么如此有趣的人，做如此有趣的事情，写出的东西却如此缺乏情趣？”

也许我们在朝圣途中，全心全意关注的是五台山山顶的金碧辉煌，还有那“拈花一笑”背后无穷无尽的禅机，淡忘了途中的弯弯曲曲，还有那点点滴滴、飞飞扬扬、拂面而去的“花絮”！

“艳遇”

王立阳（华东师范大学）

2013年我在美国中镇做调查。到达美国大概一个月左右之后，我跟华人基督教团契去一个当地教堂参加活动，聚餐的时候跟团契中一个刚认识的朋友聊起我的田野。她问我觉得在美国做田野和在国内有什么不同。因为刚来不久，对美国还不太熟悉，所以我就说了我的一个直观感受，就是在国内很容易找到访谈的人，基本上在社区的路上走就能遇到很多人可供访谈，但是，中镇是一个很小的城市，除了公交车站和大学，路上基本上碰不到人，都是车来车往，而且如果说遇到人，反而会让你觉得害怕。她也表示深有同感。

在当地做田野我最初焦虑的就是安全问题，我住在市中心附近的一对美国夫妇家里，经常要走路或者坐公车去学校。刚到美国的时候，一个同样在当地做研究的中国学者就跟我说，市中心比较不安全，提醒我晚上六七点之后不要出门。之后不久，在吃饭聊天的时候，美国女房东也非常善意地提醒我，如果出门的话可以往西北方向走，不要往东北或者南边去，因为西北方向是大学和相对中上层的人住的区域，而东北方向和南边基本上是劳动阶层（working class）住的地方，不安全。

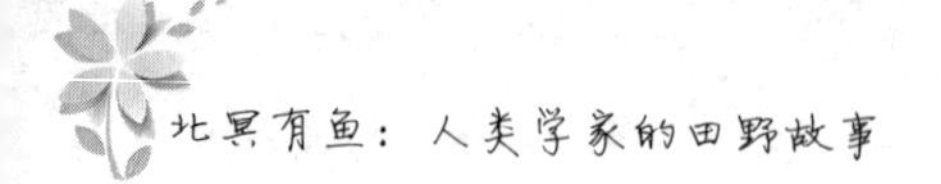

还好，我最开始活动的区域基本上都是在大学所在的西北区域，而且除了跟房东一起去参加他们教会的小群体聚会以及友谊晚餐（friendship dinner）之外，基本上晚上也都没有活动。

因为要去学校听课，基本上每周两次要走十几分钟到公交车站，然后坐车五六分钟去学校。在最初的两三周，在路上偶尔会遇到人，往往是微笑着跟我问好，感觉挺好。我后来问房东，当地人是不是在路上正常来说都会跟遇到的人问好，房东说可能是我是中国人的缘故，因为当地的中国人大都是受过良好教育的，所以人们会跟我问好。

到美国大概一个月的时候，房东夫妇一起离开中镇回田纳西老家，我一个人在家，只能自己下厨了。几天之后的一个傍晚，再也无法容忍自己的厨艺，我在太阳落山之前去附近的地铁（subway）买东西吃，那家店在我经常走的主干道右边临近的一条路上，走了一段之后我想尝试去走走那条没走过的路。刚走到路口，远远地就见到一个黑人男人，大概三四十岁，拥着一个中年白人妇女走过来，远远地就招手跟我打招呼。我已经有些习惯当地的这种热情，就递出回应跟他问好，走近的时候，他又伸手要和我握手，这种骤然的亲近让我有些不舒服，不过还是伸出手去。握过手之后我就转头准备继续往前走，但没走出两步，又被那个黑人叫住了，他冲我说了一句话，因为太突然，我一开始没太听明白，就继续往前走，结果又被叫住了。那黑人指着身边的中年白人妇女说："This is my girl"，然后大拇指和食指圈起来，做了一个猥亵的动作，这时候我才明白过来他最初说的那句话是什么："Do you want chick？”（“你要妞儿吗？”）我吓坏了，赶紧摆摆手跟他说“No”，转身快步继续往前走。果然，这个街区有些破败、偏僻，往前走没多远，又看见三个黑人年轻人站在路边的小花园里，盯着我看，这个时候路上也没其他人，我开始后悔不走寻常路了，不太敢跟他们对视，只好目不斜视地往前走，一直到看到地铁的时候才松了一口气。

后来跟房东和外方导师当作玩笑谈起了这件事，他们最初的反应是惊愕，不过随后都跟我说市中心这边是有一些妓女和皮条客，而我当时出去的时间可能正好是他们开始外出拉生意的时候。除了这件事之外，好像也没遇到其他让人特别害怕的事情，我也就慢慢地放下心来了。不过就在之后不久，在大学群发的安全提示邮件里提到大学附近的街区发生了几起抢劫事件，我心里刚放下的石头又悬起来了。

安全感*

王宁彤（中国传媒大学）

根据我上次去以色列的经验，这是我坐过的检查最为烦琐的航空公司。细心，谨慎，不放过任何可能的不安全因素。上次我买了一幅以色列艺术家的钢片切割画，因为太大没有办法放入行李而在机场检查的时候频频被质疑，反反复复地被检查。安检是以色列的一件重要事宜，即便是去使馆，也需要做安检，尽管在过去的几年时间里，我去了使馆无数次，参加了无数次的活动，上上下下认识的人很多，每次还是需要一丝不苟从头到尾安检一次，那几个头发黝黑、眼睛闪烁、西服笔挺、长相帅气的安保小伙子，在前一分钟会和你说笑，这时候马上会当作不认识你一样，把整个过程像仪式一样地完成一次，而且每次都会问："你的包里没有什么伤害性的东西吧？"然后交给你一个牌子，你得把证件和手机留在前台，等走时拿牌子来换，每次小伙子都会提醒你，最好把手机关掉或调成静音。最后，会给你一个意味复杂的微笑，灿烂，

---

*本文及下文《这个国家有没有未来？》的田野背景：中央电视台电影频道《世界电影之旅》和以色列外交部的一次拍摄合作。该栏目的主题是："跟着电影去旅行，通过影像看世界"。（作者注）

但是稍显无奈，似乎是说："这是我们的例行公事，我个人也没有办法……但是，见到你很高兴！"

你可以说以色列人一直生活在不安全感里，自从建国的第一天开始，他们就四面楚歌，这可以说是一种以色列人长期形成的特有的安全意识——防患于未然。不少以色列人总会给你一种不远不近的间离感，似乎是一种对别人深层心理上的不信任。建国之前，英国背弃了他们，建国后又有那么多满怀敌意的邻居，他们需要依靠自己，生存是实实在在的，政治却可以见风使舵。

或许还是因为媒体对于这个地区的曝光报道，非正常的状态远远多于常态，而这也直接在很多人的潜意识里形成了某种刻板印象。很多人都会觉得：去以色列？那里安全吗？会不会打仗？不会有恐怖活动吧？根据我上次出行以色列的经验，到了以色列以后，在整个行程中，这种感觉就完全没有进入过我的意识。因为在安检之后展现在我眼前的这个世界，其实和任何一个国家一样，有着正常的生活：自由呼吸的空气，自然的节奏，松弛的人们。

2010年11月1日，今天飞以色列，以色列航空公司，北京直达特拉维夫，凌晨三点半到，飞行了大概有9～10个小时。机场安检还是和上次一样，问一堆的问题：这个行李是你个人的吗？有人给你礼物吗？是自己打的包吗？从家到机场有没有去过别的地方，是否有人动过你的行李？行李里有没有危险物品？摄影师的机器包是从机房领取的，问题又来了：是从一些机器中选择了这台，还是只有唯一的这一台？是什么时候领取的，领取后有没有检查？中间有没有人碰过？其中的一台机器因为回答领取的时候没有查看，所以，被叮嘱在上飞机之前需要在另一个地方取出来做单独检查。其实以航已经通知了柜台，今天有摄制组来登机，而且说会减少程序，不过还是花了一个多小时的时间才最后进入候机厅。

这个国家有没有未来？

王宁彤（中国传媒大学）

特拉维夫港口的菜场是这个城市最鲜活生动的地方之一，尤其在周末，挤满了来这里买菜、喝咖啡、吃饭、闲逛的人。菜市场的老板娘——一个年轻貌美的女子，主持一档电视饮食类的节目。

和她聊天，她问我感觉怎样？我说："这个国家的人太了不起了，边疆之外一直都有那么强的紧张气氛，但是疆界之内，人们却能够创造出这么有诗情画意和高品质的生活，太了不起了！不管在吃上、玩上，还是心智开发上，以及在如何让人生活得更有质量的努力上，以色列人一直没有停止创造。"她说："是啊，我们是因为没有明天，所以 live for the moment，把一天当成最后一天过。"

当时我们吃着极为鲜美的海鲜，喝着戈兰高地上好的红酒，眼前是特拉维夫蓝色阳光下的港口，这位女子的话显得那么格格不入，让我一下坠入了深深的感伤。我多么希望以色列能摆脱所有的纠结，完全放松地投入生活建设。所以我对旁边的 Guy（以色列外交部远东及中国的负责人）蹦出一句话："我怎么看不到以色列如何解决问题的未来呢？" Guy 很反对我说没有未来："你为什么这么说呢？我们总是在往好了做，而且与周边各个国家相比，我们的生活水平、经济发展程度，都比他们好，如果把视野放开，我们也和世界上的任何一个地方的人一样，都是可以有正常的生活的，而且生活得还更有品质。要是开车去20公里之外的边界，那可能是军事边界，很危险，但是就在边界之内，我们的人完全不缺少世界任何一个国家所拥有的日常美好的生活，感性的、日常的、悠闲的、正常的生活。那天你也在特拉维夫感受到了那里的夜生活，我们和纽约或世界任何国家任何地方一样，有非常正常的生活，但是却没有被看见。20公里之内的生活仿佛跟战争无关，不论怎样，我们都要发展，要让自己的生活更幸福，更舒适。至少这是我们可以做到的，至于未来，你不能把它看成是十年、二十年能解决的问题，这个问题其实在几千年前就存在，一直都没有完整地、彻底地解决过。而我们还是很乐观的，因为，我们每一年都在变得更好。所以未来也不会太差。就像探戈，得有两个人跳，一个人就无法进行了，现在我们的局势就有点像跳探戈，只不过我们都踩上了对方的脚。所以我希望以后舞蹈能跳得更好。如果以后能够我前进一步、你后退一步，你前进两步、我后退两步，这样就能成为一种良性的状态。”

和Guy认识有五年了，从他刚到北京任职开始。他经常生点小病，以至于他的秘书会跟我唠叨：“唉，Guy跟个孩子似的，这个不吃那个不吃，动不动就得病。”但是，不论怎样，他总会让你感受到对工作的投入和激情，而且即便是在生病的情况下，也还是有着饱满的野心、成就事情的愿望。他对自己国家的热爱，和我接触到的大多数外交官不一样，是一种家庭似的、关系紧密、责任重大的爱，而且真是由衷地发自内心的。

说到以色列全民皆兵的服兵役的问题，Guy说这也是让他感到很痛苦、很纠结的事情，从他记事的时候起，每次家庭的节日，他母亲都会祈祷："我希望我的孩子不需要再去服役！"尤其是在他快到18岁的时候，他的母亲更是如此。唉，听了之后，我也很纠结，很无可奈何。我在北京见过来探望Guy的母亲，白色的披肩长发，敏感、坚忍，充满母性。当时我偶尔提起Guy最近有点太瘦的事情，Guy就在背后捅我："别提这个，我妈妈会哭的。"天下的母亲都一样，但是生活在以色列就不一样了……

在这个午后，在特拉维夫的海港边很新潮的餐馆里，我们面对大海，不由自主地都沉默了一会儿，Guy说："其实如果没有这些压力，我们民族和国家可能也不会发展成现在这样强大。在压力下生存才可能迸发出更强大的生命力。"

以色列人给我的感觉是，不管什么样的逆境，他们都会用科学和逻辑的有效方式去面对它，解决它。而且他们习惯用另一种建设性的眼光看待需要解决的问题。

北极田野笔记*

丁　宏（中央民族大学　民族学与社会学学院）

引　子

2007年7月，我参加了俄罗斯圣彼得堡大学民族学考察队，在位于近北纬70°的俄罗斯卡宁半岛，进行了为期一个月的田野工作。

从地理学角度出发，北极圈（北纬66°34′）以北的广大区域被称作北极地区。这样，我可以宣称自己去过北极，有过一次难得的人生历练。人的一生是由许许多多的普通事件组成的，但不可否认的是，总有一些难以忘怀的记忆。可以说北极的记忆更多是与艰苦、磨难联系在一起的。由于7月正值极地“白昼”期间，于是我在这个陌生的环境中过了近一个月没有黑夜的生活，体验了许多从未感受过的艰辛：在冻土带上支起的帐篷里席地而卧，几个人挤在一起，连翻身都难；在前往实习“营地”的路上，船因故障被迫搁置在海中央的小岛上，我们随身带的食物都吃光了，只能采集岛上的生葱，就着不知何时过路行船留在岛上

---

* 本文摘自作者的同名文章《北极田野笔记》。

小屋中的面包干勉强果腹；为了采访到当地以驯鹿为生的涅涅茨人，我们追随着鹿队，从一个牧场转到另一个牧场，翻山涉水，要一连走十几个小时的路；冻土带上人迹罕至，我们常常沿着驯鹿群的踪迹寻觅，有时好不容易赶到目的地，但涅涅茨人刚刚迁走，我们只能从留下的痕迹判断牧民离开的时间，或继续追赶，或原路返回营地；冻土带上没有很高的植物，面对中午短暂的炎热，小小的帐篷根本无法遮阳，相反里面很闷，我们只能在强烈的日照中读书、交谈，同时要应对铺天盖地般袭来的蚊子；最难对付的还是寒冷，特别是雨天，我们穿上厚厚的羽绒服躺在睡袋里仍常常被冻醒……

人生能够承载多少艰辛？生命有着怎样的韧性？其实我们常常是弄不清楚的，我们更清楚的是生命的脆弱。在面对一个个未曾想过的困难时，我后悔过当初的选择。也许如果不是当时“无路可退”，我真会“打道回府”。当然今天回过头来总结，很庆幸没有这种“退路”。其实无论是欢乐还是痛苦，时间都是短暂的。再大的欢乐往往只是一瞬间，再大的痛苦也终究会被时间洗刷掉。而且痛苦本身也是一把双刃剑，对强者来说，痛苦本身就是知识，是一块磨刀石，可以使你的意志变得更坚强；对弱者而言，痛苦可以使他一蹶不振。所以对待痛苦虽不是一件容易的事，但还是要敢于正视它——这也许就是这次难得的北极之行给我的启示吧！

如今，北极考察过程中的伤痛早已淹没在城市上空污浊的空气里，相反，梦境里或出神时呈现在脑海里的北极是如此清新美丽，考察时的

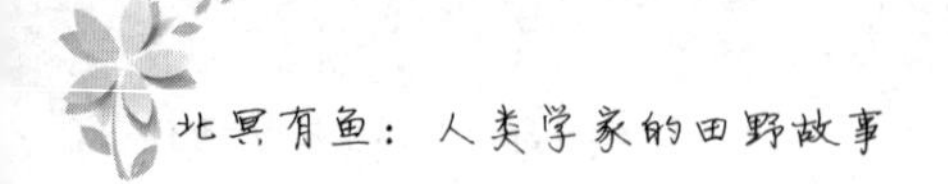

每一个细节都那样令人珍惜。是的，有过经历及连绵的回忆，才不觉得生命里留白，也不觉得平凡的生活过分的乏味。

我细细整理了这段经历及其中的回忆。一份痛苦由众多的人共同承受，痛苦就变得无足轻重；但快乐则属于每一个人。让我们随着民族学考察队走进俄罗斯，走进北极，走进卡宁半岛的涅涅茨人。

认识涅涅茨人

早晨起来已经近 10 点。瓦西里的母亲早就起来了。她穿着鹿皮缝制的衣服，戴着同样质地的帽子。这种衣服没有扣子，对襟，腰间系一条腰带。这是涅涅茨人的传统服装，通常用整块鹿皮缝制而成，毛里皮面，男人们会在腰带上别着短刀及熊牙等饰品。

在帐篷前忙碌的主要是妇女，她们拾柴，或到水塘中取水。附近不远处一群鹿悠闲地吃草——这是我到北极后看到的数量最多的鹿群，有几百只之多。但瓦西里告诉我，这些鹿只是用来运输的，大群的驯鹿是在牧场。涅涅茨人驻地没有厕所。瓦西里的母亲让我往远处走，到别人看不见的地方就可以随地“解决问题”。但由于营地恰恰建在高处，所以我已经走出很远了，还是能够看到营地帐篷冒出的青烟。好在这时莉玛也出来了，她在离我不远的地方蹲了下去，于是我知道自己也不需要再往远处走了。

接着去水塘洗漱。水塘在“厕所”的另一个方向，走到那里大约用了十几分钟。几个涅涅茨儿童在水边戏耍，看见我过来，一个小女孩主动为我拎水桶。她在小学读书，用俄语跟我交谈，但另外两个尚未上学的孩子，则不太会讲俄语。

吃过“早饭”，我与萨沙到涅涅茨人家送药。

每个见到萨沙的人都与他打招呼，当然我也是被关注的对象。这里的涅涅茨人看上去非常平和，热情接待我们，端上茶水、糖，并请我们用餐。萨沙把药装在一个个小袋子里，分别交到每一家的女主人手里，并耐心讲明每一种药的用途。这些药都是常备药。这里出去看病很不方便，最近的医院是在卡宁政府所在地涅西（Несь）。所以萨沙带来的药对当地人来讲还是非常必要的。圣彼得堡大学从去年开始来这里考察，他们知道当地人最需要什么，所以在经费计划中列入了买药一项。我认为这个经验值得我们学习。作为民族学学者，我们经常进行田野考察，但我们在不断索取资料的过程中，是否也能够为地方做一些最实际的事情呢？当然我们希望我们的研究结果能够为所研究地区带来益处，但似乎这样的理想总是停留在我们论证课题的“意义”栏中，我们的成果的最直接功用，就是成为我们获得职称、待遇、职务的“硬性指标”。也许我们应该学习俄罗斯的民族学学者，看病送药并不是什么大事，但我们既然暂时没有能力实现宏伟蓝图，那不如就从小事做起，最起码不要让我们的田野工作给人以“扰民”的印象。

尊重差异

在北极冻土带，我的生物钟完全混乱。这里没有电，也没有什么休闲活动，似乎这些东西也不被需要。不断的迁徙，已经消耗了涅涅茨人太多的心力和体力。

与涅涅茨人共同生活虽只有几天，但亲历了三次转场。在第四次转场之际，我提出了回考察队营地的想法。因为这次转场的目的地离我们的营地更远了，近 30 公里，而目前我们所在的地方离营地只有十几公里。更重要的是，我不想再给瓦西里一家增加负担了。昨天萨沙有事回营地去了，只留下我一人。但我们小组其他三个人的帐篷、行李都在瓦西里家，每次转场，都要多套出两辆雪橇，搬来搬去，给瓦西里家增添了很多麻烦。

巴维尔主动提出带着侄子尤拉送我。转场的时候是很需要人手的，但涅涅茨人纯朴、善良的个性不会让一个远方的客人为难。他们远离现代社会，过着一种简单、自由、与世无争的生活。物质是贫乏的，但他们自得其乐。助人、互助是他们社会生活的重要理念。

晚上 8 点，我们出发了。

快到考察队的营地时，巴维尔说他不久前在此地放牧时将一些用品存放在这里了，他想顺便取回去。但雪橇承载力有限。所以他说将考察队员的帐篷、睡袋等先放下，然后让萨沙他们来取。我说丢了怎么办？找不到怎么办？他说在冻土带是丢不了东西的！冻土带就是涅涅茨人的家，任何一个地方都可以存放物品。他把要存放的东西从雪橇上取下来，爬到一个比较高的地方放好，并插了一根棍子，棍子顶上又套了一个蓝色的塑料桶作为标记。巴维尔解释说，他们涅涅茨人就是这样存放东西的，远远就能看见。

回到营地，却是一座“空营”。原来我们考察小组的其他几个人又返回瓦西里队调查去了。由于这里交通、通信都极不便利，这种来回寻找的事情时有发生，有时一个来回要用上两天，非常辛苦。

巴维尔问我是否再同他一起回去。我考虑到如果萨沙他们找不到新营地，就意味着需要涅涅茨人从更远的地方把我送回来，会给他们增添更多的麻烦。于是我说：“我留下！”

我请巴维尔写了一张纸条，标明考察队员行李存放的确切地点——在辽阔的冻土带，外来者是不具备当地人那样的方向辨别能力的。

巴维尔和尤拉下山了。看着他们的背影，孤独和恐慌同时袭上心头。一个人守着这样一座山，山下是茫茫的大海，耳边是风声、涛声……我将劈柴用的斧头及切菜刀等均拿进帐篷，握在手里，坐在帐篷中间听着周围的声音。有老鼠在帐篷下跑过。这里除了蚊子多，其次就是老鼠多，经常能够看见它们大摇大摆地从帐篷底下爬出来，再缓慢地从人眼皮子底下走过。刚来的第二天，我就看见一只三角形脑袋的胖老鼠，样子很恐怖。但经过在冻土带一段时间的生活，已经对老鼠一类的小动物没有感觉了。

都说这世界上没什么可怕的，最可怕的是人！但现在我是多么希望有人出现啊，特别是熟悉的人！在冻土带最亲切的人就是瓦西里一家人，虽然只相处短短几天，但他们的真诚给我留下了非常美好的印象。

一夜无眠。

早晨8点，帐篷外面传来熟悉的说话声——终于有人回来了。

我高兴地跑出去迎接，但回来的人均是一副不高兴的样子。原来他们好不容易赶到涅涅茨人那里，但只遇见正在等待巴维尔、尤拉的瓦洛佳。他们知道我已经回营地了，而且把他们的行李也带走了，很不愉快。他们也是没有力气循着涅涅茨人迁移的路线追赶他们了，所以就顺着原路又赶回来。

于是我们之间发生了第一次，也是唯一的一次冲突。

这场冲突既是由于我擅自把他们的东西带回来了，也是由于萨沙他们顺着巴维尔纸条标明的地点去找行李，却没有找到，他们为此很着急，芭莉娜甚至哭起来了。她说她的睡袋漂亮又昂贵，她不想白白丢在山里。

其实在这件事上谁都没有错，只是站在不同文化的角度对事情有不同的理解。巴维尔生活在冻土带，这里是他们自由驰骋的家园。他按照涅涅茨人的习惯将东西放在山上，而且他认为这么近的路，取回去毫不费力（我们走起来可不那么容易哦）。我是基于自己的理解，出发前，队长伊高力说我们在涅涅茨人那里要待5天左右，我完全是按考察队负责人的要求行事的。既然时间到了，既然涅涅茨人肯送我回来（去时的艰苦记忆犹新），总比到时候让几个年轻人背回来好呀。当然也有人情上的考虑，因为我回来了，就意味着涅涅茨人那里暂时没考察队成员了，我觉得自己既然不能看守，就有责任把东西拿回来。而且大家是一个团队，你总不能只顾自己不顾他人吧。而萨沙他们认为自己的事情自己处理，他们有他们的计划，而我破坏了他们的计划。

这就是源于不同文化背景的人在对待同一个事物时所产生的差异。在跨文化交际中，由于文化障碍而导致的信息误解，甚至伤害对方的现象屡见不鲜。有时善意的言谈会使对方尴尬无比，礼貌的举止会被误解为荒诞粗俗。因此，研究文化差异，研究正确的跨文化交际行为已成为不可忽视的问题。如西方人自我中心意识和独立意识很强，主要表现在自己为自己负责。每个人生存方式及生存质量都取决于自己的能力，每个人都必须自我奋斗，把个人利益放在第一位，不习惯过问他人的事情。所以，主动帮助别人或接受别人帮助在西方常常是令人难堪的事。因为接受帮助只能证明自己无能，而主动帮助别人会被认为是干涉别人私事。而中国人的行为准则是“我对他人、对社会是否有用”，个人的价值是在奉献中体现出来的。中国文化推崇一种高尚的情操——无私奉献。在中国，主动关心别人，给人以无微不至的体贴是一种美德，因此，中国人不论别人的大事小事、家事私事都愿主动关心，而这在西方会被视为“多管闲事”。

人类是由不同民族社会构成的，差异是在所难免的。但有差异并不一定就有矛盾和冲突。所以需要交流，需要彼此的尊重。

迷人的傣寨风情

彭雪芳（中国社会科学院　民族学与人类学研究所）

1988年秋季我去西双版纳进行社会调查。一个朝霞满天的清晨，在勐腊县民委工作的傣族岩光先生的带领下，我们朝着他的家乡——曼粉村方向走去。当时，曼粉村与外界没有通公路，进村的必经之道上有一条小河。雨后的河水水流湍急，我们涉水而行走到对岸。眼前呈现出一派壮丽的田园风光！宽广平坦的金黄色稻田里稻穗饱满，丰收在望。远处是茂盛的绿色森林，随风飘来一阵阵原野的芳香。我们怀着兴奋与喜悦的心情，不知不觉地走到了曼粉村，踏进岩光的傣家竹楼。当时的傣家竹楼多为瓦木结构，在宽敞的走廊里，汗流浃背的我们坐在竹席上，吃着刚从树上摘下的新鲜水果，迎面吹来一阵阵凉风，好不惬意！休息片刻，岩光的女儿依婉带我走进了另一个神奇的世界：一幅生动的傣家女在河边沐浴的画面映入眼帘。此时，夕阳的余晖洒落在四周的景致上，使它蒙上一层迷人的霞光。在这令人陶醉的世界里，我随傣家姑娘一起下河沐浴，充分享受大自然的恩赐。河的上游是傣家男子的沐浴之地，当地人都遵循这个约定俗成的惯例。沐浴完毕，迈着轻快的步伐，随依婉回家。路过村边的寺庙时听到一阵阵的诵经声。晚上，依婉的妈妈做了一桌非常可口的傣家饭菜招待我们，情意浓浓的傣家菜至今还余香留存。

观察赕佛活动是这次曼粉村之行的目的之一。赕佛的前一天，村民们都不外出劳动，村里的鞭炮声、收音机播放的歌声此起彼伏，显得十分热闹。从关门节到开门节这三个月中，每家都要轮流一次赕佛。轮到谁家，这家人就要杀猪宰牛，做米线、糯米粑，准备酒菜，请亲戚好友、同村人来家做客。这次正好轮到依婉的舅舅家，我们到达他家时，几个小伙子及姑娘正在剁牛肉，准备做傣味的“剁生”。饭菜做好后，就去请佛爷及和尚来念经。这天，寺庙里的和尚及一位来自泰国的佛爷轮流到赕佛的七户人家念经、用膳。我们看见三位小和尚和一位佛爷来到依婉的舅舅家。主人将他们请到堂屋里铺好的垫子上坐下，摆好酒菜，全屋子的人都跪在佛爷面前，虔诚地听他诵经祝福。我们也不例外。诵经完毕，僧人们用餐后，又去另一家重复做同样的事。

农历十月十八日开始赕佛，寺庙里传来阵阵的鼓声，轮到赕佛的七户人家优先去寺庙赕佛。其他人家陆续到寺庙送供品，听诵经。寺庙里摆满了五颜六色的纸花、毛巾、手绢等日常生活用品，小额人民币扎成的花篮一个接一个，令人眼花缭乱。几个花篮围成一个方格，每个方格就住着来赕佛的一家。村民们带着睡垫、食物、汽灯或煤油灯在寺庙安营扎寨，日夜听僧人念经，非常虔诚。这里浓厚的宗教氛围让人并不压抑。

在傣寨的生活是充实的，心境也是平和的。随着调查任务接近尾声，我们带着依依不舍的心情告别了依婉一家，离开了生活十多天的傣族村寨。这段难忘的时光成为我永恒的记忆。

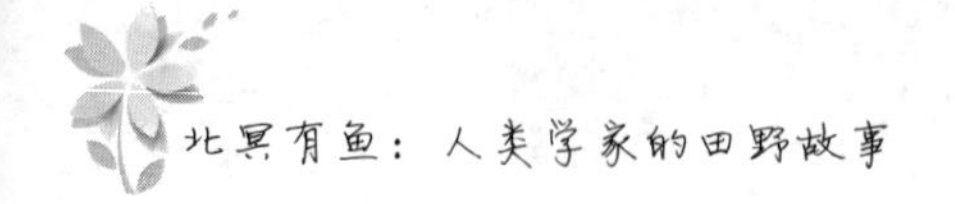

北美看樱

庄孔韶（浙江大学）

春天，西雅图的朋友邀我去看樱花，那时我正忙着写论文，过了三天当我去看时已经全凋谢了，雨淅淅沥沥，樱花被华盛顿大学的学生们踩在脚下化成了泥。樱花这么爱谢，其实桃李，还有海棠花也是的，正像是春天，不会是永久的季节。今年我记住去年的失意，反倒是我先发现樱花开了，我准备去看它，像写论文那样，先读了专业书，我喜欢杂家的方式，除植物图谱外亦看诗文罢了。

富人区的人们周末爱睡懒觉，清晨，我悄悄走出房门，斜射的阳光透过白色的樱花树冠，给门前“奔驰”车顶上的寒霜加上了一层奶白色绒毛，于是我在逆光的投影中给我的摄影构图取名为“柔和的慢板”。

从住宅的南端绕出是一个小山谷，说起来轻巧，我骑脚踏车一共花了 30 分钟。山谷里，一些乔木树枝还是干的，杉树依旧墨绿，但似乎蒙着灰，不像杜鹃的叶子绿油油的，早春的蕨则像翡翠，有明快的色调。在绿色的视野中，两棵樱树，一得日光沐浴一否，或白或粉，因为幽静的林地少有人注意它们，像两个失意的女伴，然而美还是美的，这一幅画面叫“空谷的对话”。

我收起三脚架，走了，穿蜿蜒小路，进入街区攀上一座小旱桥，我看到了华盛顿大学的“红场”。当我站在广场中央，向带浮雕的图书馆左侧望去，Wow，my Gosh！一片片绚丽的云，是巫师在作法，令桃色在天空翻卷。一个男人坐在樱树下，不知想什么，然后他又走了。两个穿红衣的小孩倒在草地上嬉戏，滚了一身花瓣，不知道她们的妈妈哪儿去了。忽然，飘来一阵风，随后是缤纷的樱花瓣冉冉而下，很快便中止了。我坐在绿地上，痴等第二阵风的神韵。

古往今来，写樱花的诗比不上桃李的多，那是因为樱树本来就少。唐代诗人韦庄和白居易也留意过白樱，大概就是我看到的这一种。“记得初开雪满枝，和蜂和蝶带花移”，韦庄见花和蜂蝶离去，觉得十分惆怅，而白居易从“樱花昨夜开如雪”直接联想到这一年他的头发变白了。中国人历来如此，社会不安定，生活窘迫和志向之受挫，都会由感悟而生悲情，即使已理解向前看哲学的现代中国人，他们仍不免因回首往事而动情。在整整一个钟头里，我拍摄了如唐人郭翼的“樱雪”，还有张籍的“履迹”。当我把一张表现花瓣纷纷扬扬的得意之照给一位画家看时，这个旅美老人李先生说“真美，又是一年了”。

看花的另一个好地方是尼勒太太家，她家的房前草坪有一个足球场大，伸延到华盛顿湖岸边，草地两侧有各种花木，李先生常在这里作画。没想到这里花木真多，风信子、扇豆、迎春和桃李，樱树则种在离湖岸最远的角落。遥望湖边，一幅景致似曾相识，原来不是说美国没有柳树吗？至少是太难见到了，谁知尼勒太太家有一棵，弯弯的主干向着湖心，而且像是复制了中国的诗意境：“回野韶光早，晴川映柳堤”。温庭筠的这首诗《原隰荑绿柳》写得颇为轻松，是在这里写的吗？而薛昭蕴的词却这样写：“摇袖立，春风急，樱花杨柳雨凄凄”，离别时的樱和杨柳都是悲伤的。尼勒太太从来没有因她的美丽的草木联想起中国的古诗或园艺，她站在阳台上用猎枪驱赶爬上岸的大群加拿大白颈鹅，她的长堤原来是为了泊船，快艇从垂柳下疾驰湖中，可以欣赏她自己的家，欣赏自己的落樱，不是惬意的吗？每逢周末，湖上没有丝竹，而是尽情的摇滚乐。花草留给园丁，随他们去摆弄了。尼勒太太家的樱树长得很低，我能仔细观察。由于樱花的花梗长，常数花丛生，每一朵又有五个花瓣，所以才会千重百覆，变换出它的粉色的云、雨和雪。人类的悲伤和欣喜好像也是由它变换的，永远不会终止。

高原、山地与大海

张建世（西南民族大学　西南民族研究院）

1987年夏季我到藏北调查，7月在唐古拉山以北、海拔近五千米的安多县布曲乡碰上了一场大雪。当时正是布曲乡的赛马会，牧民们都带着夏季帐篷集中到了这片草滩，我们也骑了两天马赶到这里。这是一片很大、很平、很美的草滩，牧草茂密，还有片片小花。可早上起来一看，白茫茫一片，天上仍在飘着絮絮的雪花，牧民们的帐篷顶上、牦牛背上都还有一层薄薄的积雪。盛夏的大雪，令我兴奋不已。当时不由自主地想起了1984年隆冬时节在海南岛调查时在海边游泳的情景，温温的海水、暖洋洋的细沙，与这漫天大雪形成了强烈的对比，而且季节也颠倒了。大自然是多姿多彩的，它所孕育的民族文化更加多姿多彩，而且更丰富、更复杂，更令人感到它的魅力。好多次在藏族牧民的帐篷里调查时，都曾浮现过在海南岛黎族村寨中、在西双版纳傣族竹楼里、在凉山彝族的火塘边调查时的情景。虽然能明显感受到不同民族文化的差异，然而要真正认识它、理解它却是那么困难。特别是有许多与本民族文化不同的东西，甚至有一些是被武断地称为“落后”的东西，要真正理解它就更不容易。而且它往往有自己的逻辑，自己的道理，有它的生

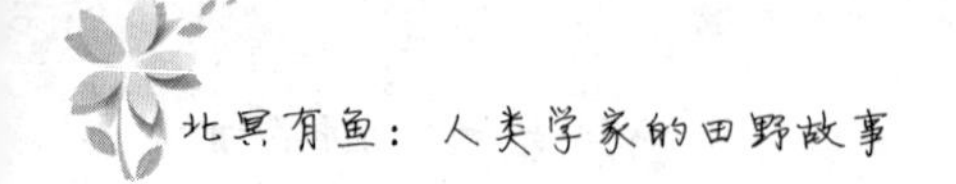

态适应性。当我们研究异文化，或与其他民族相处时，多一分异文化、异民族角度的思考，少一分本民族、本文化角度的判断，是理解异文化、异民族的第一步。在当今多民族共处、多种文化加速碰撞的时代，真正的理解是很重要的。

深山夜遇

朱炳祥（武汉大学）

因为贪恋多掘取一些人类学田野材料，在摩哈苴的老虎山村耽搁的时间太久，几十里的山路，这个除夕夜要在夜行军中度过了。老虎山因林中有虎而得名，它们藏于深山深处，不易见到。即便如此，我还是不敢从小路抄近回村。现代人可悲得很，已经失却了“明知山有虎，偏向虎山行”的古代英雄的胆量。

虽说绕道大路，依然在林子中穿行。太阳已从西边的黛色山峦中跌落下去，一大片黑色的云阴森森地停歇在天边。风吹入林，松涛阵阵，林中响起各种奇奇怪怪的声音，让人惊心。当然，倒也不至于毛骨悚然，因为毕竟还没有遇着什么可怕的东西，而且行夜路也不是头一遭。从理论上说，即使遇虎也不必害怕，我起码收集了 10 个以上老虎不主动吃人的例证。《易经・履卦》卦辞说：“履虎尾，不咥人，亨。”这是以真实的生活经验为基础的总结。摩哈苴龙树山村的张德兴一次夜归遇虎，亦未被其伤害。然而，这些只是我用于壮胆的材料，等到真的即使只是一种可能性的危险，我也胆寒，无论如何不敢亲身一试。

夜色渐浓，整个天空如一只巨大的黑色锅盖压下来，让人窒息。

我加快步伐，到了背阴地村。背阴地现在有20户人家，是老虎山鲁氏家族分出的第二支，灵牌全是用竹根制作的。鲁国忠是村中见多识广的人士，年轻时被人称为“赶马大哥”，后来变成了“赶马大叔”，现在又做了爷爷，只是不再赶马了。人事沧桑，深山密林却依旧。

忽而想到，背阴地的狗很凶怪，急忙捡了几块石头，将口袋装满，手中的打狗棍下意识地攥得紧紧。说时迟，那时快，只听得树丛中“呼呼”作响，随后一阵犬吠，我被三条大黑狗围住了。狗依人而非人，属兽而非兽，无法定性，但却是动物世界中最无德行的物种：它仗了人势，便凶猛异常；一旦丧家流落街头成累累之状，遇着一只鸡也退却三分。而目前，它们恰恰在自家门口逞威风，采取分进合击的包围战术。

我稳住了心态，准备打狗。人的胆量可能是天生就有的，即将遇险之时，总是胆战心惊，一旦面对真正的危险，反倒镇定自若。我先是用石块朝近处一狗猛砸过去，另外二狗也掉头回走几步。争得了一点空隙，我朝前移步，然而只一瞬间，三狗重又围拢。我不断挥舞着手中的棍棒，朝地面乱打，“嘭、嘭”作响，狗们并不敢近前。但此法总不能将狗彻底击退，只要稍不注意，狗们立即就会扑过来。我忽然觉得自己已经变成战场上杀敌的勇士，毫无畏惧之感，发狂似的模仿了虎豹的吼叫，高举棍棒朝着正前方的一狗猛追猛扑猛打。这一招果然奏效，那狗便急遽地溃逃，我就势狂追。如此五次三番，终于出了村庄。

与狗作战的胜利，使得我虽然心还在“怦、怦”作跳不止，却已是信心倍增。夜色也不再可怕了，倒觉得是美不胜收。山中的小鸟已经归了窠穴；那树梢瑟瑟索索的声音，大约是松鼠们的忙碌声；蛇是最美丽的动物，不过要去密林深处方能觅见；星星越来越多了，天上的街市一定比人间繁华。

夜是越来越深了，我才走到白草山。白草山是原始森林的边缘，树木也变得粗大，林子也更为幽深，繁星不再看见。大约我终究是一个胆小鬼，恐惧重又滋生。眼睛不敢环视四周，只看准略呈白色的道路，急急行走。

就在这时，一个灰色的东西出现在前面的路边！

在夜色中，我无法看清它是什么，模模糊糊像狗，但狗是不会在深夜走出村庄进入野林子的。是一种野兽无疑了！我怦然心跳，自感脸色也白了，全身有些酥软。立即停住脚步，下意识地再一次紧握棍棒。

这才是真正的对手啊！

我在观察它的时候，感觉到它也在观察我，我们就这样互相注视了许久。我推测我与它所想的是两个相同的问题：要不要主动攻击对方？对方会不会威胁我？它偶尔也动动身躯。我绝无刚才打狗时主动进攻的勇气，只是尽量假装出若无其事的样子，不让它看出我内心的虚弱，这种本能我以前没有发现过。它似乎也在“作秀”，大约也有些惧怕我。果然，它终于活动起来，向着树林中走去了。

此时的我，短短呼了一口气，但仍不敢贸然前行，怕中其埋伏而遭突然袭击。等了很久，没有见到动静，再说今天总得回到驻地，又想到一层：暗中伏击之伎俩恐非彼之性情。刚才的对峙，相互打探了对方，也无形之中进行了力量的对比，我手中之棍显然大增了我的力量。既然它隐入森林，表示它愿意各不相伤，各走各道，再也不会向我进攻。这个基本判断动员我慢慢移动脚步，小步小步地谨慎前行。那种样子肯定滑稽至极。倘若那只野兽是一位幽默家，在暗中又看清了我的行状，且懂得文字技巧，描写出人类丑态的篇章，定可传之久远！

一场虚惊过去，我很快回到了住处，悬吊着的心才放回原处。村干部们回家过年了，我这才记起今天是除夕夜，千家万户都在团圆，年夜饭早就吃过了，大概已经聚在一起看春节联欢晚会了。我也该做点饭吃了。于是生着火，围着火塘开始忙碌。摘来几片菜叶，可以做一个汤；米还有，煮一点饭；再炒一碗豌豆尖。这已经够奢侈了。这是一顿多么好的年夜饭啊！我虽然不少春节都在田野中度过，但并不是每个除夕夜都能有此经历。

在写作特别是在重读这篇日记时，我对我自己持强烈的“自我批判”态度。我意识到作为人类的“我”在动物面前的态度十分卑微。我开头战胜狗的那种喜悦和骄傲，以及后来在野兽面前的怯懦与猥琐，简直如一幅极具讽刺的漫画。而且，我意识到我头脑中的人类中心主义。人类总是用一种敌对的态度去看待自然界，从那个动物的表现看，它并没有对我产生恶意。而我却用人类的卑微之心，去揣度自然物的宽广与不介意，不亦悲乎！再有，我的人类中心主义和自我中心主义使我总是作如是想：我被它吃掉，就太失败了；它被我吃掉，就是理所当然的。它们吃我们的时候毕竟极少，我们吃它们是何等常见啊！我们当代人失却了先民们尊重动物、将动物作为图腾祖先的态度，总感到唯我独尊。莎士比亚曾借哈姆雷特的口说“人是宇宙的精华，万物的灵长”，中国古代典籍《尚书·泰誓》中亦有“惟人，万物之灵”的说法。时至当代，我们对自然的破坏已经影响到我们人类自身生存的时候，我们是否应该尊重自然？我们在批判文化中心主义之时，能不能对人类中心主义也做出一些批判？还有，作为“写文化”的“我”并非纯然客观地叙述了“我”经历的一件事，而是进行了选择与重铸，带有“诗学”与“政治学”的特点。我并不是有意地要忽略原貌，而是所谓“原貌”根本无法找到，或者说它本身并不存在。首先，“我”删除了在文章中不宜表达、无法表达的无数现实细节，而选取了便于文章表达且能说明主题的少数细节；而即使这少数被“我”选出来的细节，也是经过了“我”的“改削”而形成的。例如写夜色那一段，“我”只选用了四种具体事象：“小鸟”“松鼠”“蛇”“星星”。而实际上从背阴地走到白草山那一段山路有着无限丰富的事物，如各种各样的树木、各种各样的野草、各种各样的爬虫、各种各样的石头、各种各样的农作物等，这些都被“我”舍弃了。这些事物看起来是存在的，但是大部分并没有与我形成主客关系，因此，对于我来说是没有意义的。其次，为了符合修辞的需要，我甚至违背了我的观念与经验上的直接感觉。例如对于“蛇”，在经历事件时，由于紧张的心理并未完全得到缓解，根本没有想到它是“最美丽的动物”，如果彼时出现了一条大蛇挡路，“我”一定十分恐惧。而且我平素看见真实的蛇，也不作如是审美。但在写作时这句话突然灵感式地跳出来，“我”觉得这种表达方式很好。同时，在意识层面上感到这样写符合“文似看山不喜平”的写作法则，因为这一段需要写得舒缓纡徐，来反衬前后的紧张状态。后来在上课的时候，好几个学生都说，这篇文章中关于蛇的这一段写得最好，而最好的句子就是“蛇是最美丽的动物”。但这不仅不是实际事物的“客观”呈现，而且不是作者的观念的“主观”呈现，它只是“诗学”呈现的需要。

我对我自己持“自我批判”态度，使我又找到了另一重特殊意义上的“对跖人”，这就是“自我”。这个“自我”既是我作为一个民族志学者的“自我”，也是我作为人类一员的“自我”。

“本土异域间”：与韩国人的星期天

张猷猷（国家水电可持续发展研究中心）

我是一个人类学家，所以研究异文化是我的天职。但是在这个全球化的时代，很“异”的文化渐渐离我们而去，我们不断地在本土文化中接触异文化，而又在异文化中去“回顾”我们本土的文化。只是，有时候我们对这种接触没有敏感的触觉、嗅觉，有时候我们比较麻木地不知其然，有时候又把它当成一种习惯。

在美国“异文化”这个大的背景中，有时你会觉得自己很茫然。你的确需要中国人的帮助或者是互相帮助，告诉你一些在美国的经验、忠告，互相交流心得和体会，以至于学术上的思考。新来者一定很难摆脱这种“习惯”。在学校、街上、商场看到几个黄皮肤的亚洲面孔，就会猜测到底是不是中国人，就想和别人套近乎，不管这种“套词”是功利性的、情感的或是习惯性的。而久居于此的中国人为了显示某种“权威”“资历”也会热心地帮助你，你是新来的，他们有时会用教育小孩子、小学生的方式告诉你最简单的事情和为人处世之道，好像那些受教育者才刚进学前班似的。

双方的接触和驱使，使得人们对“异文化”的感触会逐渐地变淡，慢慢地大家开始形成自己的人际关系圈子，或者是多个重合的圈子，这些圈子里的人有着各自的秉性、爱好、事业、生活背景和品位等，但总体来说，他们都在维持着一个我们称之为“文化”的东西。待上一段时间你就会发现，在美国这个文化大国里，无论你是谁，从哪里来的，你都可以找到自己所对应的圈子，在美国文化中找到“自己的文化”，形成一个“国中之国”，从而在心理上可以满足一种我称之为“文化安全”的状态。

人类学家所不同的是丢弃“文化安全”去寻找“文化差异”。有时候，由于各种各样的原因你在陌生的环境中会不知所措，你一时半会儿忘记了自己来的目的，以及要进行的工作，就像在国内偶尔所发生过的一样。有时候你也会偷个懒、打个盹或干脆任凭自己迷失了方向，不去管它。但只需记住去寻找“文化差异”就对了，去寻找吧。可以这么说，不管你是从事什么样的职业，只要你有意识地在寻找着“文化的差异”，你就在某种程度上做着人类学研究的工作，成绩如何可另当别论，毕竟这种事不能仅凭兴趣，还得看“道行”的深浅。

寻找差异吧。它就在你的身边，哪怕你觉得是已经很熟悉了的事儿。

一日下课之后，天气很好。我信步迈出校园，边走边看，突然看见一个石碑上写着：First Presbyterian Church，我的好奇心又顿然升起，忙拿出字典查询，继续往下看却发现了一行韩文，更觉得这事儿“蹊跷”，这西方教堂的石碑上怎么还会刻有韩文呢？正在我迷惑之时，一位牧师从里面出来，也许是看着我纳闷的样子，也许是看着我黄色的皮肤，他或许也找到了“某种差异”，和我主动打起了招呼。我急忙问这块石碑的意思，他解释道，长老会是加尔文主义的追随者，因为这里有一个韩国的牧师，所以石碑上刻有韩文。这位白人牧师十分热心地将我带进这所宏伟的大教堂，来到了一位韩国牧师的办公室，他的名字叫：李明九（Pastor Lee）。

李牧师非常热情，我们在他的办公室里相互介绍了一番，随后他带我参观了“第一长老会”的礼拜堂、休息室、会客厅、厨房、图书室、餐厅、更衣室、排练厅、新娘的房间，除了卫生间之外，应该打开的门都被打开了，可算“把家底都抖了出来”，还时不时地为我拍照。转了一大圈之后，回到了他办公室。我对这儿的环境十分满意，宽敞、明亮的房间在阳光的照射下显得格外的“洁净和神圣”。他再三地邀请我参加周日 11 点钟在此举行的教会活动，我应允下来之后便离开了。

转眼间到了星期天，我起了个大早，不仅因为要去教堂，而且约了 Jacob（雅各布）一起吃早餐。因为他要在十点钟赶去教堂，所以我们并没有聊太久的时间。我十点到达“第一长老会大教堂”，应该是来早了，直奔办公室没找到李牧师，又来到礼拜堂，没想到已经有十来个人在排练节目了。我开始以为是唱诗班的。和李牧师寒暄了之后，他引我去会客厅吃点心、喝咖啡，我坐在舒适的沙发上，阳光从大大的玻璃窗外照射进来显得格外地温暖。我拿着小点心吃得津津有味。

不一会儿，一大帮韩国人鱼贯而入，把原本空荡荡的会客厅装得满满当当的。

10 点 50 分，人们开始陆续走进礼拜堂。雪白的墙壁、巨大的房间，几乎可以容纳一百人在此同时礼拜。李牧师站在讲台上和鱼贯而入的人们一起欣赏着宗教音乐。一个钢琴师、四个小提琴手、一个大提琴手以及一个吹单簧管的人组成了一个临时乐队，人数不多，但着实已经将礼拜堂渲染出了许多艺术气息。我大饱耳福了。

没过一会，李牧师开始朗诵《圣经》中“春风永驻我家”（“All Years in Our Home the Spring breezes Blow”）和“当我靠近基督”（“If I come to Jesus”）的片段。

《圣经》中的文字都是韩文，是2002年在韩国印刷的，总共印了11000册，我手中拿的是其中之一。

两篇章节花了10分钟的时间，接下来，唱诗班开始唱歌，李牧师开始宣布今天的活动安排，说完之后，唱诗班又来了一段高歌猛进、气势磅礴的音乐，我仿佛置身于高雅的音乐殿堂。

李牧师开始讲述今天的主题，由于上周是韩国的新年，所以他简短地提及了此事。随后，话锋一转说道，很多人将大把的钱花在算命上，新年伊始，想知道自己有没有好运相伴，却未对自己的家庭投入情感和关怀。上帝让世间的人们拥有美好、稳定的家庭，让你们向他祷告，祈求主的庇佑，这是上帝创造人的目的，也是上帝创造家庭、民族的目的。在我们新年伊始的时刻，也预示着我们和家人新的生活与关系之开始，信主的人们会坚定地保护和忠于自己的家庭和信仰，这些信念就在我们中间，伴我等同行。

他开始风趣地问台下的人们是否也建立了家庭，是否与家庭成员关系融洽。他强调，上帝让世人建立起家庭并不是生物学意义上的家，而是我们所有的兄弟姐妹友爱的家，这就是我们今天在此的目的和意义。到11点45分，在钢琴的伴奏下，一个男生开始咏唱圣歌，李牧师面对着十字架，张开双臂，开始带领大家祈祷。

之后，好玩的事儿开始了。

我不知所措地发现：几个人开始乱哄哄地上台抽签，拿到签的人嬉笑着跑下来，对着周围的人说着什么，商量着什么。不一会儿的工夫两男三女五个人就开始站在了台上，他们临时组成了一个合唱团，把人们带进了一个艺术的世界，一发不可收拾。

这场音乐会算是正式开始了，接下来的节目是男女声二重唱，男孩手抱吉他，女孩握着麦克风，一首“圣父，我行艰难”（“Father，I feel hard”）听得大家如痴如醉，这一对完美的组合赢得了在场所有人的掌声。

这是艺术与宗教的“天作之合”，韩国人已经横下一条心，想将礼拜堂变成音乐厅了。在钢琴和小提琴的伴奏中，“你育我成长”（“You raise me up”）由一个身体消瘦的男孩独唱完成，看着他努力地歌唱与赞颂上帝的美德，再打量他的身形，我想：不知此“音乐盛宴”结束之后，上帝是否会垂青于他，将他变得硕壮一些？

已过午时，这帮韩国人好像渐入佳境，七个人上台合唱。小提琴、单簧管、大提琴的“器乐合奏”之后已是12点20分，我的肚子也已经打起了小鼓，好像是要配合这场音乐会一样，看来我还是不乏音乐细胞的。

12点30分，音乐会似乎到达了最高潮的部分，11个韩国青年男女站在台上，排成“八字形”，合唱“为主而吟”（“Sing for my Jesus”）。他们之前就一直在排练着，不知道效果如何？我以前在白人教堂也听过合唱这首歌曲，当时还让我有些许感动，信徒们一遍遍地重复单调的歌词，企盼上帝的垂爱，教堂内有时仿佛是和声，有时是回音，他们一丝不苟地一遍接着一遍，每一遍都十分认真，真像是上帝在指挥着小棒。而在这里，完全是搞笑版的，分列两队的男女们互相做着奇怪的手势，时而相互调侃，时而互相讥讽，将原本神圣的赞歌唱成了东北的二人转一般。台下的观众也跟着站了起来，扭动着身躯，迎合着他们的动作，像是无数的绿叶衬托着台上那几朵“耀眼的鲜花”。

最后一个节目是一家三口的合唱。完毕，李牧师竟然也凑热闹地跑上台，充当音乐晚会的主持人，风趣地点评他们各自的节目，在我眼中一向庄严稳重的牧师，此时站在那完全胜任了主持人的角色，他手舞足蹈、挤眉弄眼地点评，仿佛也要将他的讲话变成相声、小品，台下有的人更是笑得前翻后仰的，我完全不懂韩语，但却也破声而笑。最不可思议的是，他竟然颁起了奖：第三名是吉他伴奏的男女重唱；二等奖是三口之家；一等奖颁给了11人组合。全场站立，为他们欢呼喝彩。我也情不自禁地起立，向他们报以掌声，但也没有忘记扪心自问：“韩国人竟瞎搞！这到底还是在教堂吗？”

我体会了一个十分有趣、滑稽、异类的礼拜日，同我之前在白人、华人教会的境况有天壤之别。肃穆、庄重的神圣空间，被一顿热闹、喧杂的音乐会所填满。韩国人用自身独特的方式来诠释着他们对生活的期待、对快乐的渴望、对宗教生活的理解，诠释着社会与宇宙的关系。我从未见过如此自然、轻松的宗教生活，它和艺术、生活之间的界限是如此模糊，以至于一个人类学家无法以多年的文化洞察力去识别。似乎只存在于社会理论当中，抑或我们对原始社会的遐想之中，以前他们离我是那么的远，现在却近在咫尺。

华人、美国人、韩国人信仰着同一个宗教、同一个上帝，但却对如何安排自己的礼拜生活、如何向耶稣展示他们自己，有着不同的生活体验与文化差异。

我一直在追寻着这种“差异”，但在追到之后又忽然觉得其似曾相识……在民族志中？在人类学的田野笔记中？或是在自己研究的木偶戏中？或许，我们只是在“文化安全”和“文化差异”之间玩着捉迷藏的游戏罢了。

补记：我从美国东部回来之后每逢周日就一直参加韩国教堂的活动，帮李牧师的侄子搬家，常陪他开车送泰勒大学（Taylor University）的韩国学生回校，给他烹饪中国食物，渐渐地与李牧师结下了更为深厚的友谊，他也曾多次邀请我去他家享用由他妻子制作的地道韩国美食，也被邀请前往他女儿李智雨和儿子就读的普渡大学（Purdue）和印第安纳大学（IU）游玩，不仅使我对美国和韩国的文化有了更深刻的了解，更让我这个漂泊海外的学者时常奢侈地分享着他私人的家庭欢乐，倍感温暖。

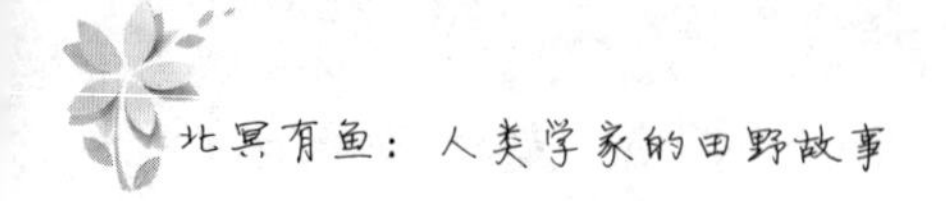

挥手一指便是出路——“上山”

马　祯（中央民族大学）

人类学的田野是艰难的，这种艰难不仅体现在寻找一个完全陌生文化的脉络、厘清事实背后深藏的原因，还在于对一些微小事情的处理。我们在各种人类学田野笔记中看到的是田野工作者如何与当地人生活在一起，每天敬业地参与观察、整理田野笔记、苦苦思索文化现象和理论之间的联系，而往往对其在异文化中的生活却知之甚少。在一个完全陌生的地方，极其微小的事情都会成为生活中最大的困难，因此，田野顺利与否很大程度上取决于对这些微小事情的处理。

到田野点曼班老寨的第一天，我找不到厕所，神情慌张地问一位中年男性：“请问厕所在哪里？”他摇手一指，那动作似乎在天空画了一道美丽的彩虹。我顺着他的手看过去，知道那就是出路了——上山。

在曼班老寨，寨小学旁边建了一个小小的厕所，但村民几乎都不去那里，他们认为厕所是最脏的地方，里面的味道简直无法忍受。而且，只要一下雨，通向厕所的那条路就是牛粪、猪粪和泥巴组成的汪洋大海。村民喜欢去山上，认为去山上才最好，“山上有风，哪样味道都没有，那个厕所那么臭，谁会去那里”。而且，去山上显然比去这个离大多数家户较远的厕所方便。村民只要往房屋后面稍微走一段，就是茶山，这里是广阔的天地，任凭你意愿，就可以选择一块自己中意的地方。但对我而言，却始终没有在山上找到安全感。首先，山上不是一个封闭的空间，任何人都可以来；其次，山上的遮蔽物是茶树和灌木，一不小心忽视了某个角度，寨子里的人就会对你一览无余。这些还是人为可以防止的，最艰难的是，每次上山还要准备一根坚实的棍子，用于在“办事”的时候赶走跟着一起上山，围在身前背后跃跃欲试的小狗、小猪们。

田野刚开始的时候这几乎成了我最难克服的障碍，因为“上山”一次要承担极大的心理负担。在生活中，习惯了在隐秘的地方处理隐秘的事情，但是山上的生活大不相同，所谓的私人空间、隐蔽等意义完全不同。每次上山都要提起勇气，除了自身的不安全感外，最担心的还是遇到别人而造成尴尬。为了减少上山次数，我每天都喝少量的水，吃少量的饭，以便克服上山带来的不安。

在不安的同时，我一直好奇当地人究竟是怎么解决这一问题的，即每一位“上山”的人都会遇到他人，也会被其他人发现。直到田野快要结束时，有一天我和一位长者聊天，说到此事，我表达了自己的困惑以及困难。他听完之后哈哈大笑起来：“你这个学生娃，看起来聪明，怎么连那么简单的事情都不会做呢。”我迷惑地看着他，委屈和好奇参半：“那你们怎么就能保证不会被别人撞上呢？”“那还不简单，你听到

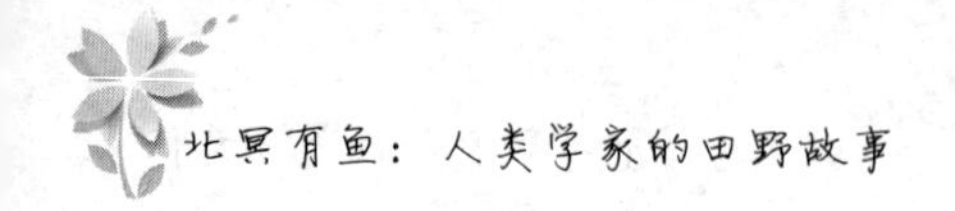

有人的脚步声，就咳嗽几声，人家自然就去别的地方了呀。”

我顿时如醍醐灌顶，暗笑自己如鼠般在山上逃窜的经历，然而这简单的几声咳嗽，要在积累多少生活经历后才能悟到？！

田野之后的写作焦虑

李　立（云南师范大学）

在田野产生的道德焦虑往往会延续到写作民族志时或甚至更久远的未来。当不得不把自己在田野中接触到的人和事变成白纸黑字之后，我总是诚惶诚恐，怕“所写的”会伤害到“被写的”。我一直暗下决心，要离开这些鲜活的人和事，回到形而上的老路去。在那里，即便犯错误，最多也只是学术不端，也只会伤及自己。真假问题虽然涉及道德，但只是个人的道德。不像现在这样，就算你没有作假，对得起学术，但未必对得起帮助你完成学术工作的活生生的人。良心的折磨，因此变得比单纯面对自己时更复杂、更尖锐。我不时有将这些人和事重写一次的冲动，似乎这样可以赎罪。当然，如果是换了一个人，一个硬心肠的人，他会觉得自己做的是一件正当甚至伟大的事。

对被写者的认识永远不可能达到极致，已经写出来的东西永远跟不上时间的流逝和认识的增加，就算不是我有意去误解，最终，时间会证明有的误解在所难免。其实，现实是复杂的，人与事也不都是高尚的，但即便仅仅描述你所听到和看到的，被写的人还是希望自己被写得纯粹和高尚。这恐怕就是人们说的“人性的弱点”吧。如实去写，是科

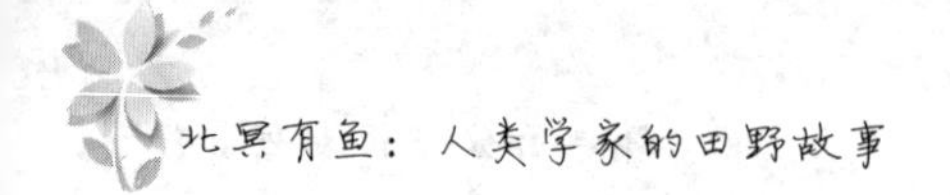

学的要求，但不是人性的要求，尤其不是被写的人所期待的。

某个田野对象，他有智慧，有才能，有曲折甚至动人的生活经历，但他也有狡诈、无能和平庸之处，有善于算计别人、同时阴沟里翻船的一面，他可能撒过谎、骗过人，做过对不起天地良心的事情。有的人当着他对我说他的好，有的人背着他对我说他的恶。除非他喝得酩酊大醉，除非他被严刑拷打，除非我是他的挚友亲朋或阴谋伙伴，他不会对我，一个外来的调查者，一个未来的书写者主动暴露自己恶的一面，忏悔自己曾经犯下的过错。我不是教堂的神甫，他也不是去教堂的忏悔者。即便我观察到他本不想表现给我的恶，我写出来后，他还是出于保护自己的本能矢口否认。其实，我想说的是社会和人性本身的复杂性，其中善恶共存，而这样一种状态几乎无人能逃，包括他，也包括我。当然，他会想，凭什么选择我而不是别人充当你呈现这种复杂性的工具。我能怎么回答呢？如果可以再写一次，我会把你写得比现在更好。也不是更好，而是把你善的一面“客观地”写出来，至于恶的一面就不去管它。这样做，对于我也不算撒谎。

从此不说圣诞快乐*

夏循祥（中山大学）

2007年12月24日晚，我跟着一大群朋友，去了中环的香港天主教主教座堂，从9点钟到凌晨1点多钟，都在那里唱圣歌。过这样的平安夜，曾经是我的浪漫想法。

然而我们不是去过节的。一群社运的朋友带着正在绝食的May姐，想要求见陈日君枢机，希望借助他的号召力来影响香港政府有关利东街的行政决定。那夜的风有点冻人，我们很多人没吃晚饭。我们将歌词改成了利东街社运的艰辛故事，在那里唱给教友们听，以博取同情。看着那些珠光宝气、气度不凡的男男女女来来去去，我一点也不快乐。

2007年12月23日，May姐因为反对市建局在城规会审议新的规

---

* 2006年10月至2010年3月期间，我断断续续地在香港进行着田野调查，并在此基础上完成了博士毕业论文的写作。研究对象是发生在香港岛湾仔区一个有关利东街拆迁（又名“喜帖街”，即谢安琪歌曲中的《喜帖街》）的居民社会运动。运动的简单历史，请参见夏循祥、陈健民的“论无权者之权力的生成：以香港利东街居民运动为例”一文，发表于《社会》2014年第1期。

划方案之前就开始清拆尚存争议的利东街中段唐楼，愤而在街头进行无限期绝食表示抗议，要求特首和发展局长干预此事。几位高官表示了慰问，但认为项目不能因为有人绝食就停下。绝食 92 小时之后，May 姐因体力不支而送院救治并放弃绝食。

圣诞节，是 May 姐绝食的第三天，她身体明显虚弱了很多。一位近 60 岁的女性，抛下家庭，牺牲身体，站在社会运动的最前沿。我这个长期没有母爱的人，握着她的手，心里一阵阵悲痛。如果不是做社会运动研究，不是亲身体会到基层市民的无力和愤怒，我也许会在呼啸而过的圣诞气氛中，对街头的这一幕发出惊讶或讥笑。然而，一年多来的相处和相知，使我对 May 姐饱含钦佩和赞叹，现在又多了份对母亲的心痛和爱。

绝食是什么？是暂时放下对食物的欲望，将所有的欲望指向别的诉求。绝食是拒绝消费，拒绝参与到资本主义的经济循环当中去。对政府来说，是对其领域内生产力的破坏，是对其权威的损害，当然也是对执政者的道德压力：将一个人逼到如此地步，是否真的该改了？然而，身体是不能被骗的，对食物和营养的需求被耽误了，那些器官就要造反。有医生为 May 姐检查，并给我们解说一些关于绝食的知识。我真的很害怕。虽然这几天减少了很多食物摄取，而且没有饥饿感，但我不敢想象，如果是我绝食，我的身体将如何反抗我，并留下怎样的后遗症。

May 姐曾对我讲过一句话："H15 这单嘢（这件事——编者），是我一辈子除咗生仔（除了生孩子——编者）之外最重要的事。"我深为震撼，围绕着它想了很多问题：一位快60岁的师奶（中老年妇女——编者），为什么会为从来不属于她的一条街、两排唐楼而绝食92小时？是什么令她有如此勇气以命抗争？女性社会生活的意义如何体现？社会运动带给她什么样的感受？那些挥之不去的故事和话语，在多次回荡中被这个圣诞节连接起来。

这样的一个圣诞节，这样的一个May姐，让我始终都无法忘怀，并让我坚定，从此不说圣诞快乐。

“切口”里的江湖

于　琴（中国社会科学院　社会学研究所）

“江湖”之地既游离于庙堂之外，又区别于乡土社区的熟人社会，其中鱼龙混杂，帮派林立，五行八作各行其道。江湖艺人行走江湖，讲的是江湖上约定俗成的规矩，这规矩甚至有着与庙堂“王法”同等的效力。在撰写博士论文期间，我曾专门就一种江湖“切口”进行了田野调查。而我的“田野”，便是这混沌的“江湖”之地。江湖中，“切口”又叫“春点”，是江湖人赖以生计的看家本事，无论是哪门哪派，干的是什么行当，但凡行走江湖，都得学会说春点，这样才能够在生意场上分得一杯羹。老合（江湖艺人的自称）中流传着这么一句话：“能给十吊钱，不把艺来传；宁给一锭金，不给一句春。”这里的“春”便是春点（也称秘密语、切口、侃子等）。可见老合们对自己的行话是何等敝帚自珍，因为守住了春点，便是守住了自己的饭碗。

2013 年 10 月，我开始了学术生涯中的第一次田野调查，经曲彦斌老师介绍只身前往安徽淮北寻访一位善能讲说“切口”、现已退隐江湖的老艺人——张天堡老人。从来没有田野经验的我对即将开启的田野调查之旅充满期待。

读万卷书，行万里路，如果说象牙塔中的生活是前者，那么田野调查便是后者，与前者相比，后者为我提供的语料更生动、鲜活、接地气。作为我此行的第一位采访对象，张天堡老人可以说是拿出了自己的看家本领，他一人分饰二角展开对白，而预设的对话情境，也都源于老人对自己当年亲身经历的重构及再现。对张天堡老人的访谈很快结束了，但是我心中突然有种小小的失落感：对张天堡老先生的调查并没有让我获得期望中那样多的参与感，我更期望能看到“切口”在交际中真实的运用场景。

对张天堡老人的采访结束一个星期之后，应我多次恳切相邀，老人终于被我的诚意打动，决定在田野调查中助我一臂之力，给我提供了几个新的“切口”田野点。我们计划从淮北出发，依次走访淮河流域几个具有代表性的“切口”流行区。而沿河的各个通商口岸，自古便是商旅辐辏之地，江湖上的三教九流亦混迹于此，其中安徽寿县的正阳关镇是我们调查的重点地域。在我的印象里，江湖中人打照面总要先调几句侃儿（行话），就像小说《林海雪原》中座山雕冷不防抛出一句“天王盖地虎”，杨子荣便机敏地接出下半句“宝塔镇河妖”。而在张天堡老人带我来到的这个“江湖”里，我却并没有见识到这一熟悉的套路。在正阳关镇，张天堡老人遇到一位资深老江湖，六十多岁，姓夏，年轻时曾在武行行走。他们两人偶遇时正值傍晚，炊烟袅袅。

张天堡老人首先来了句开场白：“你 che-zi（吃）fai-gan（饭）了吗？”

夏师傅拱手作揖笑答："哦哦，没有呢。您老人家身体不错。"

与语词形态的秘密语不同，讲说反切语这种音的秘密语时，只需交谈的一方讲说以亮明身份，对方若听得懂，则必是自己人无疑。到了这里我算是明白了，原来想象中暗藏杀机的调侃，并没有小说中所描写的那么夸张，自己人的识别程序远比我想象中的要平和迅捷，只寥寥数语，就能让两个来自不同地方、从事不同职业的人熟络起来。之所以如此高效，就因为这"侃子"里融进了"江湖中人"的共同传统，作为身份通行证的特殊语码瞬间激活了两人的社会背景认同，消除了彼此间的猜疑与隔阂。然而随着社会的发展，时代的变迁，讲说反切秘密语的江湖人士变得越来越少见了。如今反切秘密语的交际功能正在衰退，逐步让位于它的文化、身份认同功能，要想融入江湖，就必须先过调侃这一关才行。

这一路上，我跟着张天堡老人四处闯江湖，耳濡目染他的江湖作风，竟也在不经意间学会了当地的侃子，并渐入佳境，张口就来。我们师徒二人在外调研，为防止上当受骗，经常使用"切口"对话。我们从一个乡前往另一个乡，因缺少交通工具，乘坐村头的"奔奔车"成了我们的首选。司机往往会将车停在站口揽客，若发现对方是个外地客人，还会借机干些宰客的勾当。因为我不会讲价钱，所以每次乘车时，我都会多问几家比对价格，以免挨宰。每次比价之后，张天堡老人都要询问我行情如何，当着司机的面，我们师徒二人便用"侃子"交流，例如"钱"的情况作为我们师徒交流中最关键的一环，常常要用反切语讲成

“qie-lian”等。不过在熟悉反切语的人眼里，这只能算是雕虫小技，因此我们有时还会将反切语二次加密，比如张天堡老人说“tai-gou（偷）”，其实是在和我谈论吃饭的事情。按说“tai-gou”两个音节切出来应是“偷”字，怎么和吃饭扯上关系了呢？这是因为过去算命的瞎子将反切语作为自己内部的行话，作为混迹于社会边缘的弱势群体，这类人往往受到歧视，于是他们便与主流社会划清界限，谈论吃饭的时候就说“tai-gou（偷）”，这样外人听起来就更是不明就里云山雾罩了。说“吃饭”不是直接切“che-zi（吃）fai-gan（饭）”，而是借用算命瞎子的行话“tai-gou（偷）”来切，若非深谙江湖各派路数的老合，怎能领会其中真意。

正是这次“田野调查初体验”，我才有幸与人类学结缘，通过此次田野调查，我对“切口”中承载的江湖文化有了更深刻的体察和领悟。此后，我研究的着眼点逐渐从语言本身转移到了千姿百态的语言生活中，以及蕴涵于话语之中独特的社群文化上。

第四部分　素描与速写

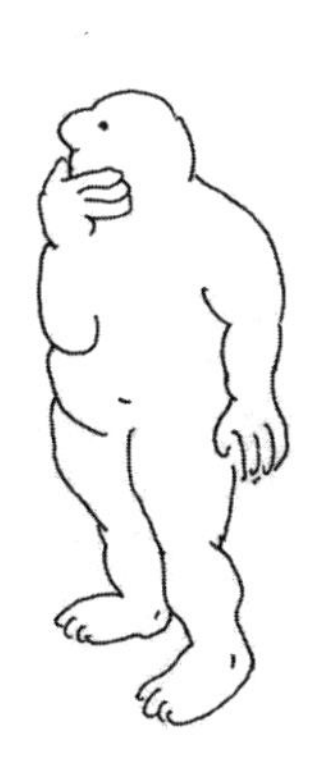

每个社会都有内外

林耀华先生印象

纳日碧力戈（复旦大学）

适逢先生百年华诞，回忆先生音容笑貌，治学育人，抚今追昔，我们这些后人也到了天命耳顺之年，无言中有无限感慨。符号学创始人皮尔士认为符号学有拟像、标指、符号三元，拟像属于亚里士多德的“心灵感触”，因触而感，由感生情，最自然。这里仅回顾林耀华先生的部分人生拟像，因为它们一直陪伴着我。

1985年林先生推荐我入马学良教授门下读博，他在推荐信里用了“极力举荐”四个苍劲的字，这四个字深深印入我的脑海，也一直鞭策我用心努力。

林先生给我们讲原始社会课，他的发音很特别：chimpanzee。这个chimpanzee的发音终于又到了凉山。1984年，林先生在吴恒教授和龙平平的陪同下三上凉山，我和金天明教授、海洋、学君与他们在大凉山的美姑县汇合。林先生和一位彝族老者聊天，得知彼此同龄之后，笑嘻嘻地说：“你七十四，我也七十四”。

不久，我再次听到这个chimpanzee的声音：有一次我们几个和林先生一道走路，我说：“林先生请客。”林先生说：“你请，你请。”后来，我们帮他搬家，终于让他请了一次。

最后这段“音像”也和美姑县有关，而且网上已经流传，也和部分师友交流过，这里重复，请见谅，也请先生见谅：

海洋、学君和我在金先生率领下与林先生、吴恒教授和龙平平在美姑县汇合，寒暄几句后，大家休息。我上厕所，在山坡下，林先生已经在里面了，只有两个坑。这时金先生也来了，还挺急，他不好叫早已经在里面的林先生，就喊：

“纳日，你出来！”

我说：“我刚进来！”

林先生说：“天明呵，你到隔壁去吧。”

金先生认真地说：“隔壁是女厕所。”

无定的河床

邓启耀（中山大学）

不像许多一离开边寨便头也不回的知青，我倒还有机会几次重返故地。我的寨子是傣寨，依山、傍水，可垂钓，可采菊，南山悠然浮在云里。要是不为衣食愁，不怕躲不掉的疟疾，那或许是一个写田园诗的好去处呢。可惜有一年发洪水，江水决堤，淹了寨子和田地。我去时，熟悉的江早变了样子，在过去的稻田、园子和村寨上，没有定性，千条万道地流。寻旧路，早无踪迹。好歹渡过江，找到寨子，也全移到半山坡去了。倒是旧人如故，凡是我离开时已成人的，一见，都认得出，好像几十年全家定了格，一样的语气，一样的面孔（只多了几条皱纹）。陌生的，那是我们走时还算“伊万”（小孩）、现已长大成人的。不过，许多陌生面孔依然“熟”得很，一看，就知道是谁的翻版，连习惯和神情都一个模子倒出似的相像。造物的重复制作，在这里真绝。

也有例外，那是相喃。当年我住她家，走时她还小。有一年出差至此，见她已长成活泼漂亮的大姑娘。追她的小伙子多，唱的小调很动听。她却好像不大动心。问起来，才知道想参军或考学，离开这里：“出去，像你们一样，见见世面”。后来看到走在城里神气十足的女兵或

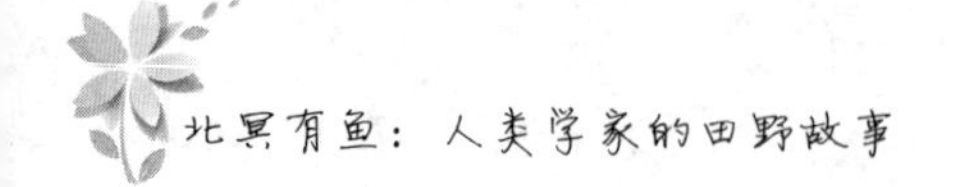

校园里的傣女，我有时会想起她。想象她可能早已远走高飞。

1985年到盈江公务考察，抽空溜回寨，却依然在寨里见到她。静得像变了个人。高高的黑包头，表明她已嫁了人。但使我略觉诧异的是她仍住娘家。后来才知道，许多治家种田极能干的帅小伙她不嫁，偏嫁了一位瘦弱无味的小生。寨里数他文化最高，高中生，又是乡支书的儿子，大家都说他“在不长”。果然，没多久他就调区粮管所，吃工资饭去了。不久他们不知怎的离了婚。从此她便拖个孩子，长住娘家。

我到的那天下午，正巧她家来客，三个男人，手托竹盘，毕恭毕敬地向她父母奉献了一些礼物。他们来说亲，目标是相喃。说亲的人来过好几起，但相喃一直不同意，都回了，不知她想什么。

晚饭后，和大爹大妈聊天。她悄悄进来，静静坐在一边。说到“阿诗玛”们出山当导游，“金花”们在省城名声赫赫，我隐约感到，她发出一声难以察觉的叹息。

我突地觉得这情景很熟。对了，也是类似的闲聊，十几年前。无灯的夜晚，乡民们围在火塘边，听知青中的牛皮大王吹牛。他们什么都爱听。外部世界的一切，对他们来说，既新鲜又神秘。听到他们难以想象的事，便要发出惊异的叹息——“啊嘎……”相喃总是躲在不显眼的地方，亮眼睛盯牢说话的人。有的知青乘机添油加醋，把天外的世界吹得神乎其神，弄得历来脚踏实地的农民兄弟也想入非非。

当然，这是十几年前的事了。说话的人牛吹完就忘了，听话的人过了这十几年，也没人再想这些过时的笑话。所以，在相喃突地向我打听某位牛皮知青的时候，我的确一下子回不过神来。

“听说，他去了美国？”相喃问。

“不知哪国，大概是澳大利亚吧。不过听说又回来了。”

“我还以为他去美国装不锈钢牙齿去了呢。”

她揄揶道，咧嘴一笑，却笑得有些苦涩。沉默片刻，她叹道：“还是你们好，可以变变样子活”。说罢转身去弄孩子，低了头。

那晚我在寨里住了，吹灭油灯，是完全的寂静包裹着我。我想我明天又将离去，就像我们当初离去一样。知青早已走空，夜里再听不到他们放肆的歌声和谈话声，留给寨子的又是一片古老的宁静。只有一位作家把一部当地人都看得诧异的“自己的故事”，变成电影拿来这里放过；只有相喃这样的人，还记得那些流浪儿唱的歌。我突地闪过一个莫名的意念：或许，我们不该对她和他们，说那些过于遥远的故事；我不该再回来，对她和他们讲那天边的另一种生活。

竹窗外，远处的江在朦胧中隐约可见。听不到水声和风声。但我知道，这条江从没有固定的河床。宁静的江水下是流沙和旋流。不见水花，只见护堤的粗大石笼和竹桩，每年都不知不觉从岸边消失许多。倒是江上的云，还是老样子，一朵朵悬浮在半空，稳重地排得老远老远。

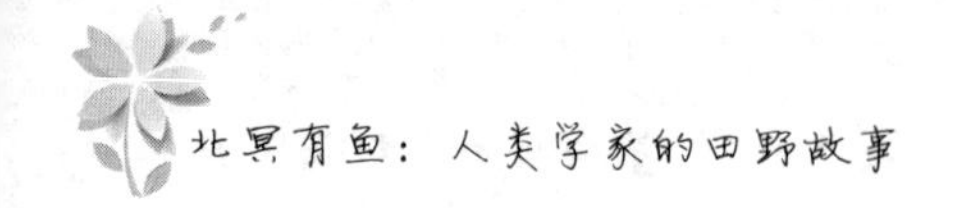

翻越卡拉苏达坂

刘湘晨（新疆师范大学）

始于1996年，持续近20年，从第一次翻越，到最后一次翻越，帕米尔高原海拔5300米的卡拉苏达坂是我一生的“田野之门”——帕米尔高原塔吉克人4000年相延不断的生存样态与我一次一次的叩击只隔一道门。

第一次进入高原，随骆驼、牦牛徒步7天进入帕米尔高原东部边缘，同龄人达吾提·吾守尔向我描述了他家每年纵贯札莱甫相河谷的转场：“喔，15天嘛20天，河，达坂，咜咜咜（形容极致状）……”

一句话，成了我一生的蛊与惑——这是帕米尔高原人类所可能有的路距最远、持续时间最长的转场。

此后，我先后完成了纪录片《太阳部族》《天之摇篮》（与日方合作），及2013年完成了《帕米尔》的前期拍摄。

第一次翻越达坂，当地塔吉克人三到四个小时完成一次翻越，而我和我的团队多用了近一倍的时间。拽牦牛尾巴，爬牦牛背，或者用绳子拦腰系住被人往上拖，我扛着摄像机坚持走过去，想感受塔吉克人千百年一步一步翻过达坂的心境。腿重得迈一步都难，最难的是气喘不过来，是喝多少水都不解渴的那种燥和无奈。最糟糕的是，在通过一条漫长峡谷的时候迷了路，没有灯，没有火，吃光了最后一块儿馕，苦等来人相救。大概是后半夜了，远处有灯光晃，几位翻越达坂的塔吉克兄弟扛着干柴和馕又返回达坂找我们，第二天继续走，顾不得脸面和半腿深的雪，叫"红胡子"的一位塔吉克兄弟三五步外拉开裤子就蹿稀，急剧的高山反应，让强壮如"红胡子"的汉子也扛不住。

在帕米尔高原的第二个久驻期间，再次随羊群转场。山风鼓荡，阳光砸肩上让人有摇晃的感觉。翻越达坂之前，我走得慢，静等人群散尽，褪尽衣衫，赤身扑进札莱甫相河任由河水将我漫过……我想，这将是我一生与札莱甫相河的诀别，以我的肌肤细细感受千百年一直陪伴着高原塔吉克人的这条伟大河流。

2013 年，经过十数天的跋涉之后，在抵达达坂的前夜，提前半夜出发候在达坂顶端等待羊群通过，那一天的雪让人看不透十米。最先通过达坂的几头牦牛驮着急用的话筒走了，等我弄明白追过去牦牛已开始下坡，不可能再退回来，赶牦牛的人把话筒就地一放让我自己取。大雪密布的达坂，阳坡一面雪浅，阴坡一面雪深，一脚踏下去埋到大腿根儿，我拿到话筒再爬回达坂，雪地松软爬一步退一步，那一段路不过二三百米，却是我人生最艰难的高原行旅。

卡拉苏达坂，因遍地堆积的砾石被称作"黑水"，我在近 20 年间的往返穿越，比当地许多塔吉克人一生翻越的次数都要多。

纳木错湖畔的“候龙者”

朱炳祥（武汉大学）

纳木错湖的美丽不是用语言能够描写出来的，大抵描写性语言人们喜用绚丽的辞藻，而纳木错并没有什么可以形容的。她不似西子湖那般妩媚，不如瘦西湖那般俏丽，亦不若泸沽湖那般开放。她躲藏在4500米的高原深处，不喜攀附，不慕虚荣，不愿见人。她所具有的只是淡泊与清奇，淡泊如轻云，清奇若仙子，故而又被称为“神女湖”。

我从喧嚣的城市文明走出来到纳木错追寻的，正是这种淡泊与清奇。未见此湖，早已钟情；既见此湖，即刻融入。独自静静地坐到湖边，听那细浪拍打着湖滩，软语轻言，仿佛对我诉说着古老的神话故事；又将手伸入清凌凌的湖水之中，随意摸出一块块小石子，向湖面掷过去，漾出一圈又一圈漪澜。

忽然看见不远处还有一个人在湖边，也是这样静静地坐着。只见他微微仰着脑袋，眼睛望着天空，等我走到他身边时，才慢慢地转过头来。

他，20多岁，青海一家公司的职员，受过高等教育。听说纳木错湖里有龙，他专门请了假，来到这个地方，等待龙的出现。

我听了这个，便要发笑。龙的真相是什么呢？乃蚓，乃蚁，乃马，乃蚕，乃云，乃鳄，乃虫蛇，乃星星，乃鱼鳖，乃蜥蜴，乃海蟒，乃蜗牛，乃一切之一切。前人所谓“角似鹿，头似驼，眼似鬼，项似蛇，腹似蜃，鳞似鱼，爪似鹰，掌似虎，耳似牛”的“龙”只是一种神话，一种文化符号的象征。世上哪有什么真正的“龙”呢？东汉之王充已知龙乃虚设，未有实物，而今两千年过去了，竟还有接受过高等教育的青年，来到纳木错煞有介事地、痴痴地等待龙的出现！

心里颇有些小视，便离开湖边，去参观旅游部门为了招徕游客而修复了的一些文化遗迹。遗迹都设置在山洞里，于是一个一个洞子地钻，钻来钻去总算钻完了。

吃了饭，又到处转悠，偶尔朝湖边一望，那位青年依然在原地坐着，脑袋还是微微向上，眼睛望着天空。

这回我有些惊奇了，又走过去。

“吃饭了吗？”

“不饿。”他头也不回。

“真有龙吗？”

“你们是不相信的，我信。”他对我的蔑视比我对他的深刻。

“等几天了？”

“一个星期。”

“请了多久的假？”

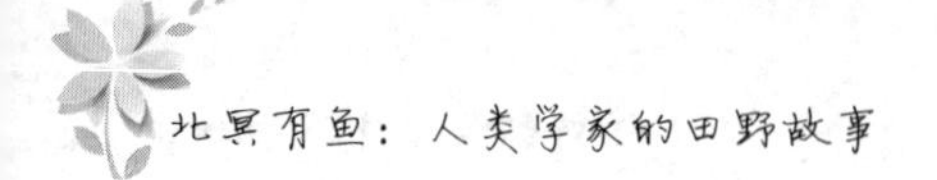

“一个月。”

“剩余的二十多天中你能保证看见龙吗？”

“一个月看不见，我就等两个月、三个月。”

“还是等不到呢？”

“一直等下去。”

“可的确是没有龙啊……”

我语重心长，一脸的诚恳，并劝他去吃饭。

他听了我这话，郑重地回过头来，眼光直直地刺向我，反驳道：

“我的几个朋友都说在这里看到了龙，这里的许多人也说看到了龙，你难道怀疑那么多人都对我说了假话吗？我的朋友从来都是真诚的，为什么这一次要骗我呢？另一些人我不认识，他们又为什么要对一个陌生人说假话呢？如果你在这里等了5年、10年，没有等到，这时你也只能对我说：‘朋友，我等了10年，没有等到龙。’这只能说明或许你等的时间还不够长，或许你的心还不够诚，龙不愿意出现在你的面前。而今，大概你还没有待上半天，就断定这里没有龙，你是怎么知道的呢？”

我被他教训了一顿，一时语塞，知道在辩论方面不是他的对手，便悄然离开了。

我们又游玩了一会，登上车子准备回拉萨。汽车缓缓发动的时候，我让司机停一下，下车转个弯又来到湖边，想看看那位青年是否还在那里。

他还在那里！

他的脸仍然微微朝上，像座雕塑！

这次我没有去扰动他，只是站在远处望着他。我的同伴问我在呆呆地看什么，我指指小伙子的身影，告诉他们这是一位了不起的“候龙者”。当他们知道了事情的原委以后，哈哈大笑；一边拉我上车，说别跟着他犯傻。

到了车上，他们每人都拿出新灌的一壶神女湖之水，向我炫耀，劝我也去灌一壶，并说神女湖的水是可以保佑人升官发财的。

我没有去灌水，请司机开车。

回来以后，纳木错山洞里的文化事象早已忘得一干二净了，唯独湖水的清奇与淡泊以及湖边的这位虔诚的“候龙者”总是挥之不去，时时唤起一些莫名的思绪。我不知道那位青年后来有没有放弃自己的“候龙”行动。如果放弃了，那么是什么时候离开纳木错回到自己单位上的呢？如果没有放弃，那么有没有被老板开除呢？他的家人又怎样为他担心呢？

一次遇到几个朋友，我讲起这个故事。

“他多半饿死在湖边的石头缝里了，投胎变成了一只乌龟，从此可以天天高仰着脖子等他的龙了。”第一个人听了以后说。

“你走的第二天，他就回青海的公司上班挣钱去了。”第二个人说。

第三个朋友思考了良久，接着用一种极为认真的语调下了断言：

“他真的等到龙了，可以肯定。纳木错湖那边一定是有龙的。”

开头，“我”运用客位法来看问题，无法理解“候龙者”的行动。第二次依然没有与纳木错湖的候龙者的视界融合。等到第三次来到纳木错湖畔的“灌水”事件以后，“我”的视界转变了。促成这种转变有两个原因：一是对本文化的虚伪性的反省，取圣水保佑升官发财亦为宗教意识，为什么这一群人却可以去蔑视怀有另一种宗教意识的人呢？二是“我”当时对游客和旅游处的一些工作人员做了一些调查，他们都告诉我纳木错湖上的确经常有龙出现。我忽然想起我儿时的生活经历：暴风骤雨来临之时，乡亲们将天边的“龙”形乌云称为“挂龙”。纳木错湖畔的“龙”可能就是各种云象与雨象所构成的。这时，“我”对他就彻底理解了：在他的文化中，纳木错湖畔的“龙”是真实存在的。这时，“我”与“他者”视界融合，我理解了“他者”。

在这篇带有文学性的短文中，我遇到很大的困惑，这就是“写作主体”的实践与“田野主体”的实践之间的不对称关系。文有文道，事有事理。一个作品，无论是理性表述也好，文学表述也罢，它在逻辑上必须是自足的，这是人类思维的基本要求。我必须满足这个基本要求。但是这种写作上的逻辑要求与田野实践却不能完全吻合。发生在纳木错湖畔的事实是存在的，我的思想转变也是实在的，但是，“写文化”的根本性的问题是：“我”的观察视角从“客位”向“主位”的转移过程，却并不完全是在纳木错湖畔完成的。因为我在去西藏之前，已经在云南哀牢山摩哈苴彝族村、湖南龙山县捞车土家族村、贵州玉屏丙溪村等地做过了较长时间的田野工作，对“他者的目光”的获得已经积累了经验。我见到那位“候龙者”之时，过去的经验就加入了此时的思维过程，并促使我去调查当地人关于龙的观念。而写作的“表述”却不能将这种思维过程准确而全面地展示出来，因为田野实践是分散的、具体的，而写作则需要集中，需要概括。我在写作中，是将各种事象移来移去的，看看这个词语、那个句子是否确当。我一边关注着文章的逻辑，一边关注着事件的逻辑；但由于语言表述与田野工作的实践二者具有不同的性质，我首鼠两端，总是拿捏不拢，苦不堪言。

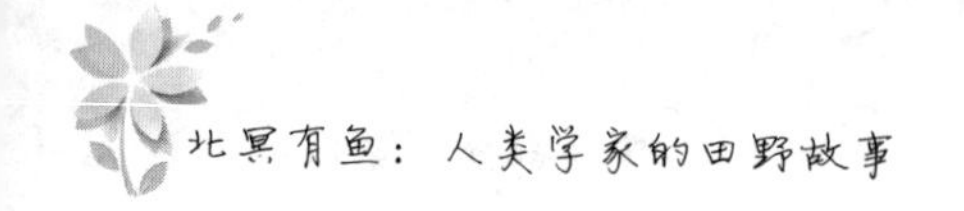

佛爷的救赎

杨清媚（中国政法大学　社会学院）

都比坎章是我在西双版纳M村佛寺奠基典礼上认识的一位佛爷。近1.8米的个子，温和的笑容，长得像偶像剧的男主角。

作为县里的人大代表，都比坎章有不少参政议政的机会。他目前最关心的是小沙弥的教育问题。以前当地的传统是，男孩长到7岁的时候都要进入佛寺学习傣文和宗教知识。自民国时期推行现代教育以来，这个传统逐渐削弱。至今当地入寺的小和尚人数已经减少许多。有感于僧团缩小、戒律松弛、文化衰落，都比在中缅边界线上的一个小村落办了一个书院，那里有明亮的教室、图书室，屋旁有整齐的菜畦。我常在微信里看到他展示书院的各种场景和活动，以及小和尚们勤奋的身影和开心的笑容。他会三种语言：英语、傣语、汉语；三种文字：英文、傣文、汉字。其中汉字学得不太好，语法经常颠三倒四。做藏边调查的兄弟以前总跟我显摆，那边的和尚多么了得，连法语都呱呱的，说得好像他自己也会似的。现在总算遇到都比这样的人才，我感觉有点平衡了，弄得那几天一见到他就目光炯炯，不正常。

我发现都比爱好记录，连对他自己的世界都有旺盛的好奇心。他是我所见过的唯一一位在自己主持的法事活动上举着相机、摄像机拍摄仪式的佛爷。于是我在事后就去找他传田野影像。我们互相出现在对方的镜头里；本质上我们也都是当地社会的外来人，有时间有心情东拍西拍。我问都比，为什么要记录自己的仪式？他说是为了保存传统文化。我在版纳总佛寺访问过，那里的二佛爷告诉我，20世纪80年代佛教刚恢复的时候，版纳僧人只懂得做简单的仪式，后来大佛爷通过关系，将一批年轻僧人送到泰国、缅甸学习，才知道有完整的《三藏经》，学习巴利文经典和禅修。1997年佛协会会长去世，人们不知道如何处理这位大居士的遗体，大佛爷、二佛爷就根据从泰国学习到的仪轨来做。这次事件之后，僧人的威望逐渐恢复起来，后来影响到全版纳的佛教复苏，并且去缅甸、泰国等地留学也渐成常态。所以都比的想法有一段教史在里面。

马欣德尊者（Ven.Mahinda）在其《阿毗达摩讲要》中说，佛陀正法能住世五千年，现在是第三个千年，还可证悟阿拉汉果，修得宿命通、天眼通和漏尽通三种神通。意思是现在投入沙门还有救赎的希望。

不知道都比都怎么修。他是家中唯一的孩子，爸妈爱若珍宝。他彻夜诵经的时候，老人就坐在他脚下，双手合十，一直那么看着，眼神犹如光束罩定他身上。可是都比跟我说，他暂时还没有还俗的想法。

不久，都比又发了一组照片来，全是他整整齐齐的菜畦和求知若渴的小沙弥。跟新闻联播似的。我百度了颜真卿的《劝学》（为确定没记错）贴上去："三更灯火五更鸡，正是男儿读书时。黑发不知勤学早，白首方悔读书迟。”未几，都比跟帖：“少壮徒伤悲，老壮不努力。”

好吧，这中文水平……不过，貌似更贴切。

佛爷的救赎果真都不是一般人能理解的。

从石鼓到车轴：忆萧亮中*

郭于华（清华大学）

长江自青藏高原奔腾而下，经巴塘县城进入云南，与怒江、澜沧江一起在横断山脉的高山深谷中切割、穿行，形成“三江并流”的独特景观。而到了香格里拉县的沙松碧村，突然来了个100多度的急转弯，转向东北，形成了罕见的“V”字形大弯，人们称之为“长江第一湾”。我们首先到达邻近长江第一湾的石鼓镇，在当地大户杨学勤家吃早饭，热气腾腾的鸡豆粉糊糊、雪白的米糕都让人食欲大增。匆匆吃过后即在杨家采访跟踪访谈户之一的李家珍。坐在面前的李家珍面容沧桑，这是一个乡村中的能人，肯出力，又聪明，会侍弄土地，家里种植水稻、玉米，还有不少果树，养猪喂鸡，老李还有木匠手艺。两个儿子都在外面有工作，家里生活无忧。问到业余生活，老李说他经常看的电视节目是中央十套“走进科学”栏目，有人问他爱不爱看电视剧，他回答说太假，现实生活不是那样的，所以不喜欢看。他也是《南方周末》的经常读者。

---

*本文摘自郭于华教授2010年参加“江河十年行”所写的行走日记。

有意思的是，老李还讲到了他家在“土改”及农业合作化时期的一些经历，与我一直在关注的这一时段农民口述历史密切相关。讲完后老李拿起早已准备好的二胡给我们拉了一段“到夏了”，不知为什么，在他演奏时我听到的是悲秋之音，而老李的脸上和眼中分明是悲凉之色：不知是对以往沧桑的回顾？还是对未卜将来的担忧？

走出石鼓镇，老杨和老李与我们一同前往车轴村萧亮中家。路上他们告诉我们，金沙江建电站石鼓镇也是淹没区，淹没的水位线是2010米，山上已经打了桩子。按照老杨的说法：如果修了电站，要么搬出去，要么就得住到花果山上——沿江的土地都开了，上移是什么地方？就是猴子住的地方，不是花果山是什么？

车行至渡口，我们打电话呼叫对岸的渡船过来。不一会儿一只装有发动机的木船驶来，送我们过金沙江去车轴村。萧亮中，与我同专业的青年学者，毕业于中央民族大学的研究生。他出生在金沙江边的云南省迪庆藏族自治州中甸县（注：现为“香格里拉县”）金江镇车轴村，这个多民族聚居的连接汉藏两地的美丽村落，后来成为他硕士毕业论文《车轴》的田野调查点。为保护这个村落以及金沙江流域这片乡土和人民的权益，他四处奔走呼吁，用他的热情和坚韧来影响社会公众，但身体的过度劳累和心理焦虑却最终袭倒了他，年仅32岁的他英年早逝，成为我们永久的遗憾。过江步行约四五里，我们来到亮中的故乡，路经家乡人民为他立的“金沙江之子”的石碑。

进村后，我们首先登上亮中家屋后的山坡，为他献花、祭悼。简朴的坟墓安置在山坡上，前面是浩荡流淌的金沙江，亮中还在守护着她，这条两岸各族人民的母亲河。从墓地返回时，遇见萧家一位老人，论起来他是亮中的爷爷辈。他穿着破旧，光脚穿一双解放鞋，面相苍老，一问才知道原来与我们年纪相仿，大不了一两岁。他刚从政府获得建房补贴二万四千元，因儿子要结婚房不够住，又盖了一座土坯房。路上他又带我们看了萧家始祖的坟墓，告诉我们哪个碑是哪个的。

我们在亮中弟弟的新房子中吃了丰盛的午餐。饭后对萧妈妈进行了访谈。其间永晨把队友们和北京一些朋友捐的钱拿给萧妈妈时，她不肯收下，这时就听苏京平老师大声说："我们就是您的儿子，儿子的钱妈妈能不要吗？"一句话，让老人落下泪来，大家也都无语凝咽。

告别了萧妈妈，告别了金沙江畔的乡亲们，我们又乘渡船过江，返回丽江古城。与队友们分手，他们将奔赴攀枝花，继续行走在四川的三条大江——雅砻江、大渡河、岷江上。

还俗者的自白

陈乃华（青海民族大学）

我在 16 岁的时候，有了出去看看世界的渴望，尤其是拉萨，要去朝拜吐蕃时期的佛法，如果可能，更想去释迦牟尼初转法轮的地方。除了朝拜的心愿之外，更是想透过去拉萨，改变自己的人生，成为一位云游僧，去看这个大千世界，可以说是自己的一种小小冒险吧。去拉萨，对于当时年轻的我来说，是朝圣，也是内心的突破；所以我就偷偷用了念经供养的钱，一个人到拉萨去朝佛，在一个月内转了很多寺院，看了很多不同的人。当我回到了甘南的寺院时，却由于破坏了戒律，被严厉地处罚了：我被命令背了一个女人背水的大水桶，在所有僧人齐聚做早课的时候，站在大经堂的正中间。我感到深深的、前所未有的羞辱。虽然我努力解释，但是都没有用，我开始对于寺管会的体制感到失望。那时我已经在拉卜楞寺学经 4 年了，对于藏传佛教的经典有些了解了，我向往另一个世界，对于汉地显宗佛教的传承想要进一步了解，所以我就离开了寺院。

我到了河南开封的相国寺，这是个千年古刹，我成了开寺以来第一个藏地来的僧人。我褪下了红色袈裟，换上汉地和尚的灰色，开始汉传佛教的和尚生涯。这里的寺院和藏地很不同，从各地来的观光客非常多，没有像拉卜楞寺那样，大多是在每个扎仓来回奔波忙于上课学习的僧侣。这里的和尚要负责收门票和管理殿堂，我在这里的第二年后，也开始承担这个工作。相国寺的住持很重视我，由于我是极少数在佛学院学习过的僧人，也有佛学院发的毕业证书。我向住持提出想学习汉地佛教经典的想法，他也很同意，给了我许多资料。学习过程还是挺困难的，我对汉字的掌握不太多，从小就出家，在学校就上到了小学，其他都是在寺院里面自学的，所以汉字程度不高；并且，这里的经书又多是以前的汉字，而且很多是从印度翻译过来的，于是就难上加难。我向其他和尚询问这些经文的意思，但是他们似乎不求甚解。并且，我也渐渐地发现了一些奇怪的事情，即一些和我的过往完全不同的观念：僧人是要守八戒的，有包括食、色、财等许多戒律，一旦破了戒，就不再有资格穿上袈裟，因为穿上袈裟，就是代表了佛祖释迦牟尼，如果不再是僧侣的清净身，就只能褪去。但是在相国寺日子久了，我发现许多僧人早已经不是清净身，已经破了戒。我们的关系都不错，我问了他们这件事情的想法，他们回答我：只要不让人知道就可以了，这不是很重要的事情。我觉得很震惊，也很疑惑，如果心里的想法和自己的行为已经不合规范了，即使别人不知道，可以加以隐瞒，但是怎么又可以隐瞒得过自己的本心？外在的环境可以不在意，但是本心是不能欺骗的。我充满着疑惑，在住持准备把我外派到加拿大相国寺的分寺的前一天，我悄悄还俗了，去了拉萨。到现在已经过了近10年，听说当时的住持还在不断

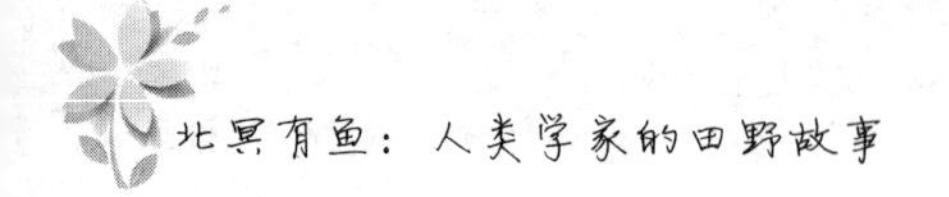

打听当时不告而别的我的下落。

为什么要还俗呢？作为僧人的时候，师父总是对我们说，红尘很苦，我们是很幸福的，可以有作为僧侣的福报。但是自小出了家，红尘里的那些情感，我们不懂。世间真的很苦吗？那种滋味是什么，我想要去知道。到了拉萨后，去找了过去在寺院时的朋友，他们有些也是还俗后来到了拉萨。我穿上一般人的衣服和他们见面，语气轻松地对他们说："我还俗了！"因为过去我是特别认真的僧人，学经也学得不错，很被师父看重，所以刚开始他们根本就不相信。于是我就和馆子的服务员要了一瓶啤酒，一口气喝了下去，这时，他们才真的相信了。他们骂了我，打了我，让我重新穿上袈裟，但是我很坚持，已经动了念头，就回不去了。最后，我们几个人抱在一起痛哭。

当时，在拉萨八廓街往清真寺的路途中有许多安多人开设的甜茶馆，通常由一对小夫妻经营，专门卖奶茶和简单的面食。因为安多大都是牧区，奶茶也煮得香浓。这是西藏人喜欢聊天逗留的地方，常常还放映港澳台的电影，总是很热闹。其中有几家就是由我们那里寺院的还俗者开的（如果有了还俗的想法，就必须有离开家一辈子的打算，不可能再留在故乡了。对于你的师父、家人还有你自己，这都是最严重的惩罚。就像是背叛，背叛了别人，也背叛了你自己）。这些还了俗、回不去的人，就离乡背井，许多到了拉萨重新开始一个新的人生。其实，只有极少数的人能过得好。在寺院学经的时候，环境很单纯，我们不需要去计算生计和筹钱，都有平凡但是稳定的供养。现在则不然，要挣钱，找事情做，却发现自己除了读经外，什么都不会。许多人去当了工人，或学习做买卖，都已经算是好的事情了。还有对于男女的感情，常常也有人弄得一塌糊涂，还俗结了婚有孩子了，又离了婚，又再娶，对于与另一个人亲密相处，常常觉得问题很大。总之，还俗的人，多半是带着悔恨在继续人生的。

一个僧人如果还了俗，就回不去了。很可惜，所有的修持就断了。许多人相当后悔，但最为心痛的，应该是自己的家人吧！最疼我的奶奶生了重病，我没有回到甘南家中，不是不愿意，而是不舍得：如果让我的奶奶看见我现在留着长头发、脱了袈裟的模样，我想她会比不见还要更加心痛，我不愿意让我的奶奶这样难受，所以在奶奶临终前，我都留在拉萨没有回到故乡。那一天早上，我知道奶奶往生的消息后，去大昭寺点了五百个酥油灯为她带路，然后，到了八廓街后方的一个老楼上，狠狠地放声大哭。过去我在想，如果我还是个僧人，是否就可能对于人世间这些生老病死的事情看得淡些？我还是离不开这些情感，对于能够放声大哭的自己，也感觉到自己的存在。

现在还俗的年轻僧人越来越多，是很不好的现象，佛法在沉沦。在寺院里，僧人没有好的师父来引路、教导和传承，经典也愈来愈少。

外人笑说，还俗的人，脾气特别大。我想，是因为当僧人的时候，什么事都可以干干净净；还俗后，很多的事情，太烦太杂，让人静不下心，所以脾气也大吧。还俗的人，因为过去在寺院里面，还是有种特殊的气质，可以分辨得出来。古代西藏门户严格，但是贵族的好人家也愿意把女儿嫁给还俗的人，可见僧人的地位还是要高一些的，即使还俗了也是一样有这种观念。还听说还俗者生下的孩子都特别聪明，有福报的。一旦有了还俗的想法，即使后来没有做，其实也回不去了，心里已经有了杂念。心里的想法其实比行为更加重要，这是欺骗不了自己的。现在的自己，虽然褪去了袈裟，但是我自己心里还是按着佛的慈悲和教导在生活。

我的白马藏人歌唱老师

王铭铭（北京大学）

四川平武白马藏人的一个村社让我流连忘返，在这个村社里，生活着曾经教过我唱歌的一位老师。在告别他的那个晚上，我们喝酒到半夜，在二楼，坐在栏杆边，我求他教我唱酒歌——这是一位当地歌王的儿子，据说现在已是村社里的歌王了。第一首，我没学会，于是他换了第二首；第二首我仍没学会，他换了第三首……如此循环往复，到了深夜，他已试图教给我他懂得的大部分歌曲（约七八十首），可是，我一首也没学会。白马藏人的歌唱老师，跟我们这些老师真不一样：我们鼓励自己“学而时习之”，以重复来教导学生，而他，却从来不这样做，他似乎相信，不断跳跃于不同的歌曲之间，就可能使人们学会唱所有的歌。这意味着，作为学徒，我需长期与他厮混，随他反复跳跃于不同的歌曲之间，否则，一首歌也学不到。

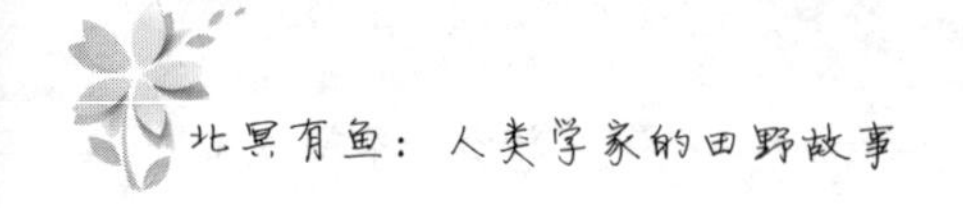

卡洛斯，墨西哥藏学家

王铭铭（北京大学）

墨西哥城有世界一流的人类学博物馆，这座城市里还生活着大量研究中南美洲印第安文明的学者。一些年前，一位很特别的墨西哥学院的学者——卡洛斯（Carlos，他有时穿戴得像切·格瓦拉，有着一位美丽的印第安文明史学家妻子）出现在我面前，应我之邀，他来北京大学讲解其关于美拉尼西亚通婚圈的研究。之后不久，作为交换，他也请我去墨西哥。到那里，经过多次闲聊我才发现，他是一位才华横溢的年轻的人类学家。毕业于剑桥大学的卡洛斯，随导师研究美拉尼西亚，之后，他只身一人到西藏两年，研究其生态、亲属制度及宇宙观，这些年，因参与组织墨西哥人类学界的学术活动，也渐渐对墨西哥的古文明产生了兴趣。在那个被我们视作落后的国度，有这样一位学者的存在是很重要的。作为“第三世界国家”，墨西哥似乎只能产生研究本地文明的学者，而卡洛斯却以个人的学术“冒险”改变了这一状况，他没有声称自己是“海外民族志学者”，却悄然致力于美拉尼西亚、西藏、古印第安文明的比较研究。卡洛斯的存在使我意识到，墨西哥的人类学是一流的。至于为什么墨西哥城会出现藏学家，我看既是偶然也是必然，卡洛斯在一个沉浸于本土文明研究的国度别出心裁地心向美拉尼西亚和西藏，这与他个人气质的“内在特征”有关，同时美印文明与西藏文明的相似性，又有着感召学者对之加以研究的“必然性”。

在冲绳的墓庭遥想故乡

周　星（日本爱知大学）

前些年，多次有机会去冲绳做田野调查，我的课题是试图比较那里和中国福建地区的风水。在冲绳，很自然地先后遭遇到石敢当、被叫作“屏风”的照墙、形状特别的龟甲墓，以及屋顶狮子、被登录为世界遗产的琉球王国古城堡群等，有不少令人兴奋的收获。这几年，阴差阳错地再也没有重返冲绳继续做田野，但对那里充满着许多美好的记忆。

在我的冲绳回忆中，一直有一幅场景在脑海里萦绕不去，很多时候它都会自然地浮现出来。冲绳和中国一样，都有过清明的传统，在冲绳，每逢“清明祭”，人们就络绎不绝地去墓地为先祖举行墓祭，照例是上香、上供、鞠躬或叩首，接下来，就是在坟墓前的“墓庭”里聚餐。在给先祖们献酒祭奠之后，大家取出“便当”，相互斟酒，从容开心地谈天、说笑、饮酒。酒过数巡，会有人唱起民谣，也会有人弹起三弦，还会有人翩翩起舞。这期间，时不时有人陆续加入，甚至过路者也被邀请。我去踏访那些墓地时，曾多次应邀临时加入，听大家谈天，尽兴方归。

冲绳的坟墓有很多形态，其中有一种“龟甲墓”，其实就是中国福建和台湾等地“龟壳墓”的翻版。无论哪种形态的坟墓，坟丘前都有一块面积颇大的“墓庭”，也称“拜庭”，是后人祭拜先人时所需的空间。由于冲绳的坟墓多是“门中墓”，亦即类似于中国“宗族”那样的“门中”聚族一起安葬，故一座坟墓往往会安葬数十甚或数百人。“清明祭”这天，每个巨型坟墓前均有规模颇大的“墓庭”酒宴，人们络绎往来，载歌载舞，与先人同乐。据说以前的“清明祭”墓庭酒宴比现在热闹，现在因为禁止酒驾，开车参加墓祭的人不能喝酒，酒宴的气氛也随之淡薄了。

我之所以对冲绳的“清明祭”墓庭酒宴印象深刻，是因为此情此景唤醒了我关于故乡祖坟的一丝记忆。我从小在陕西丹凤的农村跟着祖母，小学之前没有任何记忆，远不像那些天才孩子能说得清楚四五岁时的事儿。可我在冲绳的墓庭酒宴上喝了一点当地的“泡盛”（冲绳的一种蒸馏酒）之后，迷蒙之中却突然在脑海里闪现出幼年时在老家清明上坟的事。依稀中是祖母包好饺子，大大（陕西方言，即叔父）带着我，还有同一“股”的周家叔伯弟兄，成群结队地去给先人上坟，先是烧纸、上香、上供（贡献一小碗素馅饺子），然后按辈分、年龄依次磕头，接着，大伙儿在坟前吃几个饺子，完了再去下一家。先人的坟往往不在一处，于是，弟兄们就拜了这座拜那座，清明上坟回来，累得走不动了，大大就把我架在他的肩膀上。

生性愚笨的我，对自己进县城上小学以前的记忆为零，参与观察冲绳“清明祭”的野外墓庭酒宴后，却意外地激活了关于故乡的这一丝记忆，它遥远而又鲜明，以至于我还能想起那素馅饺子的味道。这是我学前在乡下老家的唯一记忆，长我十多岁的大大告诉我，我们这一“股”周家的叔伯弟兄们至今依旧坚持着这个清明时一块去上坟的传统，并且很是为乡邻们所羡慕和称赞。

绝域苍茫塔吉克

吴　乔（中国社会科学院　社会学研究所）

塔吉克，我国56个民族中唯一的原住白种人民族，居住在大中国雄鸡的尾巴尖，即这个星球上以遥远、荒凉著称的帕米尔高原上。2006年5月，笔者经历了漫漫长途，到达大唐西域之“石头城”，亦即今天的塔什库尔干县。在两个半月备尝艰苦却也充满新奇的田野调查中，笔者学会了塔吉克语，跑遍了塔吉克人聚居的16个乡。在土屋中、牧场上与塔吉克人同吃同住，体验了塔吉克人的粗犷。

山道嵯峨——文化适应性

作为一个勤奋做田野的人类学者，我自认为到过的地方、见过的风景多于常人。而在此之前，我一直对所谓“一夫当关，万夫莫开”的险要心存疑虑。薛西斯折戟温泉关、国民党死磕塔山似乎都没啥道理。暴雨不终朝，悬崖不逾里。山是死的，人是活的。这里过不去就绕点路，横行一百里，不信还过不去。直到看到了帕米尔的群山之后，我才知道，人类的力量在大自然面前多么渺小。远看塔吉克巨大的山峰，在流云夕辉之下，光影斑驳，泛着一层淡淡的紫色。如同“指环王”里的魔王城堡，神秘和奇幻的感觉油然而生。近看，这些巨大的石头山，充塞天地，填满了你的整个视野。整座山，就是一块囫囵石头。没有山脚，没有山麓，没有山腰。冰冷的、寸草不生的石壁，从底到顶，高达千米，角度为垂直。仅有的一两处坡度在 70° 左右的垭口，埋藏在当地塔吉克人心中，是自古上山的途径。除此，不管横行纵行，数日里人、马、牦牛脚力所及的范围内，统统如此。也就是说，90° 的千米高的峭壁，其横亘的宽度是上百公里！这是此前我不相信地球上存在的事物。这种石壁，徐霞客上不去，蜘蛛侠上不去，就算昔年轻功冠绝天下的楚留香，也一样上不去。

好在，我的同行者们心中埋藏着那个 70° 的故道。几个塔族小伙带着我蜿蜒攀登。即使如此，在高海拔低氧地区的登山也绝非易事。塔吉克的定居点就有近三千的海拔，而高山牧场则有四五千米。我虽自负年轻力壮，也每走十步就要停下来喘一喘气。活动稍微剧烈，胸口就憋得刺痛，头也发晕。一天筋疲力尽的攀登之后，终于上到了接近雪线的高山牧场。极目四望，群山如浪，天高云淡，日丽风扬。巨大的雪峰之下有一个半人高的窝棚，住着看守羊群的一家三辈。而就在这个我每走一步都心悬胆战的山脊上，居然生活着一个 5 岁的小男孩。看着他短胳膊短腿、踉踉跄跄地在鲤鱼背上跑过来跑过去，白日黑夜里在庞然大物的牦牛近左像个小耗子似的窜动，我的心一阵抽紧，比自己面临深渊更甚。站在这峭壁之上，从任何方向伸出头去，都是令人眩晕的落差。而他的妈妈和爷爷却对此视如未见，全不在意。每当和我照面，那小家伙因为鼻涕横流而呈半液态的脸上就露出羞怯的笑容，碧绿的眼睛好奇地盯着我这个陌生人的一举一动，显然并不关心万丈悬崖和地心引力的存在。

初见这一幕，让我做出了两个推断：第一种可能，塔吉克人自古发明了反重力装置，但他们对此一直秘而不宣；第二种可能，像人类学者梦想的那样，这个社会早有一套行之有效的文化措施来对“脚下留神”（watch your step）进行规范，从小就对孩子进行这方面的教育使之不致受害。

在高山之巅生活了较长时间后，我认识到，第一种推断是科幻，第二种推断也同样是文化幻想。实际上，在这群山之祖的帕米尔，塔吉克族几乎每年都摔死人，往往还不止一个两个。只不过他们对此习以为常罢了！他们的文化适应性不在于教育一个人从小避免跌落，而在于摔死人之后的泰然处之。真主对每个生命都自有安排，人不能自己选择生死，更不能害怕生死。死亡，不过是应召回到他的怀抱而已。确实，塔吉克社会对意外死亡是不会过分悲切的，在苍茫的高原之巅，他们的想法真有道理。

高山牧场——亲密空间

登上高山牧场的第一天下午，我的同伴突然向一个方向挥手大声招呼。我茫然张望，视野中见不到任何可以招呼的对象。直到被招呼的人也大声应答，我才发现了他。一看，这是一层平铺在地上的凹凸不平的东西。走近了看，是某种物体盖着的一个胡子汉，露出人头。但是，他盖的东西是什么？其形状是不规则的。我既分辨不出材质，也无法描绘颜色。因为它与周围的大地母亲浑然一体。没有明显的界线显示哪里是泥土，哪里是人造物。一个盖着这种东西的人，远远看去，就像躺在坟墓中，被别人随意铲了几铲子土覆在身上。与之相比，毕加索为希特勒准备的军用迷彩实在不值一哂。初见时我并没想到，自己将很快熟悉这种物体。因为在接下来的牧场生活中，它是寒冷的黑夜里我唯一可以依靠的东西。它就是好客的塔吉克人民为我准备的被子。

作为中国唯一的原住高加索人种，塔吉克人有着像其他白人一样浓重的毛发和体味，而他们几乎从不洗澡的生活习惯使得气味更加强烈。任何一个处在塔族同伴下风处的外来人，都会深受这种民族风味的“熏陶”。另外，塔吉克人生活的另一半——羊——也是一种气味强烈的动物。在牧场上，人与羊朝夕相伴，亲密共处，穿的是羊皮羊毛，吃的是羊肉羊奶，烧的是晾干的牛羊粪。天地之间，此身孑然，除羊以外，更无他物。人与羊简直到了你中有我、我中有你的程度。因此，所有的居所和器物，都散发着浓浓的膻味。也许自然界中弱小的被捕食者羊，是把这种气味作为一种防御的武器的。可惜，真正的食肉者对此毫不在意。在山顶牧场的小棚屋里，所有这些气味全都混合在一起。即使对于一个人类学者来说，也有些难以接受了。

而到了真正就寝的时候，牧场一夜，又让我对气味有了新的认识。三条塔族大汉与我同挤在一个只有乒乓球桌大小的屋子里睡。等到他们一脱鞋就寝，立刻，其他所有气味，所有那些纷繁复杂、自我表现欲强的气味，都风卷残云一般让位给唯一更加霸气十足的气味：脚丫臭。塔吉克人爬山爱穿解放鞋。这种在内地已不多见的老式胶鞋轻便防滑，但是密不透气。也许因为高寒的缘故，塔吉克人还酷爱穿厚袜子，但没有洗袜子的习惯。他们脚上的袜子通常磨得前露趾后露跟，被脚汗浸透后，不辨颜色，像一团烂泥似的附在脚上。此外，据我观察，他们涉水过河时也决不脱鞋袜。过完河，鞋里装满了水，走在路上用体温烤至半干，每一步都发出搅拌黄油似的“咕叽咕叽”的声音。这些黏稠的东西在晚上胶鞋终于被脱下的一刹那，爆发出扑面的喧嚣，像一堵气墙迎面冲来，并且在整整一夜里反复吟唱，像被子一样盖着我。虽然爬了一整天的山，我已经累得像一捆柴，往那儿一放都会散架，但是在这气味的威逼之下我居然久久无法入睡。让我这个从前以嗅觉灵敏而自豪的人，开始痛恨自己长了鼻子。现在正时兴的“感官人类学”的各位同行们，我想建议他们到塔吉克嗅嗅。

羊——生与死的循环

薄暮时分，我的两个同伴从山岭间踊跃而来。两人肩上都背着一个麻袋。到了屋前，他们打开那两个大袋子，将一堆颜色暗红的东西倒在一张铺开的牦牛皮上。我刚分辨出这是切成几大块的一个去皮的动物，就见其中一人掏出个白骨斑斓的羊头，扔到了屋顶上。我有些犯疑，这羊头怎么就露出白骨了？而且羊皮怎么不见了？于是就问这两条正在忙碌的汉子。其中一人对我说，他们已经“当场”做了一些“工作”，将羊皮剥下来扔了。这个机灵的人知道我会“鹰”这个词，就解释说，皮留给“鹰”当饭了。当然，其余的部分看来是要留给我当饭的。他们一边说话，一边用劈柴的斧头“砰砰”地砍羊肉。我又注意到暗红的羊肉上布满了白色的、比米粒略小的物体，就伸手拿起一颗，在傍晚昏暗的光线下凑近了细看。那个颇会察言观色的同伴又为我解释，在我还很有限的塔吉克词汇中，拼出一个合成词组，这是“苍蝇的儿子”！看见我惊愕的表情，他又加上了肢体语言，解释说，这只山羊从崖上掉下去，摔死多日了。他们找到了它，就在那儿将它剖成几大块，背了回来。我才想到，那个露着白骨的羊头，大概是苍蝇之子吃剩的。当然，这样的羊皮拿回来应该也没有用了，因此就连蹄爪带内脏都留给了塔吉克的雄鹰。在这高山牧场上，虽当盛夏，气温也不高，夜间还挺冷。我拿起一块羊肉，触手冰凉。闻了闻，似乎也没臭味。看来正可以考验考验我的免疫系统在富菌环境中的抵抗能力。而且，吃了两个月烤馕又在海拔四千米的地方攀爬了一天以后，我对肉的饥渴是压倒性的。当晚，我就跟大家一起狼吞虎咽，将这只羊大半吃了下去。

切割羊肉的当儿，那只像藏獒一样雄壮威武的牧羊犬老老实实地趴在一旁。虽然知道那是肉，却也并不猴急失态，显出大气和教养。我将碎肉带骨扔给了它两块。它一跃咬住，几乎嚼也不嚼就吞了下去。感于这条好狗大有樊哙见楚霸王的气概，我在它的头上拍了几下。谁知从此以后这头巨犬就对我态度亲密，一看到我就奔过来，又蹭又舔，身前身后跑来窜去。真是未被宠过的朴实的狗儿，些许好意，就已经贴心巴肠了。

在离开宰割场所几步之外，我又看到了令人惊异的事情。一只大公山羊站在高处岩石上，嘴里嚼着什么东西，好像是块骨头。我走近去看个究竟，那只羊转身一跑，嘴里的东西就掉到了地上。仔细看，果然是一块羊的脊椎骨。很完整，也很新鲜，就是刚才切割那只死羊的过程中扔出来的。只是实在没有想到，它会进入另一只羊的嘴里，这与我以前书本上学习的动物学知识相悖太多了。看来，在牧场上，众多生命的食物链是交错在一起的。一只羊身上的物质，会在各个物种身上流动，包括另一只羊，也包括我。

粗犷塔吉克——牦牛和青年

阿里夫是一个18岁的塔吉克小伙子，像所有其他塔族小伙一样瘦高个、毛茸茸。在我们朝夕相处的一个月里，他时常跟我讨论的话题是牦牛。后来我了解到，这是塔吉克人财富的标志之一。他曾问我：“你有多少头牦牛？”当得知我没有一头牦牛时，他挺惊讶。当得知我连山羊也没有时，其惊讶中甚至带了怜悯。当我反问的时候，他说：“我有五头牦牛。”我问“在哪呢？”他手臂向外一挥说：“在山上。”整个帕米尔高原就是一群山，广袤荒凉、绵延千里。我想这个概念可太模糊了。问具体点，他就说：“不很清楚，有两年没见了。”我有些惊讶，一群动物在大山之中，两年踪影不见，你怎能确保它还在？人们跟我解释：牦牛通常不需人看管，它自会在高山牧场上吃草和生育小牛；牦牛巨大而凶猛，善于群体防御，山上虽有能吃羊的狼群，但奈何不了牦牛；牦牛生具厚毛，抗寒耐饥，冬季大雪时也冻饿不死，不必人工转场到山下；高山凉爽，牦牛少生瘟疾，通常也不需人工防疫；高原渺无人迹，塔吉克人更从未听闻过窃贼。凡此种种，牧人两年没见着自己的牛群，仍旧安心。但是我又有了新的疑惑：“这样看来，牦牛对人类根本一无所求嘛，你怎么确信它还是属于你的？”阿里夫说：“明天你不是要跟我们去高山牧场吗，到时就知道了。”

第二天一早，阿里夫和另外三个塔族青年带着我和一条硕大的牧羊犬，从河谷的定居地向高山牧场爬去。出发地的海拔就超过三千米，经过半天多让我筋疲力尽的攀登，五人一狗来到半山的一块小凹地。远远看见旁边的陡坡上一群壮硕的牦牛在吃草。阿里夫指着牛群告诉我他的五头就在其中，他现在要去抓一头来驮我上山。我还在严重缺氧中喘息不定，阿里夫和他的同伴们已朝着牛群飞奔而去。牦牛群奔腾躲闪，蹄声杂沓，沙石乱飞。四个小伙子几面围堵，那条大狗也负责任地上跑下窜大声吠叫，将牛群拢到一处。突然阿里夫和他的同伴从烟尘中拽出一头，敏捷地将一绳穿过牛鼻，拉到我面前。那庞然大物喷着响鼻，蹄子蹬在碎石上咔咔作响。这没有鞍子、没有脚蹬、没有笼头嚼子的光背牦牛，看来就是塔吉克的骑行风格了。我鼓足勇气爬上牛背，双手紧紧揪住长长的牛毛，两腿夹住牛肚，整个身子趴在牛背上。果然牦牛就开步走了。近70°的陡坡上有人字形的小道弯来折去，它驮着我行行仄仄，呼呼喘粗气像个火车头。两旁的峭壁入云耸立，我紧张得不敢直起腰。牦牛会不会失足不得而知，但如果会，在这种险峰下我连缓冲的余地都没有。骑了不久我就感到手抽筋腿打战，完全不比自己爬山更轻松，但又不忍拂了伙伴们的好意。一路走着他们告诉我个中诀窍：野生牦牛和家畜牦牛的唯一区别就在于后者有鼻洞而前者没有。每年牦牛带崽的季节，塔吉克牧民就上山圈住母牛。小牛自会回来找母亲吮奶，借此人们在小牛的鼻子上穿个洞。有了这个印记，牦牛从此成为家畜。不管将来长成怎样的壮硕雄猛，它的身份已终生确立。即使经年不照面，只要在鼻洞中穿上绳，仍能被人牵走。它们在高山草场自在生活，直到主人需要吃肉或卖钱的时候，才上山来取。仿佛从银行中取出自己的存款一样笃定。塔族青年给我上的一课与《小王子》中的教诲截然相反，野生与驯化的界限原来可以如此模糊。

在高山牧场几天后，小伙子们挑了一只山羊，准备带下山去。这次他们说要带我走一条“近路”返回，说这条近路只需两个小时就能回到山谷里。我听了不敢置信。上山时从日出到日落走了几乎一整天，而且那多半是近70°陡峭的山道，有的地方需手足并用地攀爬。还有什么路能比这样的路更捷径？我心中隐隐有不祥的预感：两点间最近的距离是什么？但愿我的伙伴们不是动了这样的念头。

结束停当，塔吉克青年们牵着山羊向一处山崖走去。我尾随其后，欣赏天地间四人一羊剪影一般的画面。突然之间同伴们从我的视野中消失了。一惊之下，我赶上几步细看。原来这是一处几乎垂直的陡壁，几个塔族青年毫不犹豫地跳了下去。陡壁之上，间隔两三米的地方有一块砖头大小的凸起，或是草窠，或是岩块。他们就靠这个东西一点脚，暂停自由落体运动。一顿之下再又下跃。几停几跃，已经下去了三四层楼的高度。我目瞪口呆，这就是他们所谓的“近路”吗？近是不能再近了，但跟“路”哪有半根毛的关系？令人吃惊的还不止这些。在最险峻的地方，我听到那只山羊发出凄厉的叫声，虽然脖子上的绳子被拽得笔直，它却抵死不往下跳。拽得急了，它就后臀蹲下，两个前蹄紧紧地撑在地上，蹄尖在石头上刻出两道白痕。山道极险，已经到了山羊都下不去的程度。而我的塔吉克小伙伴们对此显然颇不耐烦。其中一个青年将山羊抱起来，扛在后脖子上，连人带羊一起又跳了下去。山羊是不能丢下的，那是他们的财产。

事已至此，同伴们没有要等我的意思。极目无人，如果独自落在山巅，我存活的概率恐不比跳下去大。尽管心蹦得像擂鼓一般，我只好屏住呼吸跳了下去……

一个多小时过去了，对我来说远比上山的一天更为漫长。两个大脚趾锐痛，指甲盖已经在剧烈的制动中回戳到根部并断裂流血。高原的烈日把额头烤出了一串燎泡，遮阳帽在惊心动魄的下降运动中早不知被山风吹飞到了何方。但我全顾不上这些，心里唯一的念头是保住小命。在一起下坠的间隙，我看见那只山羊在塔吉克人的肩头大张着嘴，长长地吐出舌头，像酷热中的狗一样流涎和喘气。这是我首次见识山羊做出这个动作，看来它内心的紧张不亚于我。

回望群峰，高耸入云，我们出发的地方已渺不可见。大家在一处小凹岩中稍事休整，又再下行。同伴们很快去得身影只剩一个小点，我远远地落在了后面。我感觉自己的身体机能已超过极限。所有的关节都发出剧烈的疼痛，而大腿前侧的股四头肌更痛得像火烧一样。高山反应让我头晕目眩，气管中像塞着一条燃烧的木炭。但在这荒凉之地我生怕跟丢，仍不敢稍有停留。数次大喊伙伴们等我，他们的步伐却毫不见缓。只有阿里夫回头招了招手，意思让我快跟上。没谁能帮你，自己的命自己处理。

在这样的情况下又咬牙硬撑了不知多久。好几次我都觉得撑不过去了，真想就这样倒下去，放弃这一切。但终于，又都咬着牙继续前行。漫漫长途，九死一生，终于下到河谷了。第一眼看见平地的时候，我竟生出了久违的陌生感。这真的是平地啊！我已经神志迷糊，踉踉跄跄，每移动一步身上都有几百个痛点在呐喊，在抓扯。而我的伙伴们又一次走得人影不见。阿里夫看我下到河谷，没有摔死之虞了，也就绝尘而去。我独自拖拖沓沓地沿着河谷往下行，虽然沿河而下再无迷途的危险，也不禁心中怨怼。塔吉克伙伴们并无恶意，他们只是不懂得，在他们习以为常的这样的环境里，一个外来人是需要照顾的。即使年轻健壮

如我亦然。或许在他们质朴粗犷的生活中，每一个人都只对自己的生命负责，就像牦牛不去管山羊。无视生命差别就是最大的善意。

回到定居点，我有一种热泪盈眶的历劫归来感。在阿里夫家住下，满以为第二天一定会腰酸腿痛。第二天，我的身体让人惊讶地没有任何感觉。但到了第三天早上，所有的疼痛才一股脑儿地爆发出来，脖子以下的身体就像一卷拖布一样不听使唤。原来一个人太过透支之后，身体居然要隔一天的时间，才能恢复到感知疼痛的程度。额上的燎泡已经被经验丰富的塔吉克大妈涂上了杏子汁，这是当地人治疗晒伤的灵方。而我的四肢如同残废，无论坐卧立行，任何姿势都会触发疼痛，并在整整一个星期的时间内行动困难。燎泡破了，又结了痂，和金黄的杏子汁一起揭下来一层皮。额上的疤痕将终身不去，粗犷的塔吉克已经给我留下了永久印记。

在后来的交谈中我得知，当天阿里夫他们还是因为我而拖慢了下山速度。如果是他们自己下山，最快纪录是一个小时。我的塔族伙伴们正有与凛冽的高原相称的彪悍。从另一方面说，其实在整个田野调查中，都是我从他们那里获取所需。而他们淳朴简单的自在生活中，对我实在一无所求。塔吉克人配得上他们的巨兽牦牛；而人类学家应当有同样的坚强，才配得上从这样的调查对象中获取信息。对严峻的环境中的这个人群，对他们的粗犷和强大，我这个人类学者真正心怀敬畏。

田野观草

彭兆荣（厦门大学）

2012年7～8月青海省海北州的田野之行，今仍余味在口，历历在目，志以纪念。

在刚察，生态是我们调研的重点。我们事先有一个题目的设计：当地人民是如何向大自然的动植物学习以适应生活和生计的。设计这个问题的本意是，人类所有活动中最根本的就是寻找食物，只要看一看人类以外的其他生物，这个道理便能明了。事实上，人类历史上的文明形态也都是以寻找食物为本下定义的：采集—狩猎，培育—驯养，游牧活动，刀耕火种，农业耕种，海洋渔业，并以“文明”冠之。简单地说，文明原来瞄准的就是食物。

当地藏族的生计方式主要还是游牧，游牧的本义就是根据季节的变化、根据草场的情况进行季节性移动放牧。刚察因为地处高原，海拔多在3600米左右，且地处偏远，地广人稀，因此有着良好的草场资源。“草”于是成了藏族人民生活中最重要又最平常的生计资源，藏民也最了解草的本性。简单地说，草成为他们最紧密的依靠。他们自然也最懂“草”，因为他们“以草为本”。

“本草”让我联想到汉族的中草药，最有名的当数明代李时珍的《本草纲目》，但多数人并不知道“本草”之意。我把它概括为四句话：1.“本草”，物，非物。李约瑟博士认为“本草”不是简单的“具根植物”，而是“草药”。这样说对，但不完整，因为本草不是简单的物，其本源可溯至“神农尝百草”的神话传说，古代因无文字，故以本草为医方和药物相传。2.“本草”，名，非名。李时珍当年取其书名时受到《通鉴纲目》的启发，所以《本草纲目》采借“以纲挈目”的传统体例，故“本草”之名有“通鉴”之意。3.“本草”，类，非类。从分类学看，《本草纲目》中至少跨越了自然物种和物质中的不同类种和类型：植物、动物、矿物，同时又是药物。4.“本草”，术，非术。在中国古代的医药学传统中，“本草”成了中医和中药的代名词。中国古代称“本草”中医为“方术”。“方术”不是今天的技术，它包括宇宙观念、时空价值、生命认知、身体践行、事物分类等。

言归正传。在今天这个大众旅游时代，内地大都兴起各式各样的“农家乐”，这很正常，因为中华文明的主体是农业文明，以农为本，靠农吃饭，旅游就兴“农家乐”，其实就是“玩农”。刚察不一样，当地兴的是“牧家乐”。简单地说，就是靠草吃饭，也就是“玩草”。“牧家乐”别有情趣，辽阔的草原，奇异的野花，美丽无比。在刚察期间，我们造访了当地一家“牧家乐”，那天、那云，那草、那花，那景，着实令人迷醉！

于是想唱歌。蓦然想起了藏族歌手亚东的《卓玛》中的句子：“啊，卓玛，草原上的格桑花。”格桑花是草原上最普遍的一种草本野花，它看上去虽没有牡丹的华贵，没有玫瑰的多情，却是那样的自然、朴素、纯真。因为它野，所以本真。这让我想起了“本草”的另外的意义——本真的草。它与汉典中的“本草”完全不同，它是“活力”，不是“药”。

在这里，“本草”的本义是“以草为本”的生产生活方式，这与汉族的“以农为本”的生产生活方式道理是一样的。有意思的是，在刚察期间，调研团的每一位成员都吃当地的羊肉，有些此前不食者，也乐食不疲，津津有味。弟子魏爱棠就是今生的“破戒者”。“破戒”不是因为没有其他可吃食物而不得不破，而是因为当地的羊肉确实好吃。经介绍才知道，由于当地羊吃的是天然、丰美的良草，长的肉称为“草膘”，它不是饲料填出来的、短期速成的“膘”，而是自然生长起来的，因此时间要比饲料羊长得多。可惜它无法卖到应有价格，因为城里人不知道，也不识货，算我们这些城里人遇巧有了口福，也因此明白了一个道理，原来“草”可以转变成这样的美食！

我终于在草原找到了“新本草”的意义，那是生命的意义。

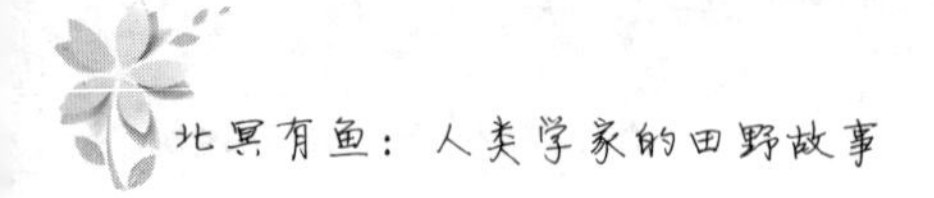

怒江那只高傲的公鸡

黄剑波（华东师范大学）

怒江之行至今两年多了，那山，那水，那人，都还记忆犹新，然而最磨灭不了的还是在路上邂逅的那只高傲不羁的公鸡。

2011年夏，我借了一辆半旧的长城越野车，从重庆过遵义贵阳一路进入云南。在昆明楚雄稍事停留后，在武定乡村东傈僳人家中小住。其间常能品尝到地道的“武定鸡”，欣赏美味之余总会对当地人“制作”武定鸡的方式感到好奇，他们不仅会阉公鸡，还会阉母鸡，而且据说阉母鸡才是上等。

对东傈僳人的了解越多，就越发想到“福音谷”怒江感受一下与他们语言都已不通的同胞了。从金沙江边的村庄一路颠簸到主干道路，由昆明楚雄大理沿杭瑞高速西行，过了澜沧江大桥转入省道228，往西北径直经过怒江州府六库，沿怒江峡谷往福贡方向逆江而上。

峡谷本已险峻，正值雨季，江水咆哮。公路越来越窄，路面也时有坑洼，不时还得为在路边缓慢行走的耕牛、欢乐奔跑的小猪、尽忠守责的看家狗放慢速度。天色渐晚，我不由得有些焦急，因为这一天的目的地是架科底乡里吾底，那里有被傈僳人称为“阿子打”（尊敬的大姐）

的杨思慧夫人埋骨之地。

过匹河后看到一条岔路，指向鹿马登和知子罗，这也是我计划中一定要去的地方，犹豫了一下，终于还是按原路继续往架科底走，在那里有一位傈僳年轻人在等我一起爬上里吾底。

长时间独自开车多少是有些无聊的，还好峡谷公路总是有各种意外得打起精神。前方公路上突然看到一个物事，一脚刹车下去，车慢了下来，本来还想按之前的方法从旁边慢慢绕过去，但这一次不得不完全停住。

一只高大雄壮的公鸡横亘在公路正中央！且看它抬头挺胸，威风凛凛，面向奔腾的怒江，颇像一位检阅士兵行进的将军。我本想鸣笛赶走它，怎能这样占用公路呢？突然间意识到，其实我才是入侵者，是我打扰了它的美好时光。我干脆熄了火，安静地看着它。

良久，它沉稳地转过头来，睥睨了我一眼，带着几分挑战和不屑，美美地拉了一泡屎。那个自信，那个气场，令人为之侧目。然后，不慌不忙地朝路边的家走去，没有丝毫被驱赶的急躁，绝非闲庭信步，更像是得胜的将军班师回朝。

哑然失笑之下，我重新发动汽车，向大山的更深处开去。

大概是我想多了吧？然而在后来的行程中不时地会想起那天的场景和那只高傲的公鸡。

嗨，公鸡，你是否还安好？是否还那么高傲？深深希望你不要被越来越多的汽车打扰，不要被刺耳的喇叭声惊吓。期待下次见到你的时候，你的眼神还是那么犀利有神，你的步伐还是那么自信悠闲。

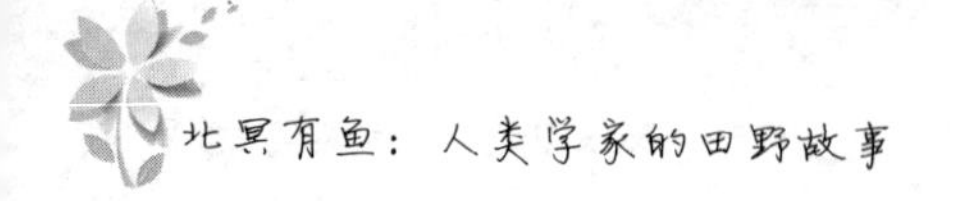

西北三记：黄土的歌谣

朱靖江（中央民族大学）

在江湖上行得久了，有时会不由得停下脚步，追想曾经在生命里留下过痕迹的人与土地。那些一鳞片爪地闪回在记忆中的黄河谣曲与陇东影戏，从土灶蒸屉的白雾里鲜软浮现的晋中面花，那些苗人头顶的银饰，藏人身上的酥油气味，滇西一场淋漓的春雨以及牵着水牛冉冉走过村头的傣家少年，或许都会在某一个灯红酒绿的都市夜晚，令我猝然感到一种乡愁的寂寞。

对我而言，生命大抵如是。总是心动于远方的一声轻唤，便悄然上路，随着车行马走，再度搭上大地的脉搏。而我所恣意流连的，风景还是其次，那些有意无意间邂逅或者追访的歌者、艺人，那些默然厮守于一方水土的暮年老者，那些如飘蓬般散落异乡的异乡人，那些在荒野里操持一份孤绝信仰的信仰者，我总如兄弟一般与他们为伴，在他们的喃喃诉说或吟唱里，求得一份早已泯灭于喧嚣市井的纯真智慧，找寻一种埋藏在泥土深处的历史真实。

打铁与剜花

打铁作为一门营生，曾经是前工业时代最勇武的男性职业。从农耕的犁铧到征战的刀剑，铁匠们用大锤和火钳打造出几千年的文明历史。在古希腊神话里，甚至奥林匹亚圣山的神殿与绝色美女（或许是最早的“智能机器人”）潘多拉，都是铁匠之神赫菲斯托斯的杰作。

随着产业革命的惊涛骇浪席卷了整个世界，潮涌而来的工业产品逼迫得靠手艺吃饭的匠人们无处可以安身立命。那些勉强操持着家传祖业的铁匠早已在城镇里销声匿迹，“叮当”起伏的打铁声即便偶尔还可以听闻，也只是在交通闭塞的山村老寨里。

陕西安塞是西北名县，腰鼓耍得震天响，但深沟大壑里也藏着不少穷乡僻壤。西河口村就歇在一个山坳子里，连坡带坎地爬进去要走好长一段路程。冬日农闲，村里少见人烟，几个娃娃聚在一片柿树林里，坐在麻绳拧成的秋千上悠悠地荡着。

几孔窑洞错落地嵌在黄土腰上，山墙一围，便是自家的宅院。这时就听到铿锵的敲打声从一户人家里传来，推门进去，院中一具炉台里火烧得呼呼地正旺，操着风箱拉杆的竟是一位须发斑白的老先生。阳光透过头顶的芦棚和蒸腾的青烟，在他身边打通一道冉冉的光路。火苗随着气流的出入起伏明灭，如乐律一般流淌着。

老铁匠大号郭怀宝，已是 80 岁往上的年纪。自小学得一手锻铁的本事，也曾到安塞县里开了个铁匠铺子。后来五金店卖的铁器价钱越来越贱，渐渐地打铁生意维持不住，郭怀宝索性就回到西河口老家，接一些邻里乡亲们的零活，为农人修补损坏的耕具，打几件家用的铁器。如此围着黄土炉灶转来转去，就一直转到了耄耋晚年。

村子里的婆姨媳妇们常找郭铁匠打剪刀。商店里卖的剪刀形制单一，平常扯布裁衣还能凑合，但逢年过节要剪纸"铰花"，就显得不那么趁手。郭怀宝打出的剪刀刃口锋利，又能依着各人手掌的大小粗细，调整把手的尺寸，最能合她们的心意。那天，老人手头上正做着一把剪刀，两根一尺来长的铁料在炉膛里烧得通红，放到砧铁上大力地敲砸着，先打出刀锋和曲柄，再慢慢地淬火、开刃，打孔、栓接，真不是一两天就能做成的物件。

以这样琐细的工序，自然无法和流水线上生产的机制品相抗衡，然而这火炉里锻造、砧板上打磨出来的剪刀，却往往最得婆姨们的宠爱，都要绣个五彩的罩子套起来，平时舍不得用，等到剪纸、绣花的时候，才拿出来向妯娌们显摆炫耀。

我常怀想一千多年前，当关羽和张飞请涿郡铁匠打造出"青龙偃月刀"和"丈八蛇矛枪"的时候，想必也如那些陕北女子一般，望着只属于自己的这柄利刃心潮澎湃。也只有在那样的时代，铸剑的大匠才甘愿跳入熊熊的火炉，以性命和鲜血成就一柄传世的宝剑。

当西河口村的郭怀宝老人默默地修补起一把崩裂的锄头时，我知道那时代早已悄然隐退了。其实何止是商店里买来的锄头刀斧，连我们自己都只不过是身份证上的一串号码、后工业时代的一种"人工智能"

而已。

剪花娘子

虽然这些年来，随着民俗工艺品的流行，西北县乡里剪纸卖花的汉子也日渐多了起来，但传统上“剪花”还是妇人们操持的手艺。你无法胜数那些散布在黄土窑洞里生就一双巧手的“剪花娘子”，正如你无法唱遍每一首信天游，无法穷尽每一种刺绣的纹样一般。

在晋陕两省的乡村里，剪纸与绣花一样，曾经是每一个女子自幼修习的功课。心思的纤巧，手足的伶俐，都能从窗花或纸样的精粗、文野里看出个一二。岁月凋零了野花的芬芳，而红纸剪出来的生命记忆，还在广袤深厚的黄土地上绵延不绝地流淌与积存。

陕北安塞县的井坪河村，如它的名字所勾画的那样，朴实而宁静。村中最有名气的剪纸能手潘常旺大娘和她的老伴杨猎户住在这山沟沟里已有六七十年的光景。潘大娘 17 岁嫁到这村子里，那时方圆几十里的山上还是莽莽苍苍的大林子。她围着炉台操持家事，杨猎户就拎起《水浒传》里解珍、解宝们惯用的三股叉，在山间逡巡游猎。

“早年打死过几十只狼，还有三头豹子。”早已经老糊涂了的杨猎户坐在小院里，整日里讷讷无语，只有在提起打猎的时候，他混浊的双眼才忽然泛起了精光。手中的旱烟管也微微抬起来，像是要刺入豹子的喉咙。但如今这黄土满面的荒山秃岭，别说豹子，连只野鸡都未必藏

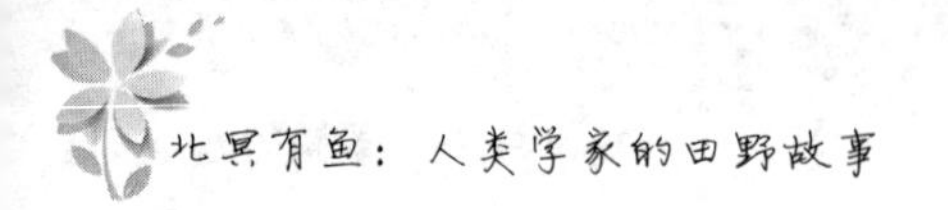

得住。杨猎户的时代早已湮灭在历史的荒诞剧里——从“大炼钢铁”到“农业学大寨”，他曾仰赖半生的森林就这么成了传说中的海市蜃楼。

直到20世纪80年代，足不出户半辈子的潘大娘才算有了一点“名声”。安塞县文化馆派人下乡普查全县妇女的剪纸花样，井坪河村这位农妇的“铰花”手艺，让县里的文化人赞不绝口。一问姓名，却发现除了娘家姓潘、嫁给了老杨家，年过半百的女子竟然没有个名字。文化馆主任朱笔一挥，于是“常旺”这个官名才算扣在了潘大娘的头上，又随着她的剪纸载入图册，渐渐传出了陕北的深沟大壑。

在冬日午后的太阳底下，潘常旺和杨猎户并排坐在窑洞门外的小板凳上，像一幅木版年画。老人家“吧嗒吧嗒”地吸着烟袋，心思或许还在60年前那三头豹子的身上。潘大娘低头铰着红纸，剪出些“鬏髻娃娃”“麒麟送子”的样子来。虽然村里逢年过节贴窗花的人家越来越少了，但托人拿到县上，或许还能卖给外地来看安塞腰鼓的游客。三两只鸡在他们身前来回地踱着步子，因着阳光映照而澄黄一片的土窑顶上，几枝枯萎的蒿草在湛蓝的天色里瑟瑟地摇摆。

有时一幅画面竟成了记忆的终点。我离开井坪河村5天之后，潘常旺大娘便悄然辞世。陕北乡间的“剪花娘子”又走了一个，还没有剪成的红纸早晚也将褪尽颜色，正如她几十年的生命一样，归于尘土，湮没无闻。只剩下杨猎户一个人，呆坐在空寂的院子里，吧嗒着那根旱烟袋，追想他壮年时代打死的三只豹子，娶过的一个巧手婆姨。

陇东皮影

村口的小路上黑生生地晃过几条人影，摸进一房庄户人家的庭院里。窑洞的门扇敞开着，大人矜持地招呼着客人，娃娃们窜进跃出，等待即将开场的好戏。一张白色的帐幕（行话称作“亮子”）在窑洞的土炕上撑开，麻油灯点亮，箱子盖掀开，艺人们躲在幕后各安其位，五彩斑斓的文官武将排成几列，吊在随手可及的绳子上。随着一声渔鼓砰然开场，“亮子”的正面幻化出一堂金銮宝殿、几个乱世英雄。一口沙哑粗豪的嗓子，在影人的舞蹈下高亢地唱念着：“家住山东，济南府……”

这是甘肃东部环县乡间的一个寻常夜晚，或许是才散了红白喜事的流水筵席。向晚无事，主人家照例要请四乡最红的皮影艺人来演几出神戏。如果是城关的“史家班”，曾经在意大利展露过绝活的史成林就会唱些谐趣的“相公招姑娘”“八戒背媳妇”；如果是陈旗塬的“敬家班”，当家的敬登岐一把四胡拉得炉火纯青，称得上是陇东第一把胡琴；如果是县上“谢家班”，幕布后面明明灭灭的一盏电射灯，就更有些高科技的气息，不但武打出众，班子里还有皮影界极罕见的一两个女艺人，不时为女将、娘娘们佐唱发声。

环县地处陕、甘、宁交界的深沟大塬上，因其偏远，红军曾经在这里建立过革命根据地。而境内兴隆山又以道教圣地名动西北五省，每年农历三月三，来此烧香赶会的信众数以万计。相传“道情皮影”，正是此间道人以幻象喻尘世、以说唱度众生的一道法门。清末民间大师解长春将这门“电影先声”发扬光大，不但把道家渔鼓、简板的粗陋形制改造成吹拉弹唱、五音交响的“光影大戏”，更在陇东八坡九峁的村寨里，点燃了道情皮影荧荧不灭的火种。

皮影一艺，全靠挑线的先生在幕后比手画脚，操练那些牛皮雕镂的小人。一会儿是登台拜将，一会儿是疆场厮杀，单人双手一卷台本，就可意态酣畅地“古今多少事，尽付笑谈中”。而班子里伴奏的伙计们，击鼓拉琴之余，乘着逸兴，在先生要到动情发力的时候，便一哄而起，合着调子高声唱和一番，是为助兴的“嘛簧”。看皮影的人若是对戏文烂熟于胸，也会相跟着抖一嗓“嘛簧”过瘾。都是粗声大气的农人，放开喉咙一通宣泄，戏场里有如滚过一阵惊雷。所以“道情皮影”又有个诨名，叫“吼塌窑”。其质朴粗犷，可见一斑。

“文革”一劫，陇东的老皮影箱子大都被小将们付之一炬。如今残存的几副，大半也流落在古董贩子的货柜里。皮影偶人烧了还可以再刻，但一路涤荡的经济大潮却彻底动摇了中国乡土文明的根脉，偏僻如甘肃环县，也逐渐少了皮影戏班四处游方的身影，让鱼骨刺一样林立的电视天线，接驳起大都市里喧腾浮躁的娱乐气息。

“从空中飞下了一群古雁，苦苦叫啼是：国泰民安哪啊……”那神采飞扬的影人、吼塌窑洞的合唱、千军万马的征杀，随着油灯吹灭那一缕青烟散去，终于与我们的时代渐行渐远。

"你找到护照了吗？"：回忆与王富文教授在一起的几个瞬间

潘天舒（复旦大学 人类学民族学研究所）

记得最早遇见王富文（Nick Tapp）教授是在2001年夏的蒙特利尔。我和朱建刚一起去麦吉尔大学参加加拿大人类学学会年会。有一天中午在一家咖啡馆用午餐时，邻桌的王富文听到我俩的中文对话，就主动过来与我们聊天。无意中得知他当年博士答辩的主考官之一是詹姆斯·沃森（James Watson，我的导师），我们都说太有缘分了。当然，因为这种缘分，他坚持要为我和朱建刚的午餐买单。我之所以记住这个瞬间，不仅仅是因为吃了一顿免费的午餐，而是在谈笑风生间，王富文至少有三次提醒我一定要看吉奥斯·甘布尔（Jos Gamble）研究上海的论文。后来，我在2004年参加亚洲学会年会时巧遇甘布尔时，才知道王富文是甘布尔在伦敦大学亚非学院读博时的主考官。

2006年海归之后我在上海见到了王富文几次，但每回都是在会议间隙，未及深聊。直到2011年11月在山东大学参加人类学系成立大会期间，我和王富文才有了在下榻宾馆大堂神聊的机会。我记得山东大学人类学系的晚宴上王富文被安排与不善喝酒的嘉宾同坐一桌。虽然他正襟危坐，但邻桌中央民族大学的几位教授豪饮的场面对他还是产生了意想不到的效果。我不知道王富文在宴会结束后回客房是否喝了闷酒。但那天深夜在大堂，他给我看自己的一双混血儿女的照片时，肯定已经进入了某种沉醉的状态。他为学业有成的儿子自豪，也为处在青春叛逆期的女儿苦恼。次日我才听说他因酒醉找不到自己落在床底的护照而惊动了四方。返回上海之后，Have you found your passport？（你找到了护照了吗？）是我见到他这位absent-minded professor（literally！）固定的问候语，直到有一次，他实在“忍无可忍”抢在我开口前说：“我带着我的护照呢。”

护照风波之后，我和王富文见面后互相调侃八卦，已经成为一种习惯。我知道他读过公学（Public School），就问他高年级生在上厕所前强逼新生把抽水马桶盖坐热这一传统做法是否真的存在，他说还真有。有一次大家又聊到为什么（外国）女人会觉得光头男子性感的话题，他不假思索地说：“（秃头）不就是一个phalic symbol（阳具符号）嘛！”看他的神情似乎是在谈论自己的田野发现……

由于王富文英年早逝，纳日老师和我原来打算邀请他来复旦做民族研究专题讲座的设想也成为永久的遗憾。回忆起与王富文短暂相处的每一个瞬间（从麦吉尔大学的餐厅到华山医院的病房），他都是那么诙谐和温馨。他在很大程度上满足了我们对一个典型的英国人类学者的想象，无论是他带有幽默感的低调陈述（understatement），还是对于学术研究的严谨态度。

只可惜我没有机会跟他说：“Nick，你不需要找你的护照。因为你是人类学家，因为你在中国。”

忆神仙校长

龚浩群（中央民族大学　世界民族学人类学研究中心）

2003年3月，我开始了在泰国中部村庄曲乡的田野生活。我的房东平姐和威诺夫妇是当地的小学老师。在一个傍晚，威诺下班回来后在庭院收拾花草，这时一位皮肤黝黑、体型有些发福的中年男子开着一辆看上去很有年头的摩托车来到院子里。威诺热情地和他打招呼，随即进屋拿出威士忌、冰块和苏打水，两人便在院子里小酌起来。威诺向我介绍说这是县城中心小学的特魏校长。“特魏就是神仙的意思”，校长用自嘲的口吻对我说，同时还做了一个双手合十的拜神动作。

特魏校长是我见过的表情最为丰富的人。他有一双带着孩童般调皮目光的大眼睛，说话时声音有些嘶哑且语调夸张，不时发出爽朗的笑声。他时常穿着一件已经被洗得很旧的花衬衫，脚上的旧凉拖和旧衬衫搭配起来倒是很协调。和我见过的曲乡小学西装革履的校长比起来，特魏校长简直就是不修边幅。平姐告诉我，特魏校长是当地唯一一个开摩托车的校长，他喜欢和朋友喝酒，有好几次在酒后驾驶摩托车冲出了道路，直接被送进了紧急监护室。朋友们劝他买辆小汽车，一方面与校长的身份相符，另一方面也会比摩托车安全，可是特魏校长本人却毫不在意，依旧自在地开着摩托车往返于乡间。平姐接着说：“特魏校长心胸宽广，为人正派，风趣幽默，大家都喜爱他。”

特魏校长来自曲乡的一个大家庭，他是家中第九个孩子，也是父亲的遗腹子。家里的母亲和大姐都对他疼爱有加，按他自己的说法就是，家中的大姐是他的第二个妈。或许是因为家中缺少父亲的权威而有更多的慈爱，特魏自小养成了粗犷不羁的性格。他从大城府师范学校毕业后曾在曲乡小学担任老师，后来调到县城中心小学任教，并多年担任中心小学的校长。

平姐夫妇喜好社会交往，在整个县城甚至大城府的教师圈子里结交了不少朋友。一到周末家里的客厅就变成了卡拉 OK 厅，高朋满座，欢歌笑语，偌大的庭院成了拥挤的停车场。在人群中特魏校长总是营造热烈气氛的核心人物。他说话时的个别粗野用词不仅不令人感到反感，却令人感到亲切。他的嘶哑嗓音并不动听，但他的歌声总有一股能够打动人的奔放力量。他的直率和幽默常常让大家开怀大笑。就像特魏校长的朋友们说的：“和特魏校长在一起，大家有的只是开心。”而我在这里学会了如何为长辈们服务，比如为客人们准备饮料、冰块，添苏打水和斟酒。当初来乍到的我忙得团团转的时候，特魏校长拿出一百铢纸币，对我说：“小费，拿着。”小费？我有些接受不了，我自认为是在做参与观察，而不是真的成了服务员。可后来我发觉，这是当地人中长辈关爱晚辈的常见表达方式。我学会唱泰文歌后，特魏校长也常常给予小费以资鼓励。学会接受的同时，我也把自己编织进了当地人的长幼秩序之中。

我和特魏校长经常照面，一则他是平姐和威诺兄的多年好友和常客，二则我骑自行车，他骑摩托车，经常能在路上遇见。有时见他在路边人家和朋友喝酒，我便停下来和他东南西北地闲聊一会儿。他告诉我泰国国旗为什么从大象图案改为上下对称的红白蓝三色条纹图案，那是因为升旗的人有时会错把大象图案倒过来，让大象四脚朝天。他问我中国人是否吃这吃那，我说中国人在两条腿的东西里不吃人，在四条腿的东西里不吃桌子，其他都没问题。听说中国人吃狗肉，他觉得不可思议，说曲乡寺收留了那么多流浪狗，要是遇到中国人该全完了。现在想起来，关于泰国的基础教育状况，曲乡小学的校长让我受益不少。我和特魏校长还真没聊过什么特别严肃的话题，他的身影也没有被安置在我的民族志中，但和他的交往却是我的田野经历中最令人愉悦的回忆。后来我还发现了特魏校长的业余爱好——斗鸡。在周末的时候，我时不时见到他怀里揣着宝贝雄鸡骑着摩托车赶赴斗鸡场。我在地下斗鸡场观看斗鸡时也遇到过特魏校长，我和他都感到有些尴尬：我是斗鸡场里唯一的女性，而他大概是斗鸡场里唯一的地方公职人员。

特魏校长的人缘好。和大多数教师或校长不同的是，特魏校长不局限于地方知识分子的小圈子，和村里的普通村民也保持来往。同时，特魏校长的学生遍布曲乡和整个县城。记得在访问曲乡一户贫困家庭的时候，家中的奶奶告诉我说特魏校长曾亲自登门，提出免除孩子的午餐费，劝说他们送孩子继续学业。特魏校长在当地有好口碑，他在退休后能够成功当选乡自治机构执行委员会主席一职已不足为怪。2009 年

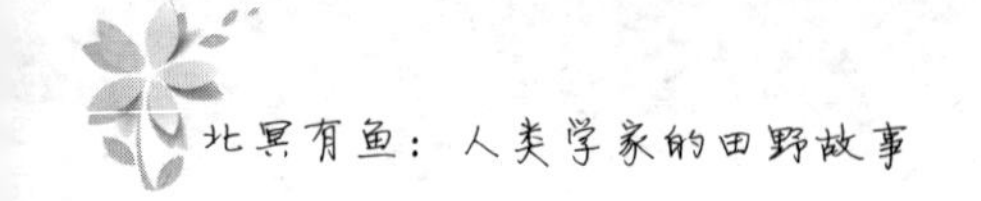

7月，我再回到曲乡时，特魏校长正在为竞选做准备，不久后我得知特魏校长成功当选。2012年11月，就在我准备重返曲乡，并想着要和特魏校长好好做一次访谈的时候，我接到了平姐的电话，她告诉我特魏校长因为车祸去世。“之前的多起车祸他都化险为夷，但这次他是真的去了”，平姐说。记得2009年最后一次见到特魏校长的时候，他开着摩托车来到平姐家为我送行，并送给我一幅泰国国王与王后的画像作为纪念。这幅画像成为我的来自特魏校长的唯一的也是最后的礼物。

特魏校长是一个很独特的人物。在关于泰国人的刻板印象当中，泰国人尤其是泰国人当中的社会精英十分强调社会等级，讲究外表和修辞，而特魏校长却不太符合或者说超越了这些社会规范。在我心中，他永远是那位植根乡土、关切他人、逍遥自在、不拘小节和豁达风趣的神仙校长。